具身认知

身体如何影响心智

INTELLIGENCE IN THE FLESH

Why Your Mind Needs Your Body Much More Than It Thinks

Guy Claxton

[英] 盖伊 · 克莱斯顿　著

孟彦莉　刘淑华　译

中信出版集团 | 北京

图书在版编目（CIP）数据

具身认知：身体如何影响心智 /（英）盖伊·克莱斯顿著；孟彦莉，刘淑华译 . -- 北京：中信出版社，2022.3（2025.7 重印）

书名原文：Intelligence in the Flesh：Why Your Mind Needs Your Body Much More Than It Thinks

ISBN 978-7-5217-3423-2

Ⅰ．①具… Ⅱ．①盖… ②孟… ③刘… Ⅲ．①认知科学－通俗读物 Ⅳ．① B842.1-49

中国版本图书馆 CIP 数据核字（2021）第 158269 号

具身认知：身体如何影响心智
著者：［英］盖伊·克莱斯顿
译者：孟彦莉　刘淑华
出版发行：中信出版集团股份有限公司
（北京市朝阳区东三环北路 27 号嘉铭中心　邮编　100020）
承印者：北京盛通印刷股份有限公司

开本：787mm×1092mm　1/16　　印张：21.5　　字数：258 千字
版次：2022 年 3 月第 1 版　　印次：2025 年 7 月第 4 次印刷
京权图字：01–2020–1476　　书号：ISBN 978–7–5217–3423–2
定价：69.00 元

我们只相信那些不是从大脑而是从整个身体里孕育出来的思想。

威廉·巴特勒·叶芝《随笔与序言集》

谨以此书献给我亲爱的祖德

目　录

引 言

如果我们的身体那么容易被理解，就没有人会认为我们还有思想了。

——理查德·罗蒂[1]

在过去的一个世纪里，人们的生活越来越富足，但人们却变得越来越懒惰。有数百万人在办公室里工作，每天都与文件打交道，不停地盯着计算机屏幕、讨论议案、处理各种文档和表格。闲暇之余，人们还会盯着计算机或手机屏幕，查看短信和推特推文，逃入虚拟世界中，闲聊各种轶事趣闻。虽然还有些人会打网球或者织毛衣，但目前的趋势无疑是人们更愿意躺在床上和沙发上懒散度日。我们的身体功能已经开始退化，只剩下耳朵和眼睛负责输入信息，嘴巴和指尖负责输出信息。现在，洗衣服需要的所有肢体技能就是把衣服扔进洗衣机里，然后按下按钮。做饭也只需要撕开包装袋，然后关上微波炉进行加热。我们的身体很少受到关注，也很少得到有效利用，只有在特殊情况下，我们才会想起自己的身体：我们用智能手机提醒自己去户外漫步或去体育馆健身。懒惰并且整洁曾经是富人的特权，如今的情况却大不相同了。用来给我们的生活带来欢乐的机器会变得运作迟钝，但是，我们大多数人都不知道该如何修理这些机器，也不想修理它们。我们的思想变得越来越丰富，但身体却越来越贫瘠。[2]

但是，本书并不是针对有关肥胖、心脏病、互联网危险等令人恐慌的主题进行的探讨，也不是对那些即将消亡的纺缝工艺和木质工艺的怀旧之情的赞美。本书的核心观点是：我们因为低估了身体的智能而忽视了身体的存在。问题并不在于我们变懒惰了，也不在于我们失去了意志力，而在于我们的观念和价值取向。我们渴望从事脑力劳动，进行离身的娱乐活动，因为我们认为这类用不到身体的活动要比用到身体的活动需要更多的智能，前者在我们的社会中更受尊重。总的来说，它们让我们显得更聪明，而显得聪明是好事，所以从事这些思维活动会让我们感觉良好。（当然，由于它们更受尊重，总体来看，它们得到的报酬也会更多。）相反，身体疲惫不堪、脏兮兮、臭气熏天则会让人觉得缺乏智能。（当然也有一些例外，如一些顶级运动员。）所以我们渴望干净，乐于从事跟语言相关的活动。[3]

具身认知这种新科学认为，我们仍在用过时的、不准确的方式看待身体智能和心智。许多神经系统科学家并不认为智能专属于头脑，也不认为人类智能的最高境界是进行理性论证。他们不再相信头脑是上天赐予我们的控制力，可以控制我们身体的不稳定性，对身体的种种愚蠢行为进行补救。他们也不认为我们的头脑和身体可以各自为政。那种认为我们的身体很愚笨而头脑很聪明并能控制一切的想法已经过时了。新的具身认知科学对于我们如何看待自己，以及如何生活有着重要意义。本书试图呈现这方面的知识，因为我认为它至关重要。

那种认为智能主要就是思考和推理的观点不符合事实。它只是一种文化信念——有些人称之为致命的文化基因，它误导了我们。那些喜欢做复杂的身体动作——如霹雳舞、滑板——却不喜欢做数学作业的年轻人并不缺乏智能。我认为他们是日益增长的反对智力霸权的文化叛逆的一部分（虽然他们中的大多数人都不会那样说）。我希望本书能够帮助他们的父母和老师理解为什么这种叛逆本身就是智能，我希望它能够让更多的人重新审视实践和身体运动在教育等领域中的价值，这样一来，那些并不特别擅长脑力劳动的人就不会错误地觉得自己愚蠢。

*****

在引言中，我会介绍一下本书将要论述的几个主要的科学主题。

书中反复出现的主题是：不是我们拥有身体，而是我们就是我们的身体。如果我的身体发生了变化，我就变成了不同的我。如果我的身体是由硅或者光纤组成的，我将需要不同的东西，对不同的事物做出反应，注意不同的事物，以不同的方式展示我的智能。我的头脑并不是从天而降，来拯救和指导这个木讷而无助的肉身的，恰恰相反：我的智能肉身，作为其自身智能的一部分，已经进化出了策略和能力，我认为它们就是我的"头脑"。我之所以聪明，恰恰是因为我就是我的身体，并不是我拥有这个身体，也不是我住在身体里面，而是我来自我的身体。

这种认识既极其普通，又相当非凡。它颠覆了两千年来西方文明普遍接受的直觉心理学——学者称之为大众心理学。第一章通过简要追溯以往观点的发展历程，为阐释新的观点提供了背景介绍。从古希腊时期到 20 世纪末，人们难以想象的是，欧几里得的几何定理、柏拉图的《理想国》、莎士比亚的十四行诗，都是源于人的肉体，尤其是我们头盖骨里面的看起来特别枯燥乏味的那堆物质；同样不可思议的是，无私的行为和明智的判断也可能独特地产生于约70千克重的肉体。这些智慧和明智之举一定是非物质、来自别处的。于是“心智”一词就被发明出来，用于填补哲学家所说的“解释的空白”。在我们的祖先看来，人的意识，尤其是理性思维，就像是这个假想的心智的核心，我们的感官通过身体向它传递信息，它在思考后做出决定，再通过身体把决定传递出去以便执行任务。我们以为我们是先看到事物，然后思考并做出决定，最后采取行动的，但是事实并非如此。

在第二章、第三章和第四章中，我将以现代的、科学的视角来了解我们的身体。科学家最初解释心智时，就把它和大脑联系了起来。但是，正如我将要展示的那样，心智的基础并不只是我们的大脑，而是我们的整个身体。我认为我们的身体是一个巨大的、充满活力的、不断流动的、相互交织的体系，它把我们的肌肉、脾胃、心脏、感官和大脑紧密地联系在一起。任何身体部位——尤其是大脑——都不能脱离其他部位而单独运作。各种电子和化学信息不断地在整个身体和大脑中传递。在不到1秒的时间里，大脑的“决定”可能会受到许多因素的影响，比如，肠道里糟糕的细菌、因刺耳的声音或恐怖的梦境而改变的血糖水平。免疫系统的细胞和分子在大脑的各个层级中有众多受体，因此，免疫系统现今被认为是中枢神经系统不可或缺的组成部分。实际上，它们属于同一个系统。

我将要陈述的是，我们人类的生存主要靠行动，而不是思考或理解，因此，我们智能的用武之地主要是采取有效的、适当的行动。思考是人类后天发展起来的一种工具，可以支持我们采取明智的行动。我们将会看到，大脑不断进化是为了帮助我们日益复杂的身体协调各种相互关联的子系统，进而为整个身体服务。大脑只是我们身体的仆人，而不是我们身体的主人。它是一个聊天室，而不是指挥部。我们所见、所想、所做的决定、所采取的行动，并不是像工厂里的不同部门那样各自为政；相反，它们密不可分、彼此依存。严谨的科学研究表明，我们的所见会立即与我们的所想，以及我们所采取的行动结合在一起，我们的身体—大脑会在瞬间把所有这些影响因素融合在一起，而且经常无须思索或策划，就会采取复杂的、智能的行动。

既然如此，我们就需要重新思考思想和情感之间的关系。情感并不是无用的。正如柏拉图和当代许多人认为的那样，情感不是任性的、原始的冲动，不会时常威胁着要破坏理性建立起来的脆弱的思想架构。正如我们将在第五章所看到的那样，它们就像黏合剂，把我们的理性和常识连接在一起。情感是体现我们的价值观和关切的躯体事件，它们昭示了我们所关心的事情：是什么使我们的生活有意义、有方向。我们的希望和恐惧来自我们的各个器官对事件的反应所产生的共鸣。没有情感和直觉，抽象的智慧便会偏离这个微妙而复杂的真实世界，人们会变得“聪明的愚蠢”，能够解释和理解事物，却不能把这种理解与日常生活的需要和压力联系在一起。特定的情感常常会在实际经历中变得错综复杂，甚至被曲解。我们害怕亲密关系，我们对自己的胆小感到非常生气，但其解决办法并不是让我们的理智战胜情感。纵然身体的信号有时有些混乱，但基本上是明智的。如果忽略这种智慧，我们就难以理清这种混乱。

如果我们知道语言和理智也根植于身体，那么它们看起来将与以往不同。第六章探讨了我们更抽象的理解是如何从幼儿时期最先掌握的身体概念和感觉概念中发展出来的，这些概念包括：给予和接受、来和去、充实和空虚、温暖和凉爽、养育和威胁。当有人问我们是否理解他的观点时，我们通常会通过具体的身体动作进行类比，来理解他的意思。这种心智与身体最原始的联系一直都存在。我们的大脑中既不存在单独储存真理和正义这种抽象概念的场所，也没有进行哲学思考的独特空间。从出生到死亡，我们的身体一直都是我们思想和愿望的基础，不管这些思想和愿望有多么复杂。研究结果表明，在复杂的环境中，当人们不仅依靠理智，还依靠"直觉"——而不是把"直觉"视为绊脚石时，他们所做出的决定会更明智。

人类的语言中有许多把思想和身体混合在一起的表达方式。比如，我听到一个令人捧腹大笑的笑话、我笑得流出了眼泪、开心得令我欢呼雀跃（或者这个笑话可能很蹩脚、极其令人反感，听到的人只是低声咕哝了几句，或者是翻了一下白眼）；我读到一个令人心碎的故事，感动得流出了眼泪（这是另一种眼泪）；我惊讶地睁大眼睛、我竖起耳朵听、我失望地垂下肩膀、我感到很紧张、我的心都凉了；我满脑子都是这个想法，或者一想到这个想法我就感到恶心；我用脑子去了解事物，但是用心去感受事物；一个令人毛骨悚然的故事会让我浑身起鸡皮疙瘩，而一句赞美之词会让我骄傲得满脸通红；我回想起某一件事时，会情不自禁地微笑；等等。我们通常本能地知道，我们的心理活动和身体活动彼此共鸣，但所有这些躯体上的反应都不是心理活动的附属物，它们意义重大。

我们大部分的躯体智能都是在无意识中进行的，它们没有意识的监督，甚至没有知觉。那么意识的功能是什么？它是如何从我们复杂身体的内在活动中出现的？在第七章中，我将阐释：有意识的思想及其实施所带来的现实实际上是一个逐步（虽然通常速度很快）展现意义和决定的过程的结果，这些意义和决定起源于大脑和身体更黑暗、更深层、更本能的区域。思想是我们的具身大脑对其内部所发生的事情的描述，或是对内部情况的报告，有时候它会在做了大量的编辑和检查工作，并且行动已经结束很久之后才报告出来。很多实验表明，我们有意识的智力通常是对正在“幕后”进行的复杂行为的苍白反映，甚至是对它们的简单描述。意识会优先处理某些事物，例如，制造井然有序和令人尊重的表象，这通常会导致它错误地呈现内部发生的事情的复杂性和不稳定性。我们比自己想象的更善于虚构事物。[4]

身体的边界并不是我们的皮肤，心智亦是如此。我们将在第八章看到，人体内的信息流动通过我们的手指得以延伸，例如，它可以延伸到我们使用的工具上。当你拿起一个熟悉的工具，无论它是分鱼刀还是凿子，你的大脑实际上都把它看成了你的身体；它像手一样变成了你身体的一部分。你的身体—大脑轻易就会认为你面前桌子上的一只橡胶手套是手臂的一部分，因此，如果有人用锤子砸它，你一定会缩手。但是，事实不止于此。我们通常在无意识中通过我们的身体与周围的世界和社会紧密相连，实际上，我们的身体在很多层面彼此共鸣。这种“智能媒介”可以遍布全身，也可以延伸到整个身体之外。它由我们周围的空间、工具和我们所“接触”的人组成。

我们都是实践者，这意味着，我们也善于进行手工制作，而手工制作需要特别复杂的工具——我们的手。在第九章中，我们将看到，人类的智能不仅存在于我们的语言和大脑中，也存在于我们的双手中。手工制作似乎存在于我们的血脉之中。自然进化将我们塑造成为天生的工程师——我们环境的雕塑师。人类是最卓越的房屋装饰者、工具制造者以及作坊设计者。早在我们成为智人之前，我们就一直是工具制造者。或者更确切地说，智人由工具制造者进化而来，而且至今依然十分擅长工具制造。我们的本性就是要通过想象制造出更强有力的工具，进而放大我们的智慧。我们之所以没有变得更聪明，是因为我们陷入了一个由我们自己所创造的世界：一个由书籍、眼镜、笔记、打印机、互联网、日记、日程表、地图、卫星导航设备、计算机程序、存档系统、网络电话、移动电话等组成的庞大网络，我们或多或少地知道这些东西应该如何使用。正如安迪·克拉克所说："我们使世界变得更智慧，然后我们可以傻傻地生活在其中。"[5] 我的智能远远高于智商测试所得出的结果。

有迹象表明，更大范围的身体活动正在复苏：这也许是对智能的智力化的强烈反击。乐观地说，你会发现有证据表明，一种新的唯物主义正在兴起：它不是炫耀性消费，而是那种安静地、不紧不慢地制造、修补、改造及完善身体技能的手工乐趣。创客运动在美国日益壮大，这迫使制造商制造出可以再次修补的东西。微观装配实验室、"修补工作坊"和 3D 打印机不断涌现，满足了人们对结实的、可加工的材料的需求。对我们许多人来说，数字世界变得越强大，我们从虚拟世界回到现实世界、从符号世界回到物质世界的补偿性欲望就越强烈，这标志着人们重拾了对身体的精致性、感受力和创造力的尊重（而不仅仅是那些受保护的、被称为体育和艺术的、有着特殊文化意义的领域）。人们认为手工制作也是认知能力。行动和思考的能力不是相互分离的，它们错综复杂地交织在一起。

所以，考虑到以上这些，我们还要回到这样一个问题上来——智能到底是什么？在过去的 20 年里，出现了许多关于不同种类智能的文献。我们已知的智能有：情绪智能、实践智能、身体—动觉智能以及其他许多种类的智能。但我并不是在倡导在现有的智能种类上再增加一种智能。我的观点更加激进：实践的、具身的智能在所有智能中是最深层次、最古老、最根本也是最重要的，其他种类的智能是这种根本的身体能力的不同侧面或是由其演化而来的。情绪智能是身体智能的一个方面，数学智能是身体智能的一个发展分支。从恰当的角度来看，人类的智能与单纯的聪明有着天壤之别。

在现实世界中，智能指的是我们的生态—社会—具身系统的最佳运作机制。智能不是一种能力，它是整个系统的行为，它能够对常见的问题给出很好的答案。智能可以实时协调欲望、可能性和能力，尤其是在复杂、异常或者不明朗的情况下。虽然你能够计算出 1，2，3，5，8……数字序列中的下一个数字，但这并不代表你有能力在处理事件时采取明智之举。在这样的情形下，你需要分析情况、重新审视自己的价值观并做出假设，还要预见各种行为可能产生的后果。在情况发生变化或者面临挑战的时候，你需要理性，但是你也需要内观自己最想要的是什么。许多聪明人都做不到这一点，我认为哈佛商学院也不会教授这种知识。

很显然，这会引出如何“传授”这种能力的问题，我们将在第十章中加以探讨。要想让身体处于最佳智能状态，就必须让它的各个子系统恰当地“连接在一起”。各个子系统要能够直接或者通过大脑这个聊天室彼此交流。如果这些回路不能够真正地接收到彼此的共鸣，它们就无法产生共振，我们获得的信息的质量就会大打折扣，我们所处的整个系统的和谐性就会降低。受伤、疾病或者衰老都可能导致这种状况发生，但这种状况可以通过锻炼身体来改善。但是，如果我们抑制我们的“内感受知觉”，各子系统之间就会失去和谐性。要想恢复这种智能，我们就必须在锻炼身体的同时，努力重新集中和提高我们的注意力。舞蹈、瑜伽和太极都已被证明对决策和解决问题等认知能力的提升有很好的效果。

最后，我们将在第十一章集中阐述具身化对个人幸福感产生的影响，以及其对我们周围那些过度理性却又极度缺乏实践能力的机构产生的本质影响。我们对智能的看法已经深入我们所创造的社会结构之中，如宗教机构、医学机构、政府机构、法律机构以及教育机构，所以，我们思想观念的改变不仅会影响个人身份，还会影响公共生活。我们创造出了法庭和教室，在这些地方，身体的运动和应变被视为对秩序的扰乱，对严肃的脑力工作的破坏，然而有些人对运动所持的观点更前卫一些。如果身体的运动有益于我们的智能发展（通常如此），为什么我们还要让孩子们一动不动地坐着呢？如果理性的、激烈的辩论不是我们所拥有的唯一甚至（经常）最佳的智能形式，我们为什么还要设立对抗性的、辩论性的管理及法律体制呢？我们怎样才能在不陷入对理性本身的一种来自新时代的否定的情况下，重新确立情感和直觉在人类智能中应有的地位呢？这些是我要着手阐述的问题。委婉地说，如何重建一个平衡的、强调身体能力的社会是一个棘手的问题，我们所有人都需要逐渐转变认识。我希望本书将会促进人们认识的转变。

*****

从某种意义上来说，本书是我撰写的三部曲中的第三部（也可能是收官之作）。第一部作品《兔子大脑，乌龟心智：为什么思考越少智能越高》于 1997 年出版。我是率先在科学研究的基础上提出如下观点的研究者之一：人类的智能在很大程度上取决于我们没有意识到的过程——大部分是我们无法意识到的过程。我称之为底层心智，现在人们普遍称之为适应性的无意识或认知性的无意识。2006 年我又写了一部续篇《任性的思维：无意识之秘密历史》，目的是在更广泛的文化和历史背景下定位这种新的“无意识”。我汇集了自公元前 4 000

年以来社会上流传至今的各种有悖于常识的心理现象——如催眠、幻觉、精神疾病和灵感，试图对它们加以解释。也许它们来源于上帝、恶魔和神灵这些外部因素，也许它们来源于潜意识——一种充满奇想的、狂野的、黑暗的、内在的旋涡（正如生活在西格蒙德·弗洛伊德时代很久之前的柏拉图所提出的那样），也许它们只是来源于组成人类身体的物质活动（这种活动有时无法用常理解释），也许只是“黑胆汁”分泌过旺。我展示了这三种不同版本的解释，它们在迄今为止的整个人类历史中反复发生。我认为每一种理论都有自身的价值和缺陷。这些解释即使不能被客观地证明，依然十分有用。

随着情感神经科学和具身认知的兴起，我们现在可以提供更强大、更令人信服的第三种版本的理论解释。以最激进的观点来看，我认为不仅上帝和神灵不存在，而且潜意识也是说不通的。我们可以选择继续把它们当作隐喻性或诗性的谈话方式，但压根儿就没有这种存在。每天我们身体内的大多数过程最终都没能导致有意识的行为发生，但我们身体内没有哪个特定的器官可以脱离意识和理智为我们提供动力。就像心智一样，“无意识”也只是填补空缺的东西，是一种假想的解释。它就像牙齿里的临时填充物一样，只是暂时放在那里，等有更好的材料就换掉它，而现在时机成熟了。

*****

有必要提及一下我的风格和素材。我阅读了数百篇研究论文，其中有很多原始资料是技术性很强，甚至晦涩难懂的。我试图挖掘主要观点，并以通俗易懂的方式呈现出来；我既要尊重研究的严谨性和缜密性，又要使本书富有趣味性，所以我努力平衡二者之轻重。但是，这意味着我不可避免地要回避很多争论点，而这些争论点正是我那些从事学术研究、更有学识的同事认为很重要的观点。对于所谓的“难题”——意识——我们将暂且不谈，那些被称为系统一和系统二（依据丹尼尔·卡尼曼《思考，快与慢》的说法）的内容之间的关系也暂不在本书的讨论之列。

我还跳过了几个话题，你可能觉得这些话题会理所应当地被囊括在本书中予以探讨。我不会讨论男性和女性身体之间的差异，也不会讨论男性和女性之间的关系对他们身体产生的影响。也基本没有涉及生理和心理健康的问题。对过去常常被称为“心身”状况的话题也没有给予应有的关注。很多古老文化——尤其是传统的中华文化、印度文化和北美印第安文化——对身体—心智的理解也没有被讨论。我怀疑这些思想体系及其他类似的思想体系都是真知灼见和骗术的巧妙结合，但如果想把二者分开，可能需要一整本书的篇幅，而在本书中连简要谈及这个话题的空间都没有。（我能感觉到四重奏[①]即将来临吗？）

除了主要文献，我还借鉴了具身认知这门新兴学科中的几篇综述，有的还是大量借鉴，在此我要向这些文献的作者表示诚挚的感谢。其中包括罗伊·波特的《理性时代的肉体》、埃文·汤普森的《生命中的心智：生物学、现象学和心智科学》、弗朗西斯科·瓦雷拉与其他人合著的《具身心智：认知科学和人类经验》、马克·约翰逊的《身体的意义》、安迪·克拉克的《存在：再次整合大脑、身体和世界》、肖恩·加拉格尔的《身体如何塑造心智》、马克·罗兰兹的《心灵的新科学》。本书的书名部分借鉴了乔治·莱考夫和马克·约翰逊所著的《肉身哲学》，其中许多思想借鉴了安东尼奥·达马西奥的

---

① 三部曲作品之后的第四部作品。——译者注

《笛卡儿的错误》和《当自我来敲门：构建意识大脑》。我十分清楚，上面提到的作家只是其中的一部分，只有站在这些巨人的肩膀上，我才有可能完成本书的写作。然而，无论是从科学还是哲学的角度来看，这些书的大部分内容都是技术性很强的，而且它们常常深入研究的那些学术争论，恐怕会令非专业人士或刚进入该领域的新手感到兴趣（和自身能力）有限。

我不得不提及最近出版的三本关于手工和实践智能的优秀书籍。马修·克劳福德的《工匠哲学》、理查德·塞尼特的《匠人》，以及迈克·罗斯的《工作中的心智》。然而，这些书没有一本把手工制作的再度兴起置于新兴的具身认知科学的框架中予以讨论。对于那些想要深入探究的人来说，这些书将会是很好的阅读材料。然而，其中没有一本书——无论是好是坏——涉及我所谈及的如此多的领域：本能生理学、大脑科学、情感的功能、意识、手艺、技巧以及这门新兴科学对我们的人类智能观的更广泛的社会和个人启示。虽然这本书牺牲了一些深度，但我希望，其广度会引起读者的兴趣。

好了，引言到此为止，让我们切入正题吧！我们首先要快速回顾一下：心智和身体如何分离，以及心智为何会凌驾于身体之上。

第一章

与身体对抗的历史

事情就这样发生了

“驴哥哥”（正如他身体的名字）

传到了圣人的耳朵里

从而有了抱怨：

“我受到了不公正的指责。”

——约翰·班尼斯特·塔布，圣方济各[1]

本书的一个中心目标是实现心智、大脑和身体的统一。为了了解如何做到这一点，我们快速回顾一下它们是如何以及为什么被分裂的。我可以简明扼要地进行陈述，因为身心分裂的历史几乎是众所周知的，但我得在此为后面的内容做点铺垫。[2]

2 500 年来，人们对身体的看法一直很复杂。如果我们简单回顾一下古希腊时期人们的态度，我们可能首先会认为他们对人的看法比我们更全面。例如，长期担任国际奥林匹克委员会主席的艾弗里·布伦戴奇经常赞美希腊的“黄金时代”，认为身体的强健和智力的敏捷同样重要。他声称，哲学家、剧作家、诗人、雕塑家和运动员有许多共同点。他延续了这样一种思想：甚至连伟大的哲学家柏拉图也是一位颇有成就的运动员，民间传说柏拉图年轻时曾是摔跤冠军。[3]

然而事实似乎更单调、更矛盾。如果柏拉图真的锻炼身体，那么他很可能只是偶尔在当地的运动场锻炼。公元前 5 世纪前后，普遍存在的对身体能力的鄙视远远胜过了身体和智力平等的观念。哲学家色诺芬尼捕捉到了这种观点的转变，他曾暴躁地写道："如果一个人在摔跤或者拳击比赛中获胜，他（仍然）会在体育场中得到一个荣誉座位……然而他不如我有价值。因为我的智慧胜过人类或者马的力量。如果要把力量凌驾于我的智慧之上，那是完全不公平的。"[4] 与当今一样，"中产阶级"常常会到剧院看戏，然后在餐桌上讨论这出戏，却很少在摔跤比赛现场大声欢呼胜利。

随着知识哲理的兴起，以及娱乐和美学的研究方法变得越发"精细"，人们认为智慧和智力显然与身体（无论是人还是动物）的强健没有任何关系，所以它们需要一种截然不同的、非身体的能力，为此，伊索克拉底创造出了"psyche"（心灵）这个词。（在此之前，"psyche"指的是那种能够让人呼吸的、富有生气的力量。最初心灵指的是那种使人备受鼓舞的精神，后来它才成为神圣的"灵感"来源。）[5] 据说，颇具影响力的希腊俄耳甫斯主义，来源于传奇诗人俄耳甫斯，该主义把我们的身体称为"灵魂的坟墓"，鼓励人们把人类的死亡看作灵魂从身体的束缚中摆脱出来，开始真正的生命。在克里特岛发现的一片金箔记载着人们在死后如何跟冥界的主宰者打招呼。"现在你已经死去，现在你已经重生。噢，三倍的快乐，发生在同一天。"为什么是三倍的快乐？在撒丁岛的奥尔比亚发现的另一块金箔残片对俄耳甫斯主义系统做出了解释，它上面写着"生命。死亡。生命。真理。"你活着，然后你死去，之后你重生，抛弃肉身，就像蝴蝶抛弃它的蝶蛹一样。据说俄耳甫斯（Orphism）这个名字来源于一个古希腊词汇，其意为“被抛弃的或被放弃的”，我们现在的“orphan”（孤儿）一词也由此而来。

很快，身体不仅被看作灵魂的坟墓，甚至被看作灵魂的敌人。在亚里士多德提出的教育体系中，男孩不被允许在一年中同时接受身体和脑力训练，“因为这两种训练会彼此抵消，过度发展身体能力就会阻碍智力的发展”，反之亦然。到了公元2世纪，就连著名的内科医生盖伦也竭力劝说年轻人不要成为运动员，他认为“运动员缺乏理性，甚至不知道自己是否有大脑。他们根本不能进行逻辑思考，他们就像愚蠢的动物一样没有头脑”。如果将身体的精湛技巧看作一种智能，那简直可笑。“像神一样”的年轻男性形象在神话人物阿多尼斯身上得到了完美的体现：他不仅外表出众、体型健美，而且技艺超群，但你可能会说，这种形象已经变成小众兴趣。就连罗马讽刺作家尤维纳利斯在公元345年前后创造的“健康的心智寓于健康的身体之中”这句话，也没有在这两种健康之间建立起真正的联系。这句话曾经出现在对人们祈祷的愚蠢之事的讨论之中，尤维纳利斯认为，如果你必须祈祷点什么，那么就“祈祷不要生病，不要发疯”。这句话似乎一直被人们遗忘，直到1861年，约翰·赫利重新启用了它，把它误用为新创建的利物浦运动员俱乐部的座右铭。

早期基督教采纳了这些观点，他们诋毁身体，通常认为它是注意力分散和任性的根源，它需要不断地被驯服。圣保罗称身体为“罪恶的工具”，并建议基督徒要效法他，“我要打伤自己的身体，要让它知道自己的主人是谁”。他们认为只有通过这样的训练，灵魂才能不受诱惑，得到升华。[6] 圣方济各曾轻蔑地称自己的身体为“驴哥哥”，而中世纪的基督教则被描述为“憎恨肉体”的宗教。尽管一些人反对这些反身体的情绪，但直到19世纪英国建立了享有特权的公立学校，才以所谓的“强身派基督教”的形式谨慎地允许身体和脑力训练再次并存。与此同时，对像阿多尼斯这样充满性诱惑力的年轻健壮的男性身体的同性崇拜重新出现在沃尔特·佩特等牛津知识分子的作品（和生活）中。

希腊的哲学家也把更高、更好、更抽象和永恒紧密地联系在了一起。肉体之所以被怀疑，不仅因为它们是任性和冲动的，还因为它们是无常的（它们会死亡），而且依赖于无法控制的体验（它们会疲劳、受伤、感冒）。那么在哪里可以获得纯洁和安全呢？根据柏拉图的观点，它们存在于一个平行的、抽象的、我们现在称之为“柏拉图式的”、永恒的思想和概念的世界之中。在这个世界的底层，可能布满着荆棘、隐藏着丑陋……但是在这个世界的上层——在那难以到达的天堂或乐园中，却蕴藏着纯洁无瑕的美和真理。所以，如果人们想逃离“人世间的烦恼”，他们就必须朝这个世界的上层努力，进入逻辑、理智和神学的世界。在那里，理性和神性被融合在了一起。最好不要用过多的视觉、味觉和触觉（尤其是不要用娱乐性的性行为）干扰它们，而应该努力地去相信、祈祷、希望和思考。正如伟大的心理学家威廉·詹姆斯很严肃地强调的那样：抽象的概念和关系（如在数学中）表达了永恒的真理，因此：

> 在整个哲学（和公共生活）的发展历程中，出现了一种倾向，即把共性的知识与特殊、感性的知识相比较，在知识者看来，前者是神一样的、高贵的、值得尊敬的，而后者是比较低级的，使我们更容易与禽兽联系起来。[7]

从身体层面看，人的头部位于生殖器、肛门和脚之上（至少当人站立的时候是这样），所以从空间上来讲，“天堂”也位于“地狱”之上。于是，上方就与好相关联，位置越高就越好；下方就与不幸相关联，在此处不仅汽车会发生故障，人际关系也会出现问题，它们都会坏掉。[8]当股票市场下跌时，我们就会损失金钱。低的东西比高的东西简单、普通和卑微。下方也与不纯洁相关联——我们的脚沾满尘土、粪便会落到地上，所以走路时要当心脚下——因此，上方就意味着明亮、轻盈、纯洁和缥缈。因为你的头颅更接近天堂，所以它是你灵魂的所在。灵魂和脚掌位于身体相对的两端。正是这缥缈的灵魂——或者有时也被称为心智——才被认为是文雅的思想或情感的来源。心智倾向于保留原始心灵的、大脑的，或“认知”的功能，灵魂则倾向于保留更多精神层面或神性层面的功能。如果没有科学作为依据，这种神秘的说法就会大行其道。

在欧洲，人们普遍认为是笛卡儿成功地把心智和身体彻底区分开来的。在他看来，显而易见的是，“身体这一概念中不包括任何与心智有关的东西，在心智这一概念中也不包含任何与身体有关的东西”。[9]比如，人类的大脑就没有什么可看之处。如果把一个人的头颅切开，你看到的只是一个大约 3 磅①重的布满褶皱的灰棕色海绵状肉团，它看起来没什么特别，而且毫无生气。在一百多年前，任何人看着这样一个“肉团”，都难以想象它居然能够充满智能。同样，我们身体的“基础代谢功能调节”——呼吸、消化、肌肉收缩等——都不能确保我们是智能的。我们的脚不能思考，眼泪无法做出决定。当时的研究者无法把身体和大脑看成一个极其复杂的、动态的整体，因此谈论具身智能毫无意义。

① 1磅约为0.45克。——译者注

当然，对身体的歧视，甚至对肉体进行“苦修”，不仅是欧洲或者基督教的观点。在世界上许多宗教中，身体都被看作灵魂和智慧提升的障碍。直到今日，天主教仍然保留着在大腿上绑苦修带的做法。类似的苦修做法在佛教和印度教中也存在。比如，印度教宣称“我不是我的身体”，佛教许多宗派也持有同样的观点。佛教徒通常把身体——尤其是内部器官和分泌物——看作污秽之物。他们还可能把肉体上的——甚至是更广泛的身体上的——感官愉悦视为“教化”的危险障碍。

虽然伊斯兰教对身体的敌对态度比基督教要弱一些，但是它似乎也对身体内部发生的事情以及成年人体内产生的各种现象充满恐惧。它不仅把尿液和粪便，而且把血液和精液也看作需要净化的不洁之物。犹太教并不完全赞同这一观点。它认为身体和灵魂实际上是截然不同的，然而，精神之旅的目的并不是最终将二者分离，而是将它们合二为一。身体本身是神圣的，这就解释了为什么犹太教对性持有更积极的态度。例如，在拉比犹太教教义和卡巴拉①的传统中，进行交配行为的最佳时间是在安息日，因为在这一天身体和精神的愉悦可以合二为一。一篇对中世纪犹太教具有解读性的文章《神圣的信》中，明确表达了反对任何贬低触觉的哲学或宗教的观点，宣称性是神圣的，因为它“表达并实施了合二为一的秘密”。[10]

身体很容易被低估的原因之一是它如此神秘。身体不太会将其自身暴露在意识知觉的观察之眼（或者“自我”）之下——这主要是因为眼睛是知觉产生的工具。如果你把你的耳朵贴近一个脑袋（或一只耳朵），你将听不到任何声音；如果你割开一只眼睛或与它相关联的

① 卡巴拉又称“希伯来神秘哲学”，是犹太教的一个神秘支派。——译者注

视觉皮质，你将看不到里面正在播放的任何影像。我们的身体在大多数时候是沉默的。眼睛看不到它们，它们的“过程”被淹没在看待其他事物的过程中，我们也听不到耳朵在听（除非我们患了耳鸣），我们只能听到耳朵让我们听到的声音。

意识知觉也有其固有的局限性，例如，它看不到变化速度非常快的事物。我们注意不到电影或荧光灯的闪烁。我们内心的大部分活动发生得如此迅速，以至眼睛根本无法看到它们。我们的眼睛每秒钟会眨几次，但这还不足以让我们知觉到它们。我们想要“看到”一个非常稳定的背景，在那里，世界本身发生的重大变化将会引人注目。我们生来就不会注意到工具的变化。我们看电影，不是看放映机。与笛卡儿不同，我们甚至不擅长观察自己的思想；大多数时候，我们受到自己思想的束缚，不能从客观的角度观察自我。虽然我们的身体—大脑确实让其活动的结果被意识到，但其活动的过程也是沉默的、不可见的，所以，难怪我们会低估我们的身体。这并不是说我们的身体简单，只是我们很难注意到身体的复杂性。因此，我们需要科学。

心　智

心智（或灵魂）这个神秘的存在到底是什么？我们必须用它来完成认知和精神的重负。笛卡儿认为，心智是一种离身空间，在这里，世间事物的表征可以被（离身的思维过程）操控，而且这种思维过程是我们更高级本质的象征。大体来说，心智就像一间明亮的行政办公室，里面坐着一个智能且迷你的“我”，这个“我”从身体感官系统的“感知机器人”那里接收关于外部世界的信息，做出理性的推理，并想出最好的应对措施，然后向“行动机器人”发出关于如何行动的指令。每件重要的事情都是在执行总裁——“我”的监视之下进行的。心智本身的运作就像盖着玻璃罩的时钟的运作，执行总裁可以监视运作的全过程。内省是可能的，也是有价值的。笛卡儿在给他的朋友兼导师默森尼的信中写道：“至于这个命题……在我的心智中没有什么是我所不能意识到的，对此，我在《沉思录》这本书里做了论证，它源于如下的事实：灵魂与身体截然不同，灵魂的本质是思考。”[11]

因此，我们继承的一种观点认为，“心智”是“智能的器官”，“智能”主要是理智的、有意识的、冷静的。就像肺是用于呼吸的器官、心脏是用于血液循环的器官一样，我们也认为“心智”指的是使我们获得智慧的所有幕后过程。当我们做蠢事时，我们认为这个器官没有充分地、恰当地运作，也就是“心不在焉”。那些通常会清楚地思考或者做出良好判断的人，都有一个“好头脑”。从这个意义上说，“心智”这个词通常起着解释的作用。诚实地讲，我们并不真正了解为什么我们的“心智”在前一分钟还运作良好，而在下一分钟又变得马马虎虎；我们所知道的是，我们的思想有时条理清晰和明确，有时又杂乱无章和随意；无论干预行为最后被证明是否合适、有效，在进行干预行为之前，都会有一系列的思想出现。心脏病学家能够很好地解释“循环器官”是如何运作的，但经过了一百多年的科学心理学的研究，我们仍然很难对这个神秘的智能器官做出全面的解释。

近400年来，这种人类心智及其与身体的关系影响，并在很大程度上控制了社会关于人类本质的观点。正如乔治·莱考夫和马克·约翰逊所说：“笛卡儿给我们留下的关于心智和思想的理论影响如此深远，以至其原则仍广为流传，几乎还没有人对此重新做出评价。一代又一代人不断地传递着这些原则，就好像它们是不证自明的真理一样，其中很多内容至今仍备受尊崇。”[12] 时至今日，聪明的人仍然仅仅把他们的身体看作一种恼人的、靠不住的运输工具——一种可以让他们进行思想交流的工具，因为对身体的维护会占用宝贵的时间，使他们无法集中精力去做更重要的事情，诸如发表观点、赢得争论、做出决定等。[13]

考虑到心智的这种形象，我们对智能的文化观念侧重于对理性的、语言的以及数学问题的解决，就不足为奇了。典型的智商测试让人们从他们原本充满经历、感受和担忧的正常生活中脱离出来，让他们置身于一个所谓的“中立”的陌生空间里，但对大多数人来说，这个空间是陌生而压抑的。在那里，他们被要求在规定的时间内解决抽象的难题：识别并处理脱离上下文的词汇、算术和无意义的几何符号之间的关系（参见图 1.1 的例子）。

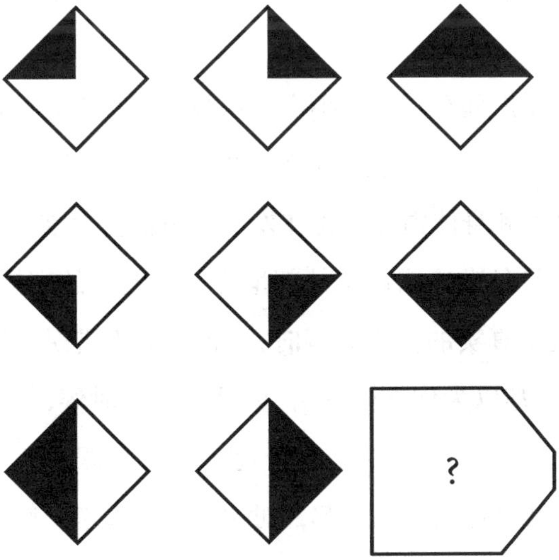

图 1.1　瑞文的渐进矩阵智商测试

心智中的自我

人类心智的这种形象根深蒂固，它塑造了我们的自我意识——我们的身份。当我们用具身的心智概念，即智能的器官、心智，也就是我们的身体，来替换离身的心智概念时，我们不仅是在改变理论，也是在挑战，甚至颠覆关于本性的、基本的、原来在很大程度上隐藏着的假设。然而，在我们讨论这种颠覆性之前，我认为总结一下究竟是什么理念正在受到挑战，将会有所帮助。笛卡儿和柏拉图对人类本性的观点是什么？幸运的是，像康涅狄格大学的罗伊·D. 安德雷德这样的认知人类学家已经做了大量的研究来揭示这些概念假设。下面我要对前几段的主要内容进行简要总结，以便在更广泛的框架中讨论这些概念。[14]

在我的身体内部有一个“小小的自我”在掌控着一切，或者试图掌控一切并会获得不同程度的成就。“小小的自我”在“屏幕”上看到了（外部世界和身体内部）正在发生的事情。大脑“屏幕”上的这种图像，充其量是准确描述了外部世界正在发生的事情。通常“我”看到的世界就是真实的世界。有时，“我”会犯错误（当你只是疲倦的时候，“我”却以为你在生气），但是大多数时候，“我”能够准确地观察事物。然后，“小小的自我”把这个图像跟思想、记忆、当时的工作任务以及论点结合在一起，对它们加以权衡、解释、修饰，分析出（通常）采取哪种行动是最好的，然后告诉肌肉需要做什么、嘴巴需要说什么。虽然“小小的自我”跟身体有着密切联系，但它不是由身体构成的。

“小小的自我”是智慧的言语和行动的主要推动者。它对“我”所做的选择负主要责任。心智就像一个明亮的意识工作空间，“小小的自我”在这里思考。“小小的自我”能看到心智中的活动。“自省”是可能的，而且在很大程度上是精确的。所有智慧的想法都是有意识的，因此也是比较符合逻辑的。“小小的自我”在冷静时状态最好。理性的思考是最高形式的智能，法官、哲学教授和数学家就是这方面的典范。我们都应该像他们那样，有意识地权衡利弊，在得出合理的结论之后再采取行动。

心智中发生的事情——或者应该——伴随着一种受控的感觉。如果有意识的活动不受控制，将令人不安，必须努力重新建立控制。有时候，这些努力似乎只会莫名其妙地使事情变得更糟。（不管你做什么，别想那只大象①。）要“解释”任性，你可以允许大脑中一种神秘的、无意识的深层区域出现，它不是身体，却遭受着身体欲望和动物本能的折磨。有时让人迷惑不解的是，无意识会突然冒出很有用或是有创造性的想法来。总的来说，任性是控制中的一个小故障，如果我仔细想想，通常能够找到一个产生这种故障的简单原因。如果我状态比较差，那一定是因为我前一天晚上没有睡好，或者是因为我喝得太多了。

情感来自身体（或无意识），除非被小心控制，否则它经常会破坏理性的智能。情感通常是自私的、原始的。人们曾普遍认为，女性因为更容易受到情感控制而不如男性有智慧。“小小的自我”有一个不太可靠的情感控制工具，它被称为意志。这是一种因人而异的力量：有些人意志坚强，有些人意志薄弱。有些人相信上天能够让自己

① “别想那只大象”通常是指你一定会想，但别人偏不让你想的东西。——译者注

的意志变得无比坚强，如果你是个善良的人，那么上天就非常有可能眷顾你。那些意志薄弱的人有被恶魔缠住的危险，也有被迫做坏事的危险。

通常情况下，心智是独立自主的实体。“小小的自我”是自己世界的主宰。如果我受他人影响，通常情况下我能觉察到，并且能够控制其影响程度，我会进行独立思考。总的来说，我比较了解我自己。我有比较稳定的人格、性格、喜好和关注点，这些构成了我的个性。“小小的自我”也是生命中不断上演的戏剧的主角。这种说法虽然不够完善，但大体准确。

并不是所有这些想法都是完全错误的，但令人遗憾的是，具身科学认为这些想法严重歪曲了人类的本性，给我们带来了很多麻烦（认识和纠正这一点是很难的）。本书接下来将努力让你认识到这一点。

离身心理学

笛卡儿关于心智的观点及其伴随而来的对身体的诋毁和忽视，在整个 20 世纪的专业心理学中都得到了反映，实际上是得到了强化。“认知”是人们感兴趣的中心话题：从 1955 年至今，认知心理学几乎是唯一一种受到人们关注的心理学。认知处在输入端的知觉和输出端的行为之间，对一代又一代的心理学学生来说，认知被分解成了“记忆”“理解”“决策”“问题解决”等话题，并用最明确、最理性的术语对这些话题进行了解释。记忆就是记住事实，通常只是随机匹配的词汇或音节；理解就是根据句法规则把词汇的意义连接在一起；决策和问题解决就是让学生进行智力较量，解决抽象的、程式化的谜题，通常是构成大多数不同版本的“智力测试”的逻辑问题，并且问题的设计总是不尽如人意，将他们的实际表现跟超理性的理想结果进行比较。

有一个被广泛引用的心理学实验：苏联著名心理学家亚历山大·卢里亚对西伯利亚的一些农民说：“在鄂木斯克（一个距离西伯利亚 1 000 英里①的城镇），所有的熊都是白色的。一天早上，有个人从房子里走出来，看见了一头熊，熊是什么颜色的？”大多数受试者都明智地回答说他们不敢确定，因为他们从来没有去过鄂木斯克。卢里亚抗议说，他刚刚告诉他们那里所有的熊都是白色的。“但是我们不了解你，”农民们回答道，“我们怎么能判断出你是否在讲实话，或者你有没有弄错？”在现实世界里，这似乎是非常智慧的回答，但在逻辑世界里却不是。

当时，认知心理学家的天然盟友是杰里·福多这样的逻辑和语言哲学家、诺姆·乔姆斯基这样的理论语言学家——他们对句法而不是意义感兴趣，还有艾伦·纽厄尔这样的人工智能研究者——他们试图让机器人解决逻辑难题。神经系统科学家和其他类型的生理学家对身体的运作方式很感兴趣，但他们被看作非常初级的研究伙伴。一旦福多、乔姆斯基和他们的朋友制定出心智的设计规范，那么神经系统科学家就可以看看它是如何在大脑“湿件”②中运行的，但这只是一项非常微不足道的工作——一种确认性的整理工作。事实是，人类这种动物不仅有认知，还有需求，充满激情，迫切需要即时采取行动，而这一事实被认为并不重要。

在 20 世纪 60 年代，当计算机成为人类心智的主要隐喻时，人们开始更加注重逻辑和语言。计算机的“思考方式”是以 1 和 0 的字符

① 1英里等于1.609 344千米。——译者注

② 即大脑的神经系统。——译者注

串（它们的“机器代码”）进行逻辑运算的，所以人类心智的运作方式也应该与此类似。福多把他的一本书命名为《思想的语言》，在其中使用了一系列逻辑或语法规则，把符号串转变成了其他符号，不考虑那些符号的实际意义是什么，或者它们对真实的人是否有意义。[15]这些规则应该是固有的、普遍的，认知科学家的工作就是弄清楚它们的本质是什么。基于这一观点，如果人类的心智机器能够进行必要的运算，那么它们是由肉体、硅芯片还是乐高组成的，就变得无关紧要了。

计算机为身体和心智的分离提供了一个诱人的隐喻，其形式就像计算机的硬件和软件的分离一样。我们被鼓励把大脑看作多功能的生物硬件的集合，这个硬件可以支持运行大量的进行社会传播的软件程序和信念系统。但这很有误导性。计算机没有基因，也没有与生俱来的需求和顾虑。它们是真正的认知工具，没有任何内在的情感和动机。我们还要记住一点，心智的计算机模型是在网络和互联网发明之前塑造的，因此就像早期的机器一样，心智被看成是独立的、自给自足的。给它们问题，它们就会自己进行计算并给出答案。

所以，如果人类被塑造成早期的计算机模型，并且被削减得只剩下最理性和最抽象的能力，那么他们就被剥夺了几乎所有让他们变得丰富、有趣和真实的东西。所有与心理分析、情感、友谊甚至像足球或者时尚这样跟普通兴趣有关的东西，都受到近乎鄙夷的忽视。在20世纪70年代初，当我在哈佛大学读研究生时，曾参与面试了那些想学心理学的六年级学生。对于这样一份重要的工作，我得到的唯一的建议就是问问他们是否对“人们为什么这样做”感兴趣，如果他们的回答是肯定的，就拒绝录取他们。

也许这种认为“大脑和心智从根本上来说是理性的”观念反映了哲学家和科学家的思维倾向。毕竟，这些对大脑—心智进行思考和论述最多的人，最擅长的就是制定清晰的定理、提出无懈可击的论点、进行可证实的推测、得出符合逻辑的结论，所以在他们的理论中，他们特别擅长的那种思考方式被证明是大脑本来就该做的事情，就不足为奇了。即使在理性时代以前，非小说作家也倾向于争论和推理，所以我们认为，他们在历史上留下的痕迹很可能是有失公允的。

然而，我们没有理由认为如此“高度的理性”应该构成大脑的基本运作方式。大脑完全有可能以一种完全非哲学的方式自然地运作。但是，如果训练有素，大脑也有能力提供哲学的理性。就像你现在可以给一台数字计算机编程，让它像人脑一样运作，在过去的 2 000 年里我们所积淀的文化也一直在给人类大脑编程，以模拟机器的理性。有一个恰当的例子，彼得·梅达瓦和保罗·费耶阿本德在很多年前就表明，科学家实际的工作方式与发表科学论文时提出的那种合乎逻辑的设想是完全不同的。[16]

总的来说，在过去 2 500 年的人类历史中——特别是在西方历史中，身体认知论经历了一段艰难时期。因为直到最近，我们依然缺乏科学的工具以使身体展示出自身的精密性和复杂性，难怪我们创造出了各种各样对人类智能的虚构的解释，只留下了一些微不足道的任务让身体去做。也难怪身体变成了一个“灰姑娘式”的概念，被心智和灵魂这两个“丑陋的姐姐”诋毁和蔑视。2 500 年来，人们一直被诱惑去相信一个幽灵般的世界，那里充斥着柏拉图式的抽象性和神学上的理想化，人们被鼓励追求一种冷静的思维方式。这不仅是因为冷静的思维有时是身体感觉和直觉的有用附属物，而是有更好的原因。

但是现在，我们确实拥有了这些工具，所以，让我们利用它们吧！让我们更仔细地观察人类的身体，了解其真相吧！

第二章

身体是由什么构成的

我完全就是我的身体，此外别无其他。

——弗里德里希·尼采

现在，让我们开启一段探索人体奥秘的快速旅行。在本书中，我常常称人体为“你的身体”，有时也称之为“我的身体”，好在这种称谓并不归属于差别巨大的学术问题的讨论范畴；现在，我正在讨论的是你我身体的构成及其运作方式。作为一名科学家，至少在有关身体的方面，我赞同尼采的观点，所以就从“我们所做和所想的每件事在某种意义上都来自身体这个复杂的生物结构”这一假设，来开始我们的人体探索之旅吧！你的眼睛正在阅读这些文字，你的大脑正在思考这些文字所蕴含的思想，你的面部肌肉正在不由自主地抽搐，以表达认同、愉悦、疑惑、愤怒等情绪，这些反应如何影响你对上一餐食物的消化……所有这些以及更多的身体结构，构成了现在的你。

那么，让我们看看我们是由什么物质构成的，以及它是如何运作的吧！不幸的是，我不能让你直接看到它的运作过程，因为我们无法直接看到。我们身体中发生的很多事情是意识无法触及的，当你阅读的时候，你感觉不到你的骨髓中正在制造红细胞，所以我们需要科学帮助我们了解身体是由什么构成的，以及它们是如何运作的。我将简单介绍一些具有互补性的观点。

一群细胞

小男孩是由什么构成的？
鼻涕虫和蜗牛，还有小狗的尾巴。
小男孩就是这样长大的。
小女孩是由什么构成的？
糖和香料，还有所有美好的东西。
小女孩就是这样长大的。

——19 世纪的童谣

正如本杰明·富兰克林所说，你的身体是活细胞进化的结果，这些细胞群是聚在一起，而不是彼此分开的。多细胞生物的进化过程是学校生物课上讲授的内容，所以，我在此只做一个简短的概述作为提醒。不知何故，大约 40 亿年前，一些分子出现了，它们有一种奇怪的属性——具有自我繁殖的能力。更重要的是，它们似乎专注于自我繁殖。过了一段时间，这些自我繁殖的分子已经能够建造适合其生存和繁殖的小型基地。它们编织的薄膜使它们能够构建起自己的微型生态系统，因此，它们能够或多或少地保持着有利于生存的环境。最早的这些能够自我繁殖的分子，即单细胞的数百万后代——许多种类的细菌和微生物——此时此刻正在你我的体内群聚。它们与我们共生，通常对我们有益，但当它们偶尔使我们生病时，则对我们有害。

这些细胞中的一些与更小的细胞分工合作。例如，线粒体是简单的单细胞生命形式，具有非常有益的释放能量的能力，所以人类的细胞欢迎它们长期居住在体内，喂养并保护它们，以换取源源不断的能量供应。还有一些细胞知道如何分裂，因此它们不仅能复制自己的DNA，还能复制有利的细胞生存条件。一些微小的生物（经过许多代生物的自然选择）发现，细胞分裂之后，群聚在一起是有好处的，尤其是当它们掌握了各自的专长以后，不同的细胞就可以代表整个群体各尽其责了。

形成群体的生存战略有利有弊，所以，并不是所有的多细胞实验都成功了，也不是所有的细胞都决定以群聚的形式生存。变形虫是一种比较脆弱的生物，但它的需求很简单，如果它生存的环境保持稳定，它就可以很容易地独立生存，即低技术、低维护。但是，如果它的生存环境发生了变化，它会因得不到所需的东西而几乎无法生存。体型大的生物能够走得更远、更快寻找到食物，能够更早地发现危险，更巧妙、更有力地保护自己。但是，要维护这样大的体型就要付出更大的代价，也要面临更多的问题。进食变成了“军事行动”，需要极快地调动双手举起叉子，调动肌肉张开嘴巴，调动牙齿咀嚼食物，分泌唾液润滑食物，调动更多的肌肉吞咽食物（确保在关键的时候屏住呼吸），靠消化性化学物质的分泌来消化食物，靠胃分解食物等（你可以想象其他身体部位的运作）。群居生活并不轻松，我们很多人在学生时代就发现了这一点。如何在“对我有益”和“对我们有益”之间取得适当的平衡，通常是个棘手的问题。

这个进化故事的很多细节并不重要，但有一件事很重要：构成我们身体的细胞，无论是单独的还是群体的，都表现出想要生存的样子。这并不意味着它们具有有意识的欲望或偏好，而是意味着它们对潜在的不利事件有一套内在的反应，这些反应往往可以消除或避免这些不利事件造成的破坏性后果。如果细胞的内部环境失衡，就会触发一系列尝试恢复平衡的过程。如果它们的表皮被刺破，就会触发具有修复效果的行动。具有这种自我保护、迅速反应能力的细胞会生存得更久，因此它们比那些没有这种能力的细胞有更大的自我复制机会。在最基本的层面上，我们是有目的的，也是智能的。正如安东尼奥·达马西奥在他的著作《当自我来敲门》中所说："管理生命的具身知识，比任何对这类知识的有意识的体验都重要。（这种）知识相当复杂……其复杂性是巨大的，其表面的智慧是非凡的。"[1]（我不明白为什么他觉得有必要在这里谨慎地加入"表面的"这个词。）我认为，这种内在的倾向和能力正是智能的核心所在，它能够以一种满足你的需求和关切的方式采取行动，尤其是当你关注的事物数量激增、世界变得更复杂的时候。

一种运动形式

> 在她旁边，（她的狗）温暖的身体稍微移动了一下，她不知道是不是她轻微的动作打扰了它的睡眠。她尽量保持不动，但作为一个人体动作学专家，她知道这是不可能的，无论是睡着还是醒着，只要我们的大脑在工作，我们的身体就会运动。
>
> ——杰弗里·迪弗[2]

先前，在德文郡夏普汉姆大厦宽敞的大厅里，举行了我们所熟悉、钦佩和爱戴的环境学家莫里斯·阿什的葬礼。大约有100人出席了葬礼。当时，我专注地看着他的遗体，我看到他在呼吸，我真的看到他的胸部在动。当然，他并没有真的在呼吸，但是我的大脑不顾事实，对这具一动不动的遗体反感不已，有那么一瞬间，我坚持想让他活过来。完全的静止不动与生命格格不入：这是一种诅咒。初生的婴儿正是对这种诅咒的反抗。

身体不是一个物品，而是一个事件。我们通过活动而存在。当我们照镜子时，我们看到一副熟悉的面孔在回看我们，当我们往下看的时候，我们的腿看起来和感觉起来都很结实。但是我们知道，如果我们停止活动，我们很快就不会那么结实了。如果我们把房子锁起来去度假，我们可以想象它会原封不动，但我们的身体不会。即使当我们睡着的时候，神经元也处于激活的状态，细胞在发育，膀胱在充盈，血液在流动，肺在呼吸，腿在扭动，喉咙在发出咕哝声。我们总是以或剧烈或轻微的不同方式在运动。我们不是时不时地运动并在其间休息，休息本身也是一种运动。大脑中有一个特殊的回路，被称作默认网络，当我们没有紧急事务要处理时，这个回路就会被精确地启动。在微观层面上，我们不断地活动着。

如果什么都不做，我们就无法生存。人类的身体，正如它们的组成细胞一样，需要不断地补充营养。为了给我们的细胞提供必要的营养，我们必须时不时地起身从冰箱里拿食物吃或打电话订个比萨。活着就需要补给。为了得到补给，我们需要活动，所以我们已经进化到在宏观的行为层面和微观层面上都非常活跃。长远来看，我们会输掉生存之战，但直到死亡，我们复杂的多细胞身体都像组成身体的单细胞一样，表现得好像要继续生存下去——直到我们完成了繁衍后代和其他任务。我们身体的首要任务就是要为生存、健康和繁衍后代服务。正如神经学家丹尼尔·沃伯特所说：

> 尽管感官、记忆和认知过程都非常重要，但它们之所以重要，是因为它们或促进或抑制未来的运动。如果放下儿时的记忆或感知玫瑰的颜色没有对你未来的行动产生影响，那么它们就不具有进化的优势。[3]

简言之，我们是活跃的、积极的、主动的生物，充满了希望、欲望、恐惧和期待。我们进行各种各样的活动：短期的、长期的、值得的、不值得的、单调的、盛大的。当我坐在这里，我对沙滩上男孩子正在做的事很感兴趣，我调整姿势以便让自己感觉舒服些，一边想着怎么做晚餐的猪排，另一边想着要完成这一章的写作，揣摩搜寻合适的词语，同时又记起需要给阳台上的植物浇水，等等。只有在对行动和欲望十分关切的基础上，我们才能理解生物智能。

正如我在上一章所说，我们不像计算机，机器乐于耐心地等待，直到被启动并按照指令运行。我们是由诸多不断变化的（并且增长的）、固有的关切组成的，我们不断受到激励去努力解决这些关切。我们可能会注意到，“在意”这个词本身在日常话语中仍然带有强烈的动机色彩。从根本上说，在意就是关心。如果你在意比赛的结果，你就不仅仅是在想着这件事，而是关心这件事。在意很重要，有些事情你非常在意，而你的伴侣可能根本不在意。比如，照顾孩子的人不只是关注蹒跚学步的孩子的状态，其中还充满了关切。我们在关心的层面上在意，这比拥有智能器官层面上的在意更重要。从根本上说，我们天生不是用来思考、解释或在有限的时间内解决矫揉造作的逻辑问题的。理性和辩论本身就是进化而来的，用来支持更深层次生物日程的工具。

我们拥有大脑的主要原因是：针对我们的关切，发现并采取恰当的运动。这是一个复杂的问题。运动的动物有大脑，那些不运动的动物则没有大脑。有几种动物，如海鞘，最初是运动的，它们到处游动，所以，它们拥有一个最基本的大脑来协调它们的运动。然而，过了一段时间，当它们认为后半生成为植物会比较省力时，它们找了一个好地点，扎下了根，吃随手可得的东西。因为不再需要大脑，它们就把人脑吃掉了。（就像古老的学术笑话讲的那样，这跟大学教授得到终身职位的情形别无二致。）

一个有弹性的“笼子”

身体的物理表现是很重要的。智能是与身体同步进化而来的，它是行为的调节器，而不是重要的、核心的控制体系。

——罗德尼·布鲁克斯[4]

可移动生物必须拥有的第一个智能的东西是，能够按照它们所需的方式进行移动的身体。在被挑衅时，一些有小尾巴的生物可以四处游荡，而其他生物则可以逃开。我们的多细胞祖先要满足生存需要得提高速度、力量和精确性，所以他们进化出了骨骼。这是一个由骨头组成的适度坚硬，但有一定弹性的“笼子”，它保护并支撑着里面柔软的器官。四肢通过关节与它相连。骨头通过强有力的弹性肌肉群彼此连接，这些肌肉能收缩，可以让骨头进行相对运动：肌肉通过肌腱与骨头相连，骨头通过韧带彼此直接相连。自然进化对这个铰链式笼子的长度、重量、运动弧度和弹性进行了调试，即使没有来自大脑的大量信息输入，骨骼作为一个整体也可以巧妙地移动。

你小的时候，可能（像我一样）也有一个会自己走下斜坡的简单玩具。如果斜坡的角度合适，它会稳稳地朝下走，既不会停下，也不会跌倒。它之所以能做到这一点，取决于重力的作用及其机械构造的方式。它最初会向前倾，这种前倾使它的一条腿能像钟摆一样向前摆动。继续向前倾，它的身体重心会落在第一条腿上，另一条腿再向前摆动，如此下去。如果你想做一个类似的玩具，让它在平地上行走，你有两种选择。一是从头开始，设计一套协调的感应器和马达，让两条腿轮流摆动。这样一来，你就需要为它设计一个小的大脑。二是你可以设计一种方法，让玩具自己向前倾——或许可以给它装一个又长又重的鼻子，然后依靠同样便捷的机械钟摆效应让它的双腿摆动，不停地走。你可能还需要微调一下参数，但这是可行的。[5]

苏黎世大学人工智能实验室的罗尔夫·普法伊费尔及其同事已经对第二种方案的可能性进行了详细的研究。[6]他们的研究已经表明，如果所有的重量、阻力和弹性（肌肉）都合适，那么这样的智能在很大程度上可以具身于身体的物理构造中，而不是把智能“从中心”输入到一个可以控制腿部运动的大脑中。图 2.1 显示的机器人 Puppy 就是他们根据这些原理设计的四足机器人之一。机器人 Puppy 在平地上行走的动作与真狗一样，非常逼真，但它没有中枢协调器官——大脑。

要想实现更复杂的动作，诸如爬坡或在凹凸不平的地面上行走，你就必须引入类似大脑的控制装置，只是为了适度地调控“智能骨骼”的动作，或者是为了启动“智能骨骼”的动作，而不是为了协调每个部位。继机器人 Puppy 后，又一个机器人 BigDog 被研发成功，它既能在湿滑泥泞的地面上行走，还能在一堆碎石上行走而不会跌倒。（你可以在网站上观看机器人 BigDog 的动作视频。称它为机器人

BigFly 可能更贴切些，因为驱动它前行的马达会发出非常响亮的非犬类的嗡嗡声。[7]）

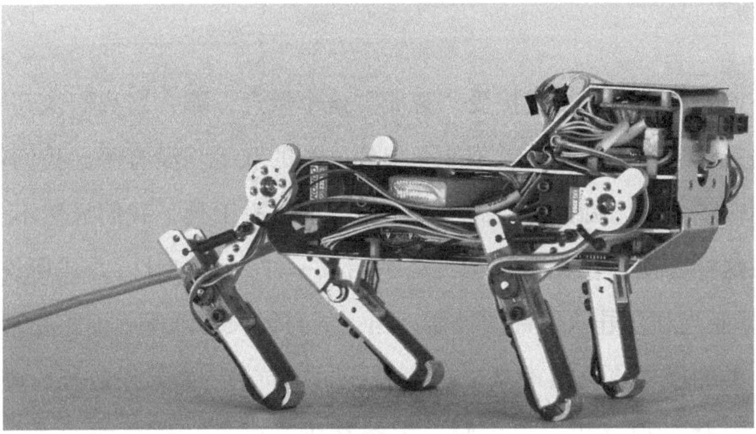

图 2.1　机器人 Puppy

这些机器人展示了真正的身体运作方式的主要特征：思想和大脑的许多外在的智能分布在身体的结构体系中。与被授予“智能”称号的思想和身体的复杂性相比，让机器人 Puppy 和机器人 BigDog 行走可能显得有些微不足道，但是我们将会看到，随着我们体型的扩大，类似的具身原则是如何继续被运用的。普法伊费尔总结了这一重要观点：

> 行为是主体与现实世界交互作用的结果，不仅包括主体的神经系统，也包括它的整个身体：传感器的分布方式、肌肉—肌腱系统和关节的材料属性等。（我们可以）把这种相互依赖的机制的集合称为主体的具身化。[8]

智能可以具身于整个身体结构中，而且这样的结构会减轻思想和大脑的负担，这是具身认知科学的核心观念之一。

*****

如果我们试图慢慢接受“智能”这个概念，那么当我们谈到肌肉骨骼系统这个话题时，就不能不提到人类的双手。没有手，我们就不能制作或者使用哪怕是最简单的工具，而没有工具，我们显然不会像现在这样聪明。正如雷蒙德·塔利斯以一种典型的滑稽方式所说的：“如果亚当和夏娃从伊甸园被驱逐出去的时候长着爪子，而不是双手，那人类的历史将会出现难以想象的不同结局。”[9] 如果没有抓、爱抚、采摘、接、拉、扭、捏、刺、用拳猛击、摩擦、挠、敲、击、扔、写、挤、賂肢以及其他数十种聪明的手部行为，我们将会进化成什么样子呢？

毫无疑问，人类需要一个相当大的大脑与手匹配。实际上，像塔利斯一样，许多人都认为人类手的进化（与爪子相对）很可能是人类大脑进化的主要驱动力之一。但是，就像行走一样，我们不要以为手只是一个高度铰接但本质上被动的工具，它们依赖于智能的大脑来告诉它们怎样工作。大脑和手明显具有的一些“联合智能”具身于手的物理构成中，手的大拇指可以旋转，长度恰好可以跟食指“相对”，这就让我们可以捏或抓。大拇指根部的肌肉特别强壮，可以让我们有力地、准确地抓住东西。我们的手指灵活，而且有很多能（也确实）让我们握拳的关节，各个手指还可以（在一定程度上）独立运动。我们有长着指甲的双手，而不是爪子，这就给我们敏感的指尖提供了保护，使其可以感受物体纹理和硬度的微小变化。我们手上的皮肤有脊状突起，这就增大了摩擦力，使其在拿较大物品时可以抓得更牢。皮肤还能变形，像垫子一样被挤压。小骨骼、肌肉和肌腱组合在一起，当手开始在物体周围握拢时，其物理结构会自动调整以适应物体的形状，而不需要眼睛或大脑的任何帮助。

日本的机器人研究员横井浩志发明了一种仿生手，它具有真手的许多物理特性。他还展示了它能够成功抓住多种物品，而不需要复杂的控制程序。你只需要告诉这个横井机器人手“合上”，剩下的工作就由物理学来完成（见图 2.2）。这对于那些戴假肢的人来说是个好消息，他们的大脑能够发出运动指令，这些指令由他们皮肤表面的肌电仪接收，然后转变成机器人手可以执行的控制信号。传统的假肢需要精确的信号来命令它做什么，但由于肌电仪的噪声非常大，它对传统假肢的控制效果很差。横井机器人手的性能则要好得多，而且也便宜得多。[10]

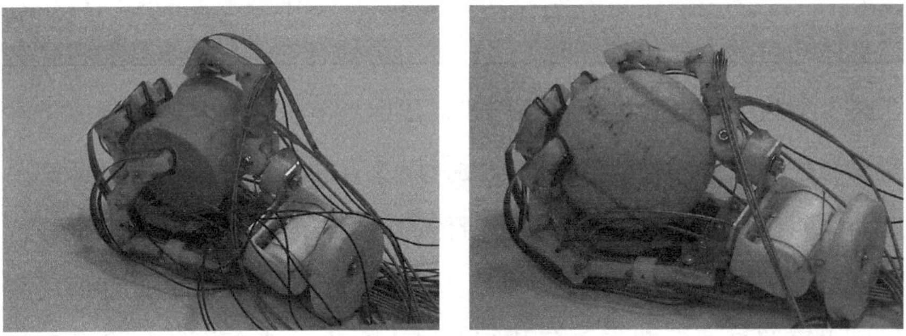

图 2.2　横井机器人手

当我们把人类的身体作为一个整体来看时，会发现它在总体协调方面存在一系列问题。肌肉骨骼系统有很多可以移动的部分，它们必须协同工作，其中一些需要大脑进行精密的中央控制，但是大脑只会调节身体的行为，而不是从头开始设计，比如生理性震颤。早在 19 世纪 80 年代，人们就知道人体的整个肌肉系统在以大约每秒 10 个周期的频率不断地震颤。当身体的任何一部分运动时，其动作都会掩盖这种震颤，这有利于身体的其他部分保持协调，就像当两个舞蹈演员听着同样的音乐时，动作就会更和谐，他们的动作会因为同样的节拍而被联系在一起。[11] 这个例子强调了本章的两个要点：身体的内在活动，以及这种内在活动如何促进人的整体智能。我们只有把大脑看成一个包括身体在内的庞大体系中的一部分，才能正确地理解它。

器 官

在这个有弹性的“笼子”的内部和周围，以及在头骨的保护下，聚集着人体的主要器官、物质和系统。它们的功能对维持生命都很有必要。大多数生物，即使是多细胞生物，其生命也是不稳定的，只有当身体同时满足大量条件时，生命才有可能存在。[12] 身体只能容忍它在整个参数范围内的小波动。例如，我们身体里各种气体的组成、不断浸泡我们细胞的内部液体的酸度，以及有利于生存的化学反应的温度，只能在有限的范围内变化。身体的主要器官都被设计用来跟踪这些变量的子集，并有办法在它们发生偏离时让它们恢复到最佳值。当能量水平降低时，我们必须找到并摄入食物，把食物转化成通用的“能量货币”，即三磷酸腺苷分子，让它分布到所需之处并处理掉废物。内部分工意味着细胞群致力于这些不同但又相互关联的工作，从而构成我们体内各种各样的“工作中心”。

如果我们想要发现身体智能的秘密，就必须克服柏拉图式的神经质，进入我们潮湿的内脏。我们的身体内部是黑暗的、黏稠的，有时还散发着臭味，但这并不会使它们变“脏”或变“坏”。我们对自己身体内部的厌恶源于前一章讨论的历史构架。冥想列举了身体的物理组成成分，它们是：

> 心脏、肺、脾、淋巴结、胰腺、肾脏和肝脏；
>
> 大脑、眼睛、耳朵、鼻子和舌头；
>
> 皮肤、肉、骨头和骨髓；
>
> 胃和消化系统的其他部分；
>
> 毛发（在不同的地方）、指甲和牙齿；
>
> 皮肤、肌腱、韧带、软骨、隔膜和神经；
>
> 大便、尿液、汗液、油脂、脂肪、精液、鼻涕、痰、唾液、眼泪、血液、淋巴和脓。

僧侣们被鼓励："把身体……视为充满了不洁之物。"但重要的并不是要培养这种厌恶的情结，而是要学会用一种文明的态度来取代这种情结。内脏即是我们，它们是我们的家人。只有当它们可见时，才会使我们担心。当这些内部物质以呕吐物和血液的形式溢出时，从生存的角度看，我们的担忧是正常的。但是，如果我们要真正了解身体，并且学会成为它，就必须跟它，如头发、鼻涕和骨髓等交朋友。

当我们想到我们身体的内部物质，我们通常关注的是稳定的、可见的结构——大脑、心脏、肺、肾脏、肝脏、肠，等等。因为它们很容易被从体内解剖出来，所以人们倾向于用它们最明显的功能来看待它们并通过简单的类比来理解它们。肺像风箱，心脏像泵，胃是食物处理器，肾脏是过滤人体体液的设备，肝脏是制药厂。它们的确执行了这些任务，以及许多其他任务。每一个器官都有其自身的"智能"。但是，当我们把身体的智能当作一个整体来考虑时，我们更感兴趣的是不同的器官和组成成分之间的交流方式，即整个智能的身体如何变得比各个器官的总和更强大。

以心脏为例。1991 年哈佛大学生理学家阿里·戈德伯格报告了一个有趣的发现。正如我们所看到的，身体的不同部位都被认为有一种理想的功能水平，如果它们被打乱（血糖下降到正常水平以下，或者血压上升），那么它们就会启动程序，努力恢复到“理想点”。但是这一理想水平到底是如何被定义的？它是一个点还是一个范围？人们通常认为是前者。例如，如果一切正常，心率根本就不需要波动。健康的心脏应该有恒定的搏动。但是，戈德伯格发现事实并非如此。正常心脏的心电图表明，即使看起来没有任何原因，心率也会有很大的变化，而且这种变化没有明显的规律。正常人、健康人血清中的激素水平的波动远远超过了必要范围。这是怎么回事？[13]

答案似乎在于，如果心脏想要保持健康，就需要与身体的其他部分保持联系，而不是孤立地做自己的事情。实际上，心脏有自己的“小大脑”，这个“小大脑”使心脏能够与肺、肝脏和中枢神经系统的其他部分保持恒定的交流。来自交感神经系统的信息输入通常会使血压升高，并使心跳加速，而来自副交感神经系统的信息输入通常会降低血压，并使心跳减慢。还有，来自心脏的信息输出能够将其当前的机械、电子和化学状态的信息发送到其他器官，并通过自主神经系统向上发送到脑干，进而发送到整个大脑。在这些输入信息和输出信息的神经元之间，存在着心脏用于内部通信的神经元网络，它传递输入的信息并修改输出的信息。心脏是彻头彻尾的高效的信息传递者。

正如加拿大研究人员安德鲁·阿默尔所称，这个“心脏上的‘小大脑’”利用所有活动来一拍接一拍地调节心率和其他参数。[14] 换句话说，健康的心脏跳动有些不稳定，因为作为整个身体的一部分，心脏与身体是不断共振的。内稳态不是指一个理想的“甜蜜点”，即心脏永远想要回到的地方，而是指一个“甜蜜地带”，即心脏必须能够在其中自由活动的标准范围。事实上，不健康的心脏的特征之一就是失去了这种弹性，心率越来越规律。戈德伯格发现，在心搏骤停（表面上健康的心脏病患者出现致命性心脏病发作）之前，心跳通常会越来越有规律。由于缺乏固有的灵活性，当周围的条件突然发生变化时，心脏不能有效地做出反应。这就好像心脏已经停止收听广播，它忽视即将爆发海啸的消息，因此被这突如其来的事故打了个措手不及。

其他身体系统也有自己的大脑。例如，消化系统有自己的神经系统，这使它能够调节自身对各种输入的反应，甚至是当它已经跟大脑和脊髓相分离的时候。从进化的角度来看，这并不奇怪。早在我们进化出独立的大脑之前，我们就有了消化管，就像我们每个人都曾经在子宫里那样。身体被恰当地描绘为一个密集的城市，它沿着繁忙的水道两岸而建，这个水道就是消化大运河（消化道）。货物到达登陆场，鱼儿沿着运河的河岸被捕捞，废物被排放到下游。监管这条管道两旁的交易是一项复杂的工作：仅在小肠中就有超过 10 亿个神经细胞。许多神经细胞主要与肠道本身的活动有关，例如，要与主要在肠道下部安营扎寨的大量细菌保持健康的关系。但也有许多神经细胞在不断地与包括大脑在内的身体其他器官和部位进行交流。

生化汤

除固体器官外，你体内还有其他系统，它们必须在全身流动，才能完成各自的工作。循环系统就是其中之一，它能将血液中提供能量的红细胞输送到身体帝国最遥远的角落。但是，血液中的液体——血浆以及淋巴系统也都携带大量的化学物质，有助于自我防御和自我修复。液体免疫系统携带所谓的白细胞——从技术上讲是淋巴细胞，这是一种“国土安全”服务系统，不断检查它们遇到的分子和微生物的“证件”，以便让身体区分敌友。每个淋巴细胞都有一个大的黏性分子——抗体，后者附着在淋巴细胞表面，就像一张海报，上面是它要寻找的通缉犯或失踪的朋友。当它找到一个匹配的对象时，要么给予拥抱，要么进行逮捕。身体周围的淋巴结是关押所有不良分子的地方监狱和审讯中心。

免疫系统的传统形象是“民防”，但它远不止于此，因为友好的互动至少和敌对的互动一样重要。淋巴细胞不仅是秘密警察，也是一群活跃的重要迎宾者，它们交换信息，让身体的不同部位彼此保持联系，并与整体保持联系。智利免疫学家弗朗西斯科·瓦雷拉的研究对整个具身认知领域的发展具有重大意义。瓦雷拉认为，免疫系统的存在实际上是为了将身体各个系统的组成部分结合在一起，形成一个单一的躯体。[15] 当免疫系统发现入侵者时，它会产生一种复杂的应对方式，但这只是它应对紧急情况时的反应。大多数时候，它监控和维持身体的一致性和同一性，这是我们能在世界上存在的关键。例如，在完全无菌的环境中长大的老鼠仍然会发展出接近正常状态的免疫系统，即使没有疾病的威胁，免疫系统也是必不可少的。因此，它必须与大脑保持持续的对话。正如瓦雷拉所说：“除非我们明白免疫系统本身是一种认知装置，否则就不会形成更复杂的身心学观点。”免疫系统是我们智能的一部分。

与淋巴细胞和红细胞一起在体内“运河”和“沼泽”中流动的是一大堆化学物质，它们有助于调节体内情况：内分泌或激素系统的各种成分。它们包括神经递质和神经调质（调节神经元激活的化学物质），比如，肾上腺素、乙酰胆碱、多巴胺和血清素、雌激素和睾丸雄激素等性激素、被称为肽的多种支氨基酸链、调节碳水化合物和脂肪代谢的胰岛素、影响免疫系统对各种压力反应的皮质醇、改变关爱和亲密关系等方面情绪的催产素。不同的腺体制造出这些激素并将其释放到血液中，进入淋巴系统或直接进入包围所有细胞的自由流动的体液中。所有这些流动的化学物质都携带着信息、建议和命令。例如，激素有一个特殊的分子“智能卡”，只有当它在碰巧流经的一个细胞壁上发现了一个相应的“细胞壁上的洞”时，它才会开始“工作”。当匹配条件满足时，细胞就会被触发，以特定的方式改变其行为。

所以这些器官和系统在功能上并不是相互分离的。当我还是学生的时候，我学到的是身体有三个不同的系统：分泌调节激素的内分泌系统、对抗感染的免疫系统以及发送电子信息的神经系统（更多内容详见下一章）。但我们对这些系统的理解在过去 30 年里有了巨大的发展，我们现在知道，更准确地说，我们不应该把它们看作相互独立、平行的系统，而应该把它们看作一个单一系统的各个方面，这个系统负责照看我们的许多相互补充的方面。[16]

神经系统既是电系统，也是化学系统。神经冲动是由化学物质浓度的微观变化触发的，并受各种化学神经调质的调节，这些化学神经调质可能来自各种各样的器官和组织。心脏发出的持续不断的神经化学物质的信号只是身体不同部位间持续交流的一个例子。肺和心脏通过流经肺动脉的激素和抗体相互交流。免疫系统渗透到消化系统的最深处，并与肠道自身神经系统中的神经递质相互作用。[17] 身体各种器官和组织间相互作用的例子不胜枚举。此外，我们还要补充一点，所有这些活动都受到肌肉和关节动力学的影响。大规模的身体活动——从跑步者的“内啡肽高”到婴儿吮吸乳汁时催产素的舒缓释放——都是为了在更微观的层面调节和协调正在发生的事情。

复杂的自适应动态系统

所有这些都意味着，我们看待自己身体的方式发生了根本性的转变。几个世纪以来，我们一直在采用“医学”这个词来思考我们的身体是如何构成的。但事实证明，不同器官和系统的表达方式并不能恰当地描述身体的连贯性和交织性。更重要的是，它使我们看不到我们身体的系统性本质。西方医学已经取得了巨大的进步，它把身体想象成各个部分的集合体，每个“部分”发生故障时，都可以被单独治疗。但是，我们的身体并不像时钟一样，可以被拆分为各个部件，我们只是刚刚开始认识到所谓传统的对抗疗法，有些疾病的病因不是单一的。

当然，还有其他许多医疗系统，如顺势疗法、针灸、中国传统草药或印度阿育吠陀，它们都承认身体之间相互依赖的复杂关系。但是，它们往往是一堆杂乱的民间传说（其中一些经过了科学的检验，而很多却没有），以至不可能将可证明的真理与基于奇闻趣事的激情洋溢的信念区分开来。（当然，安慰剂效应仍然值得拥有。）从本章描述的内容中，可以清楚地看到一个理解整体效应的科学框架，但是，像心理神经免疫学这样的混合学科仍然处于起步阶段。

这不是一本医学书籍。在这里，我想强调的是一个更普遍的观点，即我们的身体本身是一个系统——从技术上讲，是复杂的自适应动态系统（简称 CADS）。[18] 系统理论是具身认知的基石之一，因此有必要对其主要特征进行简要梳理。在很多学者的研究中，系统理论很快变得极具专业方向，而且经常具有数学性质，但是在此，我要避免这些复杂的内容，只是尽力让大家了解这种方法。我将称系统为技术意义上的系统，以便将其区别于更多的日常用法（如我在前一段中提到的不同医疗系统）。系统是一系列的过程，这些过程本身就是系统：我把其称为促成系统，即子系统。当一群子系统聚集在一起，并以复杂的、反射的方式相互作用时，它们就可以创造一个更大的系统，这个系统似乎具有一种稳定性和完整性。例如，它可能看起来是一个相当稳定的结构，尽管这种稳定只能通过子系统之间恒定的、动态的相互作用来维持。

白蚁群或蜂巢是一个系统。数以百计的小生物——子系统——正在做它们自己的事情，但它们也通过局部信息进行交流。这种小规模的互动可以导致连贯的“群体智能”的出现。例如，一个白蚁丘就像一座由西班牙建筑师高迪设计的大教堂——一个由柱子和拱顶组成的复杂建筑，看似需要高水平的思考和多次的交集才能完成。但白蚁不是这样做的。单个白蚁喜欢制造带有化学气味的小泥球，然后将泥球滚来滚去。它们会将泥球堆积在气味最浓的地方，形成一堆堆的泥球，将这些泥球堆积、压实，就会形成柱子。如果两根柱子不断增高，彼此会靠得很近，而当白蚁把泥球往一根柱子上抬时，就能闻到旁边柱子上的气味，所以白蚁会把泥球放在离它最近的柱子那一侧……久而久之，两根柱子就会靠在一起，形成一个拱门。白蚁没有什么计划，它们不知道拱门是什么，也没有打算建造拱门。然而，我们很难拒绝这样一种观点，即在某个地方一定存在着某种意图或设计。系统级的智能自然地产生于许多子系统，这些子系统相互交流并遵循它们自己的局部规则。[19]

同样，身体也是一个系统。它的微小元素相互响应，形成一致性并呈现目的性。每个子系统的行为都有其自身的特点，也可以说，部分是它们所参与的交互作用的结果。这些“碎片”不断共振，而这些共振改变了它们的表面性质。这些“碎片”可能在解剖学上是可以区分的，但它们不能被解剖出来，而且会以同样的方式采取行动。记住，只随着自己内心的节奏跳动的心脏是病态的心脏。在一个系统中，任何明显的边界或膜似乎都标志着一个子系统的界限，但它不是障碍或围栏，而是一个持续的、重要的互动场所。如果国家退回到保护主义，国际贸易停止，那么国内的生活必须做些改变以适应新的环境。在围困之下，必须改变生活，否则一切就会停止。

那么，子系统的体系就是上级系统的体系，因为这个上级系统也是更广泛的力量和互动集合内的子系统。正如我的心之于我的身体，我的身体也是我周围世界的子系统。所以，每个系统之所以是现在这个样子，是因为它是一个超级系统的一部分。心脏之所以这样跳动，是因为它在倾听肠道和肺的节奏。我之所以是现在的我，是因为我呼吸的空气、我消化的食物、我听到的花园里的鸟鸣及我与妻子日渐增进的亲密情感，都在不断地把我塑造成现在的我。我们不在一起的时候我不一样，她也不一样。我的妻子朱迪和我盖伊在这个关系中不再是可识别的“角色”，当我们在一起时，只有“盖伊衬托下的朱迪”和“朱迪衬托下的盖伊”。当我四处走动的时候，我周围的超级系统的性质发生了改变，所以我总是“在某些事物衬托下的盖伊”。这种关系具有涌现的特质，这些特质不能被简化为我们作为个体的可分离的特质。我们作为子系统，会受到超级系统的约束和影响，我们是超级系统的构成元素。“但是我到底是谁？”这种问题是不存在的，因为如果我真的被我周围所有的大系统所孤立，我就会死亡（或濒临死亡）。生命世界中的一切都是一个 MiDi 系统，即一种瞬时稳定但在运动中不断变化的物质形态。

所以，从复杂的自适应动态系统的角度来看，人体不是一个名词，而是一个动词。我们不像台球，相遇、碰撞、弹回却没有改变。我们就像冰激凌，在不断地被我们所参与的超级系统和构成我们的子系统的组合搅打。我们就像河流中的漩涡，无法被装进桶里带回家。我们就像云彩和波浪，像一系列的过程，在一段时间内，看起来像是事物。我们就像具有稳定性的陀螺仪或陀螺顶，正是因为我们在不断地旋转，才能积极地防止被撞离轨道。如果不保持旋转的状态，抗拒被扰的明显欲望就会消失。身体结构和行为的一致性反映了它们的所有成分之间，以及与它们所嵌入的更广泛的系统之间不断地内在共振。在所有这些动态的回响中，出现了一个制作三明治并且一边吃一边看新车宣传手册的人，或者一个在夜里哭闹的婴儿，又或者一个举起标枪的七项全能运动员。

随着我们对身体构造及其工作方式的了解越来越多，我们不禁对它们的智能生物工程有了越发深刻的印象。我们已经看到，没有大脑的参与，我们的身体也能够做一些非常复杂的事情。所以很明显，下一个问题是：为什么身体需要大脑？

第三章

为什么身体需要大脑

大脑，名词。一个让我们认为自己在思考的器官。

——安布罗斯·比尔斯[1]

随着身体变得越来越复杂，它需要各种方法来协调四肢和各个器官的活动，但它也需要将所有这些活动与周围发生的事情协调起来。为了开展智能的活动，我们必须对我们周围的超级系统中发生的事情保持敏感。为了做到这一点，我们进化出了一系列与这个广阔世界产生共振的方式：各种特殊的感觉，而其中最重要的就是触觉。

皮 肤

一切都体现在皮肤上。

——赫尔曼·冯·亥姆霍兹

皮肤的作用多到令人难以置信。它是包裹我们的皮袋，也是免疫系统的重要组成部分，因为当我们遇到有毒或有危险的东西时，它

（通常）是我们的第一道防线。它的毛孔可以让我们通过出汗和发抖等方式来控制体温。皮肤产生的黑色素能够吸收并驱散紫外线，以此来保护我们免受阳光的伤害。但皮肤也是我们主要的触觉器官，它是所有动物获取周围环境信息的最原始的方式。它是我们最大、最重要的感觉器官。皮肤约占我们体重的 18%，每一盎司[①]的部分都有其价值。

皮肤是我们最基本、最复杂的器官，而触觉是我们最典型的感觉。我们的生活离不开它，而其他的感觉仅仅是特殊形式的触觉。一个人如果没有视觉，仍然可以过着丰富的生活，但如果一个人没有触觉，就会陷入麻烦。[2]在早期的学习中，孩子过分依赖触觉，他吃奶、吮吸、紧抓、被摇来摇去，后来站立、走路、搭积木、跌倒再站起来。即使在语言、想象力和理性已经开始发展的情况下，他依然需要通过移动和触觉进行学习。他会学习投球、接球、骑自行车、跳舞、上下自动扶梯、提箱子、感受汽车转弯的力量、做爱、摇晃自己的宝宝。

触摸是一种行为。我们通过与周围的世界相向而行来用皮肤去感受，进而与世界接触。当皮肤和世界做相对运动时，就会产生触觉，这给了我们有用的信息。我们通过挤压或抚摸来了解柔软，通过摔倒或板球的物理冲击来了解坚硬。这种触觉告诉我们是应该接近还是远离。如果被拳打、刮碰，或感到刺痛，我们就会后退；如果得到爱抚，我们就会依偎。其实皮肤上到处都是密集的神经细胞，尤其是在手或脸等敏感部位，它们专门负责感受不同类型的触觉。例如，有的神经纤维对疼痛、压力、温度以及瘙痒和抓伤有反应，它们会告诉你有一个具有一定大小、温度、速度和纹理的物体在你的脸上或在你的背上。还有的神经纤维则选择性地对缓慢、坚定但温和的触摸做出反

① 1盎司约为28.35克。——译者注

应。有趣的是，这些所谓的 C- 感觉神经元[3]通过不同的途径进入大脑，与来自内脏核心的感觉神经纤维相连接，从而获得一种与情感和安全感相关的强烈情绪。我们有一个完整的神经网络，用来告诉我们什么时候应该与另一个安全的、对我们有帮助的人接触。[4]

在很大的程度上，我们通过抚摸、捏、戳或挠时产生的感觉来了解这个世界。通过积极的触摸，我们了解世界，并记录下这些发现。如果我们失明了，我们将依赖这种方式探索这个世界，从而建立起一系列期望：如果我把手移到这里，我将感觉到桌子坚硬的边缘；如果移到那里，我将感觉到凉爽光滑的瓶子的曲线。即使即将入睡，我的身体也知道，伸出的手臂会碰到柔软的身体。虽然我没有意识到这一系列的身体期待和相关性，但我知道它们在那里，因为当你的身体不在那里时，我会变得警觉，需要去看看无法入睡的你，是否安全地（也许是暴躁地）在厨房喝茶。

这就是我们所有感觉的运作方式：搭建连接运动和感觉的相互交织的期望之网。甚至视觉也是这样，虽然不那么明显。以电磁信息形式存在的世界与我们移动的视线相碰撞，由此我了解到，如果物体静止不动，我的眼睛一瞥，就会感受到视觉体验的预期变化。根据阿尔瓦·诺伊和凯文·奥里根等视觉科学家的研究，视觉世界并不是一个球幕；正是这种错综复杂的期望，将我的眼睛和头的运动与不断变化的视觉感受联系起来。[5]

详细的实验表明，我们在任何时刻真正“看到”的东西都比我们认为的要狭隘和粗略得多。例如，对所谓的“变化盲视”和“非注意盲视”的实验表明，除非我们积极地关注一个特定地点，否则我们真的很难发现哪怕是显而易见的变化。用手机聊天的人经常看不到穿着鲜艳衣服的小丑骑着独轮车从他们身边经过。在音乐会上寻找朋友时，因为知道她穿的是柠檬色的衬衫，所以我们倾向于寻找闪光的黄色，我们会注意到很多黄色的东西，但当我们的朋友从身旁走过时，我们却没有认出她，因为她穿了件外套。[6]

这种看待视觉的方式对笛卡儿的意志观是一种冲击。我们天真地认为视觉给了我们基本没有问题的、客观的接触周围世界的途径，它不受主观需要的影响。我们准确地看到那里有什么，然后评估它并做出反应。我们把“看”视为一个接受的过程，只注意“那里有什么”。但这种对待“观察”的方式掩盖了它与行动和需要的深层关系。要看东西，我们需要世界与那个被称作眼睛的特殊部位的皮肤相“碰撞”，或者我们的眼睛皮肤积极地与世界相“碰撞”，识别它的纹理和边缘。

我们之所以成为如此重要的视觉生物，部分原因可能是我们用笛卡儿的方式（错误地）解释了视觉。如果我们认为视觉知觉与身体的其他两个方面——行为和需要——是分离的，那么我们就会把它看成我们所有感觉中最接近离身的、冷静的“心智”。当我们表示理解时，我们会说“我明白了”或“我看见了”。心理学和生理学对视觉的研究远远超过了其他所有感觉的总和，因为它有笛卡儿式的偏见。

*****

身体其他部位发生的事情改变了皮肤的感知方式，所以我们所谓的“体觉知觉”会不断地被大脑和肠道等的活动所调节和启动。就像单个细胞的细胞膜会根据细胞作为整体需要吸收或排出什么而改变其通透性，我们的大“膜”，即皮肤，会根据其他身体部位发生的事情而改变自己的行为。虽然我们可能意识不到，但自主神经系统一直在调节我们汗腺的活动，这改变了皮肤的导电性，其正式名称为皮肤电活动。[7] 把两个电极贴在你的皮肤上，电表上就会显示出皮肤导电能力的波动水平。你出的汗越多，电导率就越高。由于我们的皮肤与全身发生的变化相联系，所以皮肤电活动经常被用作我们生理唤醒整体水平的指示器。我们知道，我们可能会因为害怕或尴尬而脸红，当我们感到兴奋或愤怒时，“汗毛会竖起来”（就像受到威胁的猫和狗的颈毛会竖起来一样）。但皮肤不仅与情感生活有关，还与智力生活有关。当我们面临一个棘手的决定时——如在智力测试中决定一个问题的答案时——我们的皮肤和大脑同时参与其中。事实上，安东尼奥·达马西奥和他的同事已经发现，皮肤电活动可能是比我们有意识的思维更敏感的指示器。这意味着智能是整个身体的活动。[8]

顺便说一下，情绪也会改变我们皮肤的颜色：因为血液被输送到皮肤表面或从皮肤表面流回。我们会因害羞而脸色泛红或因恐惧而脸色苍白，所以肤色是一个非常重要的社交信号。其他的感官与皮肤一样具有社交信号的功能。鼻子和嘴巴的肌肉会发出厌恶或开心的信号；我们不赞成时会表现出嗤之以鼻；眼球运动会泄露我们的意图：当我们觉得性感时，瞳孔会放大。有民间说法称，当别人谈论我们的时候，我们的耳朵甚至会因为兴奋而变成粉红色，并且感觉发热。

所有的感觉都显示了知觉和行动之间同样密切的联系。我们主要通过用鼻子吸气来闻。我们闻到一点气味，然后用力吸气，以便闻得更仔细。我们通过咀嚼和咂嘴来品尝味道。我们不仅仅是简单地听，而是关掉收音机一动不动地将头靠近噪声的方向去倾听。即使在我们表面看起来安静的时候，知觉也是动态的。鼻子和嘴巴里布满了专门的受体，它们可以被各种各样的分子接触到。就像我们的眼睛被进化、设计成可以被一定范围内的电磁能量所触碰一样，耳朵可以对空气中的压力脉冲做出反应。

每个心理学专业的本科生都学习过一个著名的实验，它清楚地证明了运动是知觉不可或缺的一部分。[9]两只小猫在出生后的头几周里，被拴在一个双座旋转木马上。一只小猫在地上，至少可以随心所欲地绕着圈走。另一只被迫躺在对面的摇篮里，被比它幸运的那只猫咪随心所欲地带着运动（见图3.1）。这个不定向移动的设备确保了两只小猫有相同类型和数量的视觉体验，但对一只小猫来说这种体验与自己的运动相关，而对另一只来说却不是。尽管这只被动的小猫看到了很多东西，它的视觉系统也没有明显的损伤，但它并没有学会准确地看东西。它不能识别物体，不能在房间里找到正确的行进方向，也不能深入地看东西。它失去了以一种有意义的方式将动作和视觉联系起来的机会，去发现世界是如何随着它的变化而变化的，它从来没有学会去理解世界的意义。这个实验表明如果婴儿因为受到束缚而不能移动，他们的知觉和认知发展很快就会出错。

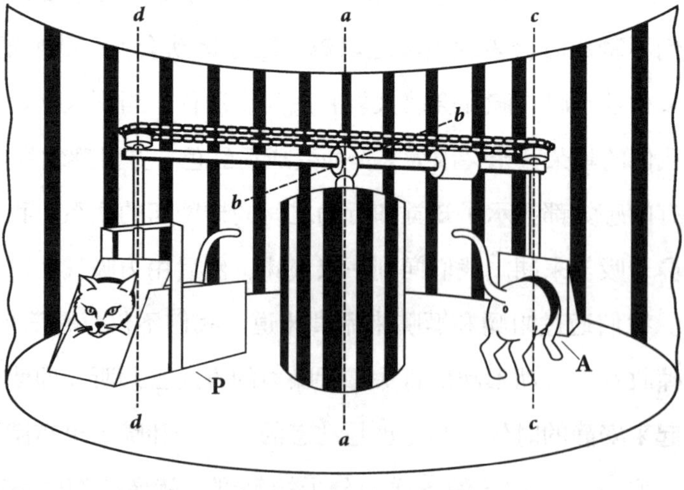

注：两只小猫有相同的视觉体验，但这种体验只与一只小猫的行为有关。

图3.1　霍尔德和海因的摇篮

需求、行为和见闻

从广义上讲，我们的身体是由三组考虑因素定义的。首先，最基本的是我需要什么？每时每刻，我们的身体都要面对各种各样的关切和优先事项，所有这些事项都具有一定的紧迫性。我想要完成这一章的写作，我需要去商店购物，我必须在某个时刻停下来处理重要的电子邮件，我必须记得把垃圾拿出去……这些关切有些是生理上的，有些则反映了更长期的愿望、利益和义务，有些来自我的信仰、依恋和形象。其中一些是相互兼容的，而另一些则是相互竞争，甚至是相互矛盾的。（例如，我想把自己看作一个道德上值得钦佩的人，但我开会迟到了，所以决定不停下来帮助那个处于困境中的人——这让我感到内疚。）其中一些关切，比如对空气的需求，在我的一生中保持不变；而有的关切随着时间的推移而发展，有的则逐渐消失。然而，一般来说，在成长的过程中，我们会形成大量的、错综复杂的优先事项。它们构成了一个重大的、波动的、部分相互矛盾的关切事项的组合：我现在有很多事情要做。简言之，我们称之为需求。

其次，是我的本能反应、技能和能力的集合：我拥有的知识，从对我的血糖水平根深蒂固的、无意识的控制（假设我不是糖尿病患者）到我学到的专业知识，即用剩菜剩饭烹制出美味佳肴或者写一本书。其中一些是根深蒂固的，显然是不受意识控制的；另一些是当我不断调整自己的能力以应对不断变化的世界时或多或少无意间学到的；还有一些是通过诸多有意识的努力和实践习得的。我有能力持续打字，或煮杯咖啡，或打反手削球，或唱《哈利路亚大合唱》，或者……或者……或者……这些技能一起构成了我的能力组合。简言之，我将称它们为我的潜在行动。

最后，我的感觉每时每刻都在向我展示各种机会。我们称之为观察。在我看来我们生活的现实世界，有电视可以观看，有窗户可以打开，有杂志可以阅读，有键盘可以输入，但是没有潜艇潜望镜可以用来观察，也没有迷人的电影明星可以亲吻。知觉的工作是找出可能的“行动场”——即对当前环境允许我做的所有事情的一种感觉——这样我就可以适当地选择和精心安排自己的行动。在意第绪语中，单词“klutz”（意为“笨手笨脚的人”）① 描述了一个人，一个经常因为误解形势而做出偏离目标行为的人。（想想电影人物憨豆先生、弗兰克·德雷宾中尉还有极其无能的克鲁索探长。）

大脑存在的意义

在任何时候，我都有一大堆需求、行为和见闻，而我的工作，以及我的智能的作用就是把所有这些鲜活的、大杂烩般的信息归结为一个答案，来回答一个长期存在的、看似简单的问题：（如果从各方面考虑）下一步最好做什么？为此我需要一个大脑。变形虫的需求很少，可能发生的行为更少，见闻也很有限，所以它不需要一个合适的大脑。但我却需要，因为正如我的牛津哲学家朋友所说，决定下一步最好做什么通常是一个非常重要的问题。有时这个多元方程很容易解。当我在做一件经验丰富的事情时，如刷牙，一系列动作会自动展开（除非

① 意第绪语是中东欧犹太人及其分布在各国的后裔使用的一种从高地德语派生的语言。——译者注

我受到某件事或某个想法的打扰）。我的很多习惯告诉我，“当我需要做 X，而世界像 Y 时，那就做 Z”。当我想做白汁沙司的时候，我会走到厨房门边的架子上拿面粉。

但当我想缓和与妻子的一次令人不快的谈话，而她已经带着不愉快的情绪去上班时，我——我的身体—大脑——可能需要考虑一系列更广泛且不那么常规的选择。我可以给她发一封友好而充满歉意的电子邮件，邀请她共进晚餐，并试着解决问题，但我并不确定这样做的结果如何。她可能还没有和解的心情。如果我忘了补充面粉，就连去取面粉这一简单的行动也会受阻。我做的每一件事都是“最好的猜测”——基于提取过去经历而形成的期望——这种猜测最后可能会出错或被证明是不充分的。所以我总是需要重新考虑，快速做出反应，重新斟酌“下一步最好做什么”。这就是身体智能最重要的地方：解决不熟悉的需求、行为和见闻的组合，以形成对新情况的最佳的、定制的反应。

关于生命（与死亡）的重要问题：

我需要什么？

我能采取什么行动？

环境允许我做什么？

那么……下一步最好做什么？

对于所有的动物来说，在这三组复杂的考虑因素中找到一个最优的（或者至少是足够的）解决方案是最基本的能力，因此，从进化的角度来看，人的身体—大脑是为了解决这个问题而设计的，这也就不足为奇了。这就意味着，需求（动机）、行为（行动）和观察（知觉）远不是三个独立的部分，需要心智把它们联系在一起，实际上它们在身体—大脑本身的结构和功能中紧密地交织在了一起。大脑的进化就是为了在这种交织过程中支持身体，帮助日益复杂的、可移动的身体处理它们自己无法解决的协调和沟通问题。这从过去到现在始终是它们存在的理由。智能不是来自“其他地方”，就如一位被新任命的总经理，对自己在哈佛大学所学的MBA（工商管理硕士）专业知识感到自豪，随时准备在公司里“大干一场，立身扬名”。这种智能遍及身体和它的仆人——大脑。大脑是身体信息交流的中心，在这里这三组因素可以聚集在一起，并通过交流达成一个计划。大脑不是在发出指令，而是在主持对话。

大脑是信息交流的中心

需求、行为和见闻会自动地、几乎同时被整合到大脑之中。[10] 大脑中有直接连接知觉和行动的系统和通路，因此，在我看见你伸手去拿最后一块寿司的百分之几秒内，我的运动皮质已经开始构建了一个先发制人的行动（出于对友谊等其他因素的考虑，可能在另一个百分之几秒之后，这个行动就会被否决）。与此同时，当我的大脑开始把行动的各个组成部分联系在一起时，运动皮质会告诉躯体感觉皮质，在我启动这个行动后，世界将发生什么变化。躯体感觉皮质负责记录身体的变化，它已准备好期待我右臂感觉的变化。大脑视觉区域期待看到一只手出现，挥动着一双筷子，迅速向位于我们之间餐桌上的寿司伸过去。由于之前采取了很多行动，我的动作部分地、自动地按照其对知觉的预期影响进行了编码。[11]

有很多例子证明了这种行动和知觉的紧密结合。假设有人向你展示两个 3D 物体的 2D 图片，并询问你是否可以旋转其中一个使其与另一个相同。做这项任务的时间长度不仅取决于你旋转形状的角度，还取决于大脑成像显示，当你做这项任务时，大脑的运动区域是活跃的。你不只是看到了旋转的形状，而更像是你的大脑在做实际的旋转动作。在另一个吸引人的演示中，普利茅斯大学的罗伯·埃利斯和迈克·塔克向人们展示了一系列图片，一次一张，如果图片上是水壶，那么受试者只需按下其中一个按钮，如果不是，就按下另一个按钮。图片上所有的水壶都有把手，而且被拍的都是侧面，所以把手很显眼，但是照片的不同之处在于，有的把手是在表示“是”按钮的同一侧，有的是在“是”按钮的另一侧。如果按钮与把手在同一侧，人们会更快速、正确地按下“是”。人们在看到图片时会自动激活相应的手部动作，如果这与按下按钮的动作相一致，这两种力量结合起来会让人按得更快。如果这两个动作是矛盾的，那么它们相互冲突的情况就会让我们的动作慢下来。显然，看就是行动。[12]

实际上，你所能做的事情会影响你的知觉。即使完全不接触它们，你看到的放在你手边的物体和图片，也不同于那些远离你的物体和图片。它们看起来更清晰，被看的时间更长，而且你很难把你的注意力从它们身上转移到其他物体上。圣路易斯华盛顿大学的理查德·艾布拉姆斯及其同事推测，这是因为手边的事物更有可能与我们相关（如工具或食物），所以我们会自动地优先于世界上的其他事物来关注它。[13]

由此我们想到了知觉中的需求问题。正如行动和知觉被紧密地联系在一起一样，它们也与有关价值、关切和兴趣等信息紧密联系在一起。知觉不是中性的，它已经在没有有意识的思想或知觉的情况下，被许多动机因素加强了。对于那些疲惫、生病、上了年纪或背着沉重背包的人来说，山看起来比实际上更陡，因为登山的体力成本已经影响了山的外观。与没有恐高症的人相比，有恐高症的人会认为自己所站的阳台离地面更远。刚成功打完高尔夫球的球手看到的球洞比他们打得糟糕的时候更大。换句话说，希望、渴望和恐惧已经融入了知觉。我们不需要再刻意把它们加进去。[14]

我们的身体理解思想的方式是：它们有什么好处，以及我们如何利用它们，而不仅仅是我们所识别出的它们的特征。当你在一场关于足球的讨论中问某人“球”是什么时，他体内对应的控制腿部和踢球动作的大脑运动皮质区域就会被激活。如果你在谈论网球时问他同样的问题，会被自动激活的具身“意义”就包括手臂和肩膀。如果你恰好在谈论你十几岁的女儿学校的毕业舞会，那么与跳舞相关的反应（以及对裙子价格的本能焦虑）会被激活。当我听到“约翰拿了书”和“约翰拿了针”这两句话时，大脑运动皮质会自行启动，做出两种截然不同的抓取动作——尽管我要求自己在“拿”任何东西时都不会产生疑问。

甚至像“尴尬”这样的社交情绪也会改变我们看待世界的方式。在一个相当刻薄的实验中，艾米丽·巴尔塞蒂斯和她的同事让志愿者玩游戏，如果他们看到的是一张农场动物的图片，他们就必须为一场歌唱比赛做裁判，而如果他们看到是一张海洋动物的图片，他们就必须立刻自己唱歌并接受他人的评判。在关键的试验中，他们看到的是模糊的图片，如图 3.2 所示，该图既可以被看成是驴的头，也可以被看成是海豹的身体。人们更有可能看到——真的看到——让他们摆脱表演困境的版本！[15]这不是一个狡猾的思维问题，而是身体—大脑在履行它的职责——比思维快得多。

来自内脏、肌肉和感觉的信息通过不同的路径到达你的大脑，但在一瞬间，不同类型的信息活跃地相互交流。特别是当你更多地了解这个世界的时候，你的大脑回路会记住什么景象和声音是一起发生的，这些感觉与哪些动作和反应有关，以及感觉到的结果是什么。所有这些都会被归档，以便下次你能够以更顺畅、更快速和更令人满意的方式将各种考虑事项整合起来。我所做的最周密的计划也有可能会出错，但总的来说，我的大脑越来越善于解决“下一步最好做什么”这个问题了。

图 3.2　海豹或驴的幻象

一种说法是，我们的大脑是极度以自我为中心的。它们并不是为了看到、听到、闻到、品尝到和触摸到事物的本来面目而设计的，而是为了感知它们与我们的能力和需求的相关性而设计的。我真正感觉到的不是椅子，而是“用来坐的”；不是梯子，而是“用来攀登的”；不是温室，而是“用来繁殖的”。其他动物，甚至人类，可能会从它（他）们的世界中提取出完全不同的可能性。对猫来说，椅子是用来睡觉的，梯子是用来磨爪子的，温室是用来捕鼠的。对我来说，我的大学老友是用来追忆往事和调侃的；对我们的一些长期受苦的伙伴来说，那些记忆并不令他们愉快。对我来说一块只能烧的木头，对海滩拾荒者来说很可能是件展览品，对雕刻家来说很可能是件雕刻品。我的笔记本计算机对我精通 IT 技术的朋友查理来说可以用来进行编程，但对我来说它只能用于文字处理、收发电子邮件和进行互联网搜索。对一个正在康复的中风患者来说，她家里的楼梯可能再也不是用来爬的，因此，它们看起来会有所不同。

事实上，我们并不是根据需求、行为和见闻来看待大脑的深层结构，而是根据将这几个要素整合起来的一组不同的基本概念来看待的（见图 3.3）。如果我们把见闻和行为结合起来——如果我们把知觉看作充满了行动的可能性——我们就可以把结果称为功能可供性。功能可供性是根据我可能做的事情而设定的场景。如果我们将需求与见闻融合在一起，我们可能会称这些为机遇。机遇是根据我当前的需要、兴趣或价值观来看待世界的一个方面。如果我们把需求和行为结合起来，我们就能说出意图。意图是一种既具有可能性又具有目的性的初始行为。

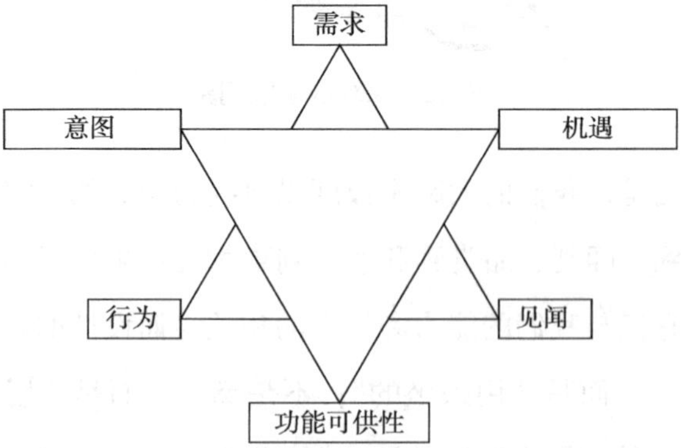

图 3.3　知觉模型

这种对类别的翻转就像我们对原色进行的变换一样。在小学，我们被告知三原色是红色、黄色和蓝色，但当你要更换打印机墨盒时，你会买青色、品红和黄色的墨盒。从小学生的角度来看，它们是二级色或混合色，但在某些情况下它们更像是基础色。我认为这可能也适用于人体功能的三种“基本”色调。一个复杂的神经系统需要进一步工作，才能把功能可供性、机遇和意图分开，把见闻、行为和需求分开。我们不会自然地以公正的态度看待问题。这是一种有难度的认知技巧，需要通过多年的学校教育——学习你不关心和不能利用的东西——才能掌握。

预　期

如果我们只是等待事情发生，就常常会措手不及。当瞪羚真的看到狮子的时候，它可能就没命了。如果等到客人来了，我才想起需要做饭，那么我们会很晚才能吃饭，客人也会因此而不高兴。所以，大脑的另一个关键设计特征是预期。如果我能对这个世界将要发生什么做出正确的猜测，我就能更顺利、更迅速地准备好做出回应。正如神经心理学家马塞尔·金斯伯恩所说：“预期是基于以往经验的赌博。”它准备对尚未发生的事件做出回应。[16] 我会尽可能地和世界变得像熟悉的舞伴：我们可以一起起舞并即兴发挥，因为我们非常了解彼此的身体动作，这使我们能够“读懂”手部压力的微小变化或臀部的角度，并在示意的动作还没开始之前就做出回应。正如伟大的心理学家威廉·詹姆斯的观察，这就是为什么在我们有意识的生活中，每一刻都不仅是“此时此刻”，还充满了持续的紧迫感和后退感。换句话说，过去的时间和未来的时间都包含在现在的时间中。

我们以这样的期望来储存我们对世界与日俱增的认知。我知道那里有什么，不是因为我能看到它，而是因为我很清楚地知道，如果我转动眼睛，并把头转向那个方向，我的感官体验会发生怎样的变化。我能预料到我的动作将如何影响我的知觉，所以我对世界的理解不是由真实的场景和物体构成的，而是由一系列预测构成的。“我相信那里有棵树，因为我知道如何让它在我需要的时候呈现在我的感觉中。”

预测是如何起作用的？最基本的就是通过所谓的“扩散激活”来起作用。大脑只是一个巨大的、错综复杂的、相互连接的线路，各种（电的、化学的和物理的）活动贯穿其中。这一团线路中的一些连接点会遭到贯穿其中的活动的磨损，所以，当一个活动的脉冲到达一个连接点时，在其他条件相同的情况下，它会选择阻力最小的路径。当脉冲序列在大脑线路中传递时，它们可以通过两种方式改变大脑线路的行为。它们可以对所选择的路径产生持久的促进作用，以便未来的脉冲更有可能朝着那个方向传递。或者它们可以留下一定量的激活作用，这样路径就启动了，但这不是不可逆转的变化。这些被启动的路径中的一些会很快消失，而另一些可能是“长期的”，因为它们可以以一种功能性而非结构性的方式改变路径。结构和功能上的变化都是预测机制。顺便提一下，“预期”、“预测”和“期望”在这里指的都是大脑的工作方式，而不是任何一种有意识的体验。许多预测都使身体—大脑的行为产生了偏差，而它们自己却没有意识到。

预测提高了知觉过程本身的效率。最近，几位研究人员采纳了19世纪德国物理学家兼内科医生赫尔曼·冯·亥姆霍兹的建议，他们将这些建议发展成了一种复杂的新理论，并称之为“预测编码”。基本上，大脑会不断地形成对外界事物的最佳猜测，然后根据这种猜测，将预测反馈给不同的感官感受器，从而产生一种向下的集中生成的感官预期，以应对即将到来的感官信息。当它们相遇时，任何与预测相匹配的信号都会被抵消：没有必要将这些信息进一步传递到接收链上。只有那些没有被预料到的信息才会被传递到更高级别的连接点上，在那里预测会被调整，或者会激活一组全新的期望，从而更好、更适当地处理输入，然后它们会在另一轮预期中传递下去。

这个过程需要经历尽可能多的必要周期，并且它们往往都发生在一瞬间，大脑最终会对“外部世界发生了什么”以及它如何与我当前的关切和能力组合相匹配做出足够好的假设——尽管这个假设总是临时性的。这个假设包含了已经完成一半的行动计划和方案。（“啊！就在我试图玩这把难分胜负的桥牌时，婴儿监视器响了……这是什么哭声？”我跟桌上的其他人说了声抱歉，在叫牌时做了个手势，示意暂停一下，然后把头转向监视器，屏住呼吸，等待下一声哭叫……好吧，也许这只是一声困倦的呜咽声而不是她在不高兴时发出的尖叫声，我看看能不能打完这手牌，然后再去看看……）

虽然这一过程听起来很复杂，但就系统所需的信息处理能力的“带宽”而言，它实际上是非常短暂的。[17] 有大量的神经生理学证据支持了这一点。[18] 确实有大量来自大脑“高级”处理中心的信息被传递到眼睛、耳朵和皮肤中的“低级”处理中心。这意味着，我们从未真正感知到“外部世界发生了什么”。我们的知觉世界总是充满了我们的身体—大脑所带来的知识、需求和能力。

知觉是一种虚构、一种幻觉，但它是受事实约束的幻觉。它一次又一次地经受着考验，如果它能起作用，就会一直存在。这是另一种预期。如果我按照知觉模型——需求、行为和见闻的整合——来行动的话，那么世界会按照模型所显示的那样做出反应吗？如果在我赢了这局桥牌后，发现宝宝的睡姿非常有趣，还莫名其妙地发出微弱的喵喵声，那么各种强烈的反应就会出现，其中之一就是我的大脑会迫切地更新它的一系列解释和期望。在下一次监视器响的时候，我的预测

（和身体反应）就会不一样了。

最后，还有对做出某个动作的感官结果的预测。如果我把球扔出去，我会看到球的下落轨迹。如果我站在厨房的石板地面上，松开手中的瓶子，我就能预料到多久之后会听到瓶子破碎的声音。当运动皮质计划一个动作时，它会将指令的副本发送给躯体感觉皮质，有效地传递这样的信息："我要做这个，所以，如果一切正常，你应该马上就能体验到。"如果我试着胳肢自己，不太会有痒的感觉，因为我的大脑知道接下来将发生什么，然后就把它抵消掉了。（早在 1975 年，我发表的第一篇心理学论文就是《为什么我们不能胳肢自己》。[19]）

这种预测我所做的事情如何改变我的体验的能力，为我们提供了另一种提高行动效率的方式。正如我们在之前所看到的，可预测的事情往往不如不可预测的事情更让人感兴趣，所以我们可以跳过相匹配的信息，关注意外的信息，以此来削减成本。这是至关重要的，因为我们正是在意料之外的事情中学到了很多的东西，也正是意料之外的事情（我们没有做好准备的事情）可能是更危险或更具破坏性的。此外，这种预测使我们能够区分世界上发生的变化：哪些变化是由我们自己的行动引起的，可能在我们的控制之下；哪些变化是独立于我们的行动的，因此不受我们的直接控制。我们如何进行区分，对我们如何处理事件有很大的影响。

能够做出这种区分的好处之一是，当我们转动眼球时，视觉世界能够保持稳定。当我们环顾四周或读一页书时，我们的眼睛四处扫视。落在视网膜上的图案在持续发生变化。然而，我们所体验的世界既稳定又基本不变：在这个静止的背景下，意外的变动（以及失望）会立即凸显出来。面对如此多的变化，大脑是通过如下方式来实现这种稳定性的：利用它刚刚看到的事情来预测自身的眼球运动可能导致的视觉变化，并将这些视觉变化从视觉方程式中抵消。如果你闭上一只眼睛，用手指轻推另一只眼睛的外眼角，你就会看到世界在运动。虽然是你自己的手指导致了这种运动，但你的大脑并没有在“视网膜移位”和“指尖运动”之间建立起与“大脑直接发起的眼球运动”相同的交叉参照，所以这种感觉不会被抵消。

当动作和知觉之间的对应关系非常强烈和熟悉时，即使这种知觉并不存在，动作本身也能产生通常伴随它的知觉。如果你和一个朋友走进一个漆黑的房间，她在你面前挥挥手，你可能会感觉到轻微的空气扰动，但你什么也看不见。但是，如果你挥动自己的手，你会有一种能看见自己的手的强烈感觉。这是因为你的大脑填补了空白，你看到了你通常期望看到的事情，就像我们非常熟悉的视觉错觉一样，例如卡尼茨萨虚幻的金字塔（见图 3.4），用可能的事情代替了真实的事情。你“看到”了虚构的边缘和深度，因为你的大脑认为黑圈缺失的原因是前面有东西，而且深浅不一的灰色反映了三维阴影，所以它有助于改变现实，使其符合期望。

图 3.4　卡尼茨萨虚幻的金字塔

*****

总之，具身科学要求我们以多种方式调整我们对大脑的认知。大脑本身不是“心智”的物理基础：我们不能把原来归功于虚无缥缈的心智的聪明之举一股脑儿地归功于大脑，而让身体的其他部位像过去那样被错误地低估。身体和大脑可以作为一个整体来运作。虽然身体的某些部位可以并且确实进行着直接交流，但它们也需要向大脑中心发送信息，在那里，真正棘手的问题和冲突可以得到解决，并得到优先处理。

不像老式的生产线那样，大脑被组织成一系列整洁的处理程序——从知觉到思考和记忆，再到行动。虽然不同种类的信息是通过不同的“门”进入和离开的，但一旦它们通过这些门，通过了通道，在大脑中发生的事情就会更像是一场热闹的聚会而不是传话游戏：耳朵和皮肤，手指和小腿，肺部和肠道互相交流。没有一个单独的“隔间”叫作记忆，记忆和期望是所有这些对话的内容。也没有哪位首席执行官会根据丰富的经验和智慧去解决争议或纠正印象。

这些见解为我们提供了一种新的大脑逻辑，以及一种非笛卡儿式的思维方式来思考大脑在身体中的位置。但我们可以做的远不止这些：我们可以深入研究大脑和身体的实时交流，近距离观察这些对话是如何发生的、在哪里发生的。我们将在第四章讨论这些内容。

第四章

大脑和身体是如何交流的

我曾经认为大脑是我身体里最奇妙的器官，然后我意识到究竟是谁告诉了我这一观点。

——埃莫·菲利浦斯

为了理解大脑如何错综复杂地与身体互动，对大脑本身的组织结构进行粗略的概述是很有必要的。幸运的是，俄勒冈大学心理学教授唐·塔克根据大脑的核心功能，绘制出了一幅完整的大脑示意图。这幅图是三维的，虽然外形有点粗糙，但它能帮助我们看清问题的本质。第一个维度（非常广泛地）从大脑后部的主要感觉区域（视觉、听觉和触觉在所谓的大脑中央沟后面被处理，嗅觉和味觉在大脑深处更靠近核心的区域被处理）延伸到主要以行动为导向的大脑前部。感觉信息从多个来源同时到达大脑，然而至少在行为层面上，我们一次只能做一件事，所以在这个维度上，有一个来自多个信息源的程序与一个更有序的、一次处理一件事的系统并行工作。

第二个维度区分了更多基于常规和习惯的左半脑和更分散的、更具创造性的右半脑。人们认为，我们有两个半脑，这样我们就可以同时运行两种注意力模式：一种是专注的和分析性的，另一种是更具客观性和整体性的。这两种模式都非常有用，每个半脑都可以在一定程度上改变其聚焦程度。能够同时运行两种模式而不必在它们之间进行切换，这给了我们很大的处理优势。[1]

不过，第三个维度是本章讨论的重点。它从大脑最内层的核心——脑干开始，向上穿过边缘系统，到达大脑的“外壳”——新皮质。这个核心—外壳的维度传递着关于需求和关切的信息——对个人来说是重要的信息——从身体的信号系统传递至大脑的外部区域，在那里逐步整合通过感官送达的信息以及相应的运动反应。然后信息朝相反的方向被发送回大脑的核心，在那里，信息可以影响根据集中式的交流和决策所进行的最深处的身体活动。

信息协商和回路

与笛卡儿的观点相反，大脑中并没有一个“大老板”能够强行通过决议并决定政策。根据具身认知的新兴观点，身体是自主运行的。这就像中世纪的辩论会，只有通过彼此尊重和认真辩论才能得出结论。“争论点”没有简单或明显的答案，因此，必须将其提交给辩论会进行解决。身体的大部分工作都有常规的方案，所以不需要基于与大脑的对话来进行。但是——尤其是在复杂的社交世界中——争论点不断出现，而对于这些争论点来说，“中央秘密会议”是至关重要的。

在第三章中，我们看到了身体的各个部分是如何直接相互交流的。但是，如果来自肌肉、内脏、感觉器官和腺体的信息必须被实时地仔细协调，那么大脑就需要参与到回路中来，而回路正是它所需要的。身体的各个部位都有信息回路，这些信息回路贯穿大脑。

从耳朵或胃发出的向内的回路携带着关于“外面”正在发生的事情的信息，以及有关“下面”的需求或关切的信息。耳朵可能会说：“太吵了，伙计。”（你可能还记得斯坦·弗雷伯格的《香蕉船之歌》）。胃可能会说：“我可以干掉一个奶酪三明治。”颈部的淋巴结可能会说：“哦，感冒病毒警报！再给我们送些淋巴细胞来，好吗？”与此同时，从大脑中循环出来的是一种互补的“通道”，它们携带着建议、信息和资源作为回应。[2]

这些关于回路的解剖学和生理学知识是非常复杂的，我在这里只打算提供一些例证。总结一下，有三种信息在你的身体里流动：电的、化学的和物理的。电脉冲，就像老式的电话系统的脉冲一样，通过自主神经系统和中枢神经系统的纤维与大脑相互传递信息。它们速度快，而且目标明确。化学系统通过血液和淋巴系统不断在体内流动，可以改变神经发出的信号。化学系统比电脉冲速度慢，血液可以在一两秒内从心脏或肠道流向大脑，所以即使称其“比较慢”，在实际情况中也是相当迅速的。而且很显然，化学系统的目标并不那么准确：分子和微生物必须四处漂浮，直到它们碰巧找到一个它们手中的“钥匙”可以开的“锁”。如果消息传递的距离很短（可能是从突触的一边传递到另一边），或者有必要进行通用广播时（在需要“所有部位同舟共济”的紧急情况下），这是很好的方式。同时拥有两种沟通方式显然比只拥有其中一种更好。此外，许多这样的分子能够直接与大脑交流。

第三种全身交流——物理交流——经常被遗忘。整个身体的运动，以及持续不断的 10 次每秒的振动波，将信息从此处传递到彼处，也有助于协调身体不同部位的活动。例如，科学证实了我们都知道的事实：饱餐后散步有助于消化。整个身体的轻微颠簸和扭动可以按摩肠道，刺激消化液的分泌，搅动胃里的食物，从而使消化液更有效地发挥作用。但运动的作用远不止于此。咳嗽、打喷嚏、笑，甚至打哈欠都会在身体中产生压力波（并挤压膀胱），将脑脊液向上输送至大脑，并促进血液流动，这两种活动都会改变激素的浓度与围绕神经元和突触的神经递质的浓度。在性高潮和如厕时用力可能有类似的效果。[3]

包括大脑在内的大多数器官都是有弹性的，它们会对全身的运动做出反应。从笼统的层面上讲，头部受到致命一击会导致意识丧失，尽管我们对这为什么发生以及是如何发生的尚不清楚。从微观层面上讲，当身体及其不同的子系统扭曲和转动、收紧和放松、抖动和颤抖时，所产生的机械力会影响身体的每一个细胞。细胞的分裂、细胞膜的渗透性和基因的表达等许多细胞功能都会受到身体运动的影响。在大脑中，当神经元被激活时，它们会发生生理上的抽搐和转动，它们的轴突会传播小的压力波，还有电和化学的压力波。大脑中的许多蛋白质分子既能运动，又能对运动做出反应。这种小规模的身体活动很可能会影响大脑中信息传递的方式和神经元学习的方式。人们对这些机械效应知之甚少，但这是一个新的研究领域，还有许多东西有待发现。[4]

来自身体的许多化学和物理信息是由压力、温度、脉搏频率或葡萄糖浓度的变化转化而来的神经内的电脉冲，而这些来自身体的电脉冲可以简单地向上传递，从一个突触传递到另一个突触，再传递到大脑。例如，动脉壁上的压力感受器可以探测到每一次心跳产生的物理波纹和变形。这种伸展刺激产生了电脉冲，这些电脉冲沿着迷走神经向上传递，到达脑干、中脑，然后到达新皮质。在健康的身体里，反馈回路会对血压升高的信号做出反应，它会发回信息：减慢下一次心跳，并打开毛细血管，让更多的血液通过，从而降低血压，使血压保持在安全范围内。这种活动中只有一小部分是伴随着某种意识发生的，因此我们往往忽视了它们的重要性——尽管它们是我们所依赖的大部分身体智能的基础。这就是为什么长期升高的血压被称为“沉默的杀手”。

因此，来自肌肉、骨骼、器官和皮肤的信息通过脑干传递到大脑的“核心”，然后再传递到新皮质的外层。这些回路经过一系列中转站，在那里它们的信号以不同的方式被处理和混合，以提取它们所携带信息的不同方面。大脑的深处由这样一个庞大的处理工厂网络组成，其中许多工厂有着奇特的、令人疑惑的或相当吸引人的名字，有臂旁核（有许多像章鱼那样的触手？）、孤束核（有点像隐士？）、蓝斑核和伏隔核（听起来像是需要躺下）。我特别喜欢的是导水管周围灰质，我认为它像一种普通的水鸟。安东尼奥·达马西奥特别喜欢上丘（也许是一种相当自满的小啮齿动物），然后是我们更熟悉的部位，如杏仁核和下丘脑。随着信息传递的继续，来自身体不同部位的特定信息被结合起来，形成了一幅更全面的画面。

化学交流

然而，大量的躯体信息并没有被转换成电脉冲，而是直接与大脑交流。尽管血脑屏障的存在阻止了许多有害细菌和毒素直接进入大脑，但大脑中有许多区域能够并且确实接收到了流经的分子的性质和浓度的变化信号，并对这些变化做出反应。例如，下丘脑和海马体区域以及新皮质，能够直接对附近的胰岛素和其他类胰岛素的肽分子的浓度做出反应，这可能会改变释放到大脑不同区域的多巴胺、血清素和去甲肾上腺素等神经递质的量。

特别需要说明的是胰岛素受体参与调节食欲和分配整个大脑的能量资源。我们知道，体内胰岛素浓度的变化会导致你吃得更多或更少，或选择不同的食物。更令人惊讶的是，由于它对大脑有直接作用，胰岛素还可能降低你坚持完成困难任务的倾向。专注于你觉得困难并且不愿去做的事情是耗费精力的，所以胰岛素水平的改变可能会直接影响你的意志力。这一点值得强调，因为它非常清楚地表明了身体和智能之间的关系。

与免疫系统相关的其他化学物质也会密切、持续地参与大脑能量的分配和发送。它们对大脑的哪一部分会得到最多的“活力”有影响，因此，它们决定了突触的工作效率和连接形成的速度。当精力不足时，思考就变得困难，学习效率就会降低。我们都知道，当身体不舒服的时候，我们会把困难的任务搁置，只想看电视或杂志。但身体对心智的这些影响不仅发生在我们生病的时候，它们一直都存在。[5]

我们的肠道也通过一系列化学物质与大脑交流。肽和激素可能会在摄入某些食物或检测到毒素时被从肠壁中释放出来，而这些物质像胰岛素一样，会进入大脑并影响大脑的活动。你意识到的可能只是自己想要一些甜食，或者需要上厕所，但这些有意识的感觉和提醒只是大脑中发生的上千种微小变化的整体结果。

肠道是一群微小生物——微生物群——的家园，这些微生物群是如此之多，以至它们让挪亚方舟看起来就像一座郊区的平房。现在在你的胃里，微生物的数量是你全身细胞数量的10倍还多。在大多数情况下，我们与这些微生物群和平相处，尽管我们知道有时它们会失控，而在它们所寄居的我们庞大的身体中发生的事也会让它们躁动不安。任何年龄段的压力，尤其是生命早期的压力，可能会使这种共生关系失衡，并妨碍免疫系统正常工作。

然而，如果没有微生物群，我们的身体就不能很好地运作。它们的排泄物中含有对人体健康至关重要的分子（短链脂肪酸）。在完全无菌的环境中饲养的动物，由于细菌没有机会在其肠道中繁殖，就使得这些动物会对压力做出异常反应。更糟糕的是，实验表明无菌小鼠体内的一种激素水平显著低于正常小鼠，这种激素对神经——如海马体中的神经——的正常生长来说至关重要，缺乏该激素会导致无菌小鼠的学习能力和解决问题的能力下降。更令人惊奇的是，在无菌小鼠身上培育出了来自不同品系小鼠的微生物菌群后，它们开始表现得更像供体小鼠，而不像拥有自己 DNA 的正常小鼠！如果说我们和老鼠有什么相似之处，那就是我们都在生物学上被设计成与我们的细菌和谐共处，而细菌也会对我们的行为产生有益的影响。所以我们应该谨慎地使用抗生素和清洁产品。[6]

我们也应该注意我们的出生方式。在正常的顺产过程中，当婴儿沿着下产道行进时，细菌开始在婴儿的肠道内大量繁殖。然而，通过剖宫产出生的婴儿错过了这种繁殖，这会对他们的大脑发育产生影响。剖宫产婴儿的脑电活动没有自然分娩婴儿那么复杂。通过剖宫产出生的幼鼠与正常出生的幼鼠在大脑发育方面也存在对前者不利的差异。[7]

神经胶质细胞和星形胶质细胞等自由浮动的小细胞分散在大脑各处，它们对激素和肽分子的浓度变化也很敏感。如果身体某个部位有炎症，大脑会很快知道并做出反应，也许会关闭其对外部世界的知觉系统。神经胶质细胞和星形胶质细胞很可能会参与改变神经元的可塑性过程，控制神经递质的释放和清除；因此，它们改变了我们的学习方式。被激活的神经胶质细胞会释放特定的激素，这些激素可以改变大脑大范围内其他神经胶质细胞的行为，从而增强一切初始效应。[8] 反过来，大脑可以指示松果体和脑下垂体等器官分泌化学信使，这些信使将返回各个区域并调节它们的活动。

所有这些研究都证实了这样一种观点，即不仅是大脑在告诉身体该做什么。身体活动对大脑活动产生的影响与大脑活动对身体活动产生的影响一样大。身体和大脑是如此错综复杂又迅速地联系在一起，所以，把所有的智能都放在其中一个身上而认为另一个没有智能，是毫无根据的。

大脑如何映射身体

在这个物理—电—化学活动的大旋涡中，大脑创造了一系列互补性的身体活动的映射。（好的是对现实的有益歪曲；出于特定的目的，它挑出有价值的东西，然后忽略其余无价值的东西。）伦敦地铁的地图能够成为一幅真正成功的地图，恰恰是因为它几乎忽略了伦敦的一切，并歪曲了其余部分。（两个车站之间的实际距离与地图上它们之间的距离没什么关系。）同理，大脑从身体各个部位发出的纷乱信息中提取出有用的映射，这些映射可以互相参照，告诉我们下一步最好做什么。[9]

大脑中部和下部的核团映射身体的特定特征。有些核团映射四肢当前的位置和紧张状态，或身体的整体平衡状态。有些核团提炼身体不同需求状态的信息，如葡萄糖水平、血氧饱和度、肌肉温度和乳酸水平。有些核团记录受伤和疾病的情况，并在映射区域经过十几次重绘后，被提取出可能浮现在意识中的信息，如疼痛和恶心的感觉。一些核团提取发生在身体表面不同类型的触觉信息，如皮肤、鼻腔内壁、味蕾、耳朵的小骨骼和肌肉以及眼睛后部的光敏皮肤——视网膜发来的信息。我们可以对身体各个部位的温度情况进行累加和平均，得出体内温度的整体读数，从而引发一系列的反应，如出汗或发抖，穿上毛衣或去冰箱拿冰镇啤酒喝等。

通过将温度、血糖和肌肉张力转化为神经信号这一通用语言，不同模态可以被相互集成以实现更高阶的映射。例如，上丘接收来自眼睛、耳朵和皮肤的映射，并开始将它们合并成空间中物体的多模态表征。[10]其他区域开始合并体内不同来源的信息。免疫系统的局部活动——如处理纸张时切到手指而产生的伤口，以及感觉昨晚的海鲜自助餐反胃——会被传递并聚集起来，以便做出优先的决定。如果恶心的感觉越来越强烈，伤口的刺痛感可能会不再重要。最后，在回路的顶端，我们察觉到的机会、可能采取的行动以及内脏的关切被映射并聚集在一起，因此，如果电话铃响了或者你正全神贯注于一个激动人心的故事，那么你因长时间坐在硬椅子上带来的后背疼痛就会被忽略；或者，当你被告知不必去上学时，早餐时似乎很严重的胃痛也会神奇地渐渐消失。[11]

这一切在何处汇集

虽然这些回路和映射广泛地分布在大脑和整个身体之中，但显然需要有一个地方，可以让身体各个系统的高级代表（可以说是它们的“大使”）进行协商。在整合这些信息来源时，实际上有两个结构起着关键作用：岛叶和扣带回皮质。扣带回皮质包裹着被称为胼胝体的大纤维束，胼胝体连接着两个半脑，因此，它是收集和重新分发具有广泛来源的信息的理想场所。（“扣带”在拉丁语中的意思是“皮带”。）

研究证明，扣带回皮质的前部在评估身体的感觉与身体的需求或价值信号的关联性方面起着特殊的作用，尤其擅长发现进展不顺利的事情。然后，它与大脑的行动规划部位进行沟通，以调整或设计既有利又恰当的行为。大脑的这一部分被称为“内脏运动的皮质区”。[12]

岛叶——实际上应该称其为半岛，因为它不完全是一个“岛”——通过一系列功能通道连接大脑的许多部分，包括扣带回皮质的前部和前额叶皮质。其大小和形状与李子相差无几，每个半脑都有自己的岛叶。巴德·克雷格是亚利桑那州凤凰城巴罗神经学研究所的一名研究人员，他用大量的证据来支持他的观点：岛叶的后部创造了对身体内脏部分的整体感觉。[13]随着神经激活模式被向前传递到岛叶的前端（巴德·克雷格称之为“主要的内感受性表征”），与来自肌肉（本体感觉）、新大脑皮质较高中心的预测和期望，以及最终来自外部世界的其他模式整合在一起，他称所有这些在岛叶前部达到的高潮为“总体情感时刻”：“我现在是什么样子”的整体内在感觉。当有人问“你好吗？”我们会说出这种整体的感觉：“糟糕”“有点不舒服”“一般般”“很有活力”，或者像我的新西兰朋友在感觉特别好的时候常说的那样——“像一盒毛茸茸的鸭子，伙计”[14]。心理学家早就知道，我们会在十分之一秒的时间内整合各种影响。

*****

巴德·克雷格在谈到这些时刻时，说它们就像电影的画面一样，是分开的，但我更喜欢把它们比作海浪在海洋中翻滚的画面。总体来说，波浪保持着它的形状，而水——其内容——却在不断变化。在任何“时刻”，波浪都代表了在那个位置的所有水流、浪涌和风力的总和。它们结合在一起形成了一种特殊的波形，这种波形具有独特的组成和方向。波有宽度，也就是说，它们整合的力量不是在一个点上，而是在海洋的一个小区域中。对这种整合跨度在生物学上的限制可能很好地解释了这些明显的“时刻”持续的十分之一秒。但每一个瞬间的波动并不是与前一刻和后一刻的波动分开的。像真实的波浪一样，它既有前边缘也有后边缘，它同时在上升、存续和消退。在上升的是对未来可能带来的期望和预测，在消退的是对刚刚过去的时刻或肯定或惊讶的回音。（因此，消退的边缘是学习发生的地方。）

如果我们异想天开的话，我们可以把海水本身的特性看作人体行为的能力；把海浪和海啸看作在那个时间和空间中发挥作用的价值和关切；把风看作来自外部世界的影响。更奇特的是，我们可以想象在夜晚波光粼粼的海面上有一道海浪，那闪闪发光的波峰映衬在海面上，代表着我们的意识知觉。这十分之一秒的整合可能相当于海洋被闪光灯照亮时的样子。关于这方面的更多内容，我将在第五章中讨论。

我们应该记住，当信息在大脑中向上传递时，感觉映射和运动映射也交织在了一起，从而创造出其他映射，这些映射为知觉注入了行动的可能性，行动与伴随或紧随的感官后果（标记为令人满意或不满意）相交织。桑德拉和马修·布莱克斯利总结了有关大脑不同区域如何以这种方式合作的研究：

> 顶叶的感觉映射区域实际上也是运动中枢，与额叶运动系统有大量的直接联系。它们不只是把信息传递给运动系统，还直接

> 参与行动。它们积极地将视觉、听觉、触觉、平衡和其他感觉信息转化为运动意图和实际动作。同样，运动系统的映射在解释身体的感觉时起着重要作用。你的顶叶不是纯粹的感觉器官，你的额叶也不是纯粹的运动器官。身体的感觉和动作最好被看作一种单一的感觉，就像一枚硬币，不可分割的两面各有不同的外观。[15]

岛叶的工作是为了更好、更合适、更有效地服务于行动。关于世界上现存的问题、熟练的技能和可能采取的行动方针的信息越广泛、越全面，行为的选择和设计就可能越好。巴德·克雷格更正式地指出："大脑皮质可对身体状态的高分辨率信息进行整合，为更有效地指导行为提供了更好的条件。"[16]他认为，在不同的动物身上可以看到，在选择和控制体液反应能力的提高与对身体状态、岛叶需求的"高分辨率"分析的发展之间存在着明显的进化相似性。前岛叶和前扣带回皮质紧密相连，几乎总是同时活动。在不同的信息回路汇集的地方，岛叶负责定义"是什么"，扣带回皮质负责设计"怎么做"。

*****

在我们结束讨论回路和映射之前，还要再添加两条精彩的内容。

首先，你会想起我们之前提到的预测编码的概念。大脑不会对世界上正在发生的一切创造出复制图像，如果你愿意，也可以称之为"谷歌地球"。这会是烦琐和不必要的。大脑会对外界情况进行猜测，只有在猜测错误时才会进行调整。最近，萨塞克斯大学的安尼尔·赛思、雨果·克里奇利和他们的同事将同样的想法应用到了大脑对身体的表征上。大脑的高级映射产生猜测是基于它们之前建立的所有期望：我们拥有什么样的感觉，它可能有什么意义，什么可能导致它产生以及我们可能会对它做些什么。“我昨晚没睡好。我一定累了。我的那种倦怠感（以及我试图控制打哈欠）可能只是因为疲惫，而不是无聊。”然后这一猜测被传回到身体，看它是否与身体接下来发生的事情一致（如果不一致，就会发送回不一致的消息）。当然，这样的推理不是或者说通常不是有意识的或故意的，但它始终是我们体验自身感受过程的一部分。[17]大脑不需要在其内部建立一个复制的“身体”，因为它只记得在需要的时候去“真正的”身体的什么地方查看。机器人专家罗德尼·布鲁克斯有句名言：“世界是它自己最好的模型。”[18]身体也是如此，你只需要为更微妙、更精炼的事物创建模型和映射，这些事物对身体本身来说并不是不证自明的。[19]

其次是来自达马西奥的一个建议，即大脑可以在自身内部创建小回路（他称之为“似回路”）来模拟不同知觉和/或行为（想要或不想要的）对身体的影响。当使用相同的高级映射时，大脑可以模拟身体（可能）发生的情形，如果我这样或那样做的话，实际上并不需要身体的直接参与，因为这将耗费更多的能量和时间。大脑把自己对身体正在做的事情（以及是什么导致它去做）的猜测视为理所当然，然后继续根据这些猜测设计行动。正如我所说的，这节省了时间和精力，但这样做有可能让你冒着犯错的风险，在这种情况下，你会持续对现在做出反应，仿佛它是过去的再现，而事实并非如此。

两种行动方式和两种知觉方式

总的来说，我们在世界上的行动有两种。当我们近距离接触世界时，就会采取行动。我可能会捏它、打开它、踢它、玩它、打它、喝它、在它上面打字或给它刷油漆。对于这种类型的行动，我的身体是起源，也可以说是主体，行动从这里发出，所以我们需要一幅以自我为中心的地图。从这个角度来看，像“观众”或“羊腿”这样的“对象”被看作有益的操作。我看待它们的方式取决于我要做什么。在这一框架中，正如赫尔曼·黑塞说过的那样，其他事物和其他人都是“自我欲望的朦胧的镜子”。[20]到目前为止，我们已经探讨了知觉、能力与日常生活的密切关系。

但也有一些行动能让我游走于这个世界，使我到达自己想要或需要去的地方。在这个框架中，我的身体本身就是一个穿越空间的“物体”，所以我需要一幅地图，在这幅地图上，我可以把自己定位为一组物体中的一个，这就是所谓的非自我中心地图。这幅地图更“客观”：它就像一个棋盘，我是棋盘上的白方国王，周围是其他棋子，有些棋子是友好的，有些是带有敌意的。这个空间里的其他元素仍然与我有关，但我与它们有一段距离，因此，我更倾向于在它们中看到一系列潜在的功能可供性，而不是当我偶然遇到它们，只是碰巧看到了最突出的元素。

这两种行动——我们所谓的操纵和运动——要求我们在两种截然不同的世界中运作，因此大脑进化出两种互补的系统就不足为奇了。在图 4.1 中，左边的中心圆看起来比右边的大，无论经过多少次测量（测量表明它们实际上大小相同）都不会改变你下意识看待它的方式。但假设这些模型是摆放在你面前的桌子上的硬币，要求你抓住中间的那些硬币：你的手会像你的眼睛那样犯同样的错误，准备做出“抓”的手形会比硬币大或小吗？不，当然不会。如果你伸手去拿硬币时被录像，仔细分析录像后你会发现，你的手抓硬币时的动作恰到好处，刚好能拿起硬币。大脑中关心即时行动而不是进行详细解释的部分是根本不会被这种错觉所愚弄的。[21]

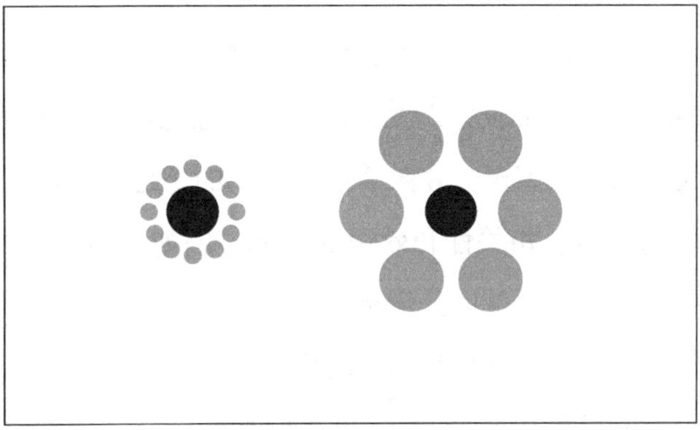

图 4.1　铁钦纳对比错觉

正如我所认为的那样，相比之下，运动系统会对事物持一种更客观、更普遍的观点。它试图避免从直接的角度对世界进行描述，并且对事物是什么、在哪里以及它们可能会如何发展给出更中立的看法。这种大局的观点通常会增加在三维空间中正确的假设。图 4.1 中左半边的图虽然经过了程式化处理，但它让大脑想起从一个场景的顶部向下俯视，在这个场景中，中间的圆比外围的圆离你更近。用运动系统的观点来看，右边的图有点像往洞里看，在洞中，中间的圆——如果是三维的话——会“更远”，因此看起来更小。更“客观”的运动系统可能会被这种错觉所欺骗，但操纵系统不会上当。如果你打算抓住中心的圆，那么你只会想知道它到底有多大，而不是它相对于周围环境有多大。

操作系统在进化上比运动系统更古老，动作更快。（想象一个捕食者正悄悄地移动到一个位置，然后猛地扑过去。）它似乎已经准备要根据大小、形状和距离对“当前发生的情况”——诸如，如果你要有效地抓住东西或要快速地进行自我保护时需要了解的情况——做出快速评估，也要初步猜测一下情况是否于己有利：抓住这个东西是否值得或自我保护是否值得？摩西·巴尔说："就像16世纪或17世纪的荷兰艺术家，大脑使用……视觉信息绘制一个粗略的草图，然后开始用记忆中的信息添加细节。"[22]大脑最初的感觉草图是通过所谓的背侧路线在大脑的表层闪现，并激活前额皮质的信息，前额皮质被认为是衡量体验的价值、相关性和效用的区域。例如，当看到一张脸时，大脑形成的第一个草图可以分辨出这是不是一张脸，关键是，它会对快乐或悲伤的脸做出不同的反应（而且，一刹那之后，呼吸、心率和消化过程也都开始发生改变）。这里我们有另一个例子来说明，知觉几乎瞬间与我们本能的关注联系在了一起。

认知控制

当你的身体—大脑在权衡情况时，很可能会识别出不止一个而是几个关于"下一步最好做什么"的行动方案。你的许多子系统都在努力吸引你的注意，但你的身体必须作为一个整体来行动。身体就像一个难以驾驭的音乐会合唱团，合唱团是合作性质的，所以每个人都有发言权，但是，除非在某一时刻我们都同意要唱什么、以什么顺序演唱，否则音乐会乱成一团。我们需要一个指挥——但指挥不是独裁者，它是一个协调者，合唱团雇它来帮忙进行协调工作。而且，在做出优先项目决策的同时，情况经常会发生变化，所以你要决定是坚持自己几秒钟前决定的优先项目，还是改变自己的关切，发掘刚刚出现的新机会。（新的活页乐谱不断被出版，未发表的曲目在不断增加。）

你是应该墨守成规还是推陈出新？你的大脑会帮助身体对所有这些关切和可能性进行合成，按优先顺序处理和排序，并随时对它们进行检查。大脑是如何做到这些的呢？

每一个被考虑的可能的行动路线都会被标识出来，这些标识将帮助大脑完成指挥整个身体的工作。实现这一行动目标有多重要？有多紧急？执行计划需要付出多少代价或努力？考虑一下风险：如果计划失败或出错，我们会失去什么？考虑一下出错的概率：我们对“成功”以及对计划所依据的信息的可靠性有多大把握？这些标识就是安东尼奥·达马西奥所说的“躯体标记”，因为它们依赖体内和体外的信息，包括对价值、意义、恐惧、信心和风险等问题的判断，这些都是情感问题。它们基于过去在类似情况下对类似行为的体验——对宽慰、喜悦、怀疑或失望的体验。当一个动作（或一个动作中的一个元素）在新的环境中成为一个积极的候选行动时，它的躯体标识就会被激活，并在特定的前额叶皮质内进行循环。这些设计的目的是衡量诸多候选行动——因为它们相互竞争或冲突，都宣称自己更重要或更合法——并决定哪一个将（在一段时间内）掌控大局，还要防止不成功的候选行动所产生的干扰！

当然，并不是“大脑中的小人”在做这些决定，大脑必须被组织起来，仅通过应用神经网络运作方式中体现的一些经验法则，领跑者就会自动出现。这些决策规则将决定不同回路中的活动是如何累加和取消的。许多书籍都详细论述了如何做到这一点，以及额叶的哪部分与大脑的哪部分相结合可能会负责哪些操作。在此我所能做的就是试着给出一个非常粗略的逻辑分析。

记住，有三种因素必须被一起看待，而其中每一种因素都有潜在的复杂性。这三种因素是：需求、行动和见闻。有时，这个多元方程的解是明确的。有一种压倒一切的紧急而重要的需求（“停车，我要吐了”很容易胜过“但是我们赴宴已经迟到半个小时了”）。通常情况下，竞争更像是一场势均力敌的比赛，必须考虑标识的相对优势，然后淘汰赛才会开始。重要但不紧急的行动可以进入候补名单；重要但不确定能否成功，或者成功的代价太高的行动则不能冒险去尝试。

这个过程主要是通过额叶在大脑的其他部分极其具有针对性地实施神经抑制来完成的。在这一过程中更重要的是前额皮质的背外侧区域——大脑两侧的额叶顶部和侧面部分。如果一个目标变得非常突出，那么与其竞争的目标就会被积极地抑制，我们就会感受到一种发自内心的清晰的目标（一种燃烧的欲望）。如果合唱团认为我们需要暂时坚持练习单一的节目，那么对所有那些令人兴奋的新的可能性的关注就会被抑制，我们就不会受到干扰。这些变化的、战略性的抑制模式使一些关切被暂缓，而使其他事情得以发展。它们可被用来管理注意力，使注意力变得集中和有选择性（而不是广泛、包容或分散的）。它们把一些信息源调高，把另一些信息源调低（这样我们就可以把注意力从肚子发出的咕咕声转移到鸟儿的鸣叫声，然后再转回到屏幕上的文字）。

当很难决定先采取哪个行动或者做哪项重大决定时，抑制就可以阻止选择过程，这样潜在的后果就可以被更全面地检查出来，也可能被修正或降低，因此我们的反应就表现为更缓慢或更“谨慎”。当这些较缓慢的过程开始起作用时，心理学家（他们通常喜欢创造二元对立）通常将其解释为被不同的心理系统激活的反应，有时人们巧妙地称之为系统二。系统二干预并抑制了系统一——一系列更快、更直观的过程。但是，没有必要像这样区分这些过程。这种区分产生的理论问题通常比它们解决的问题要多。我认为有必要这样说，在某些（知觉到的）情况下，自组织的身体—大脑会减慢自己的反应速度。

这种延迟有一个重要的、必然的结果。当抑制阻止一种行为向下传递到肌肉，或向外传递到嘴唇或喉咙时，它就会把一个外显的行为变成一个想象的行为，或者把一句实际的话语变成一个隐秘的想法。这为意识和创造力孕育了条件，我们将在第七章看到这一点。[23]

*****

你的大脑在哪里？它遍布你的全身。你的大脑是什么？它是来自你身体各个角落的信息流，通过电的、化学的或物理的方式，不断地向脑干移动，其中大部分是通过脊髓、淋巴管和血管流动的。在经过一定的整合和简化后，每个信息流向上通过大脑的不同层次，与其他躯体信息流整合在一起，转化成一系列有关身体的准备和需求状态的互补性“映射”。当这些高级映射到达新皮质时，即与关于外部世界状态的所有特殊感觉的信息进一步整合，并与可“采取哪些行动”“哪些行动是合适的”等更多信息整合在一起。特定过程被应用到前岛叶、背外侧前额皮质、前扣带回皮质和前运动皮质这些表征中，由它们挑选出相互竞争的优先事项，并决定哪些行动计划将会被全面实施。如果风险很高，其他额叶过程就会监控执行情况，以防出现意外的故障或后果，准备紧急刹车并重新“思考”。

决定下一步做什么通常是非常复杂的工作，但是身体中有一些对特别重要的事件进行预先设定的反应模式，会使做决定变得稍微容易些。这些不同的模式是进化的结果，即我们现在所说的情绪。我们将在下一章进行讨论。

第五章

情绪和情感

有机体需要持续地监控事情的进展，并启动自身的变化，以应对知觉可能存在的伤害和益处，因此就产生了情绪。

——马克·约翰逊[1]

在我们的情感生活中，身体、大脑和思想被明显地融合在了一起。情绪涉及肌肉、腺体、血液、汗水和眼泪以及思想、记忆和想象。一场谈话可能会引发我的思考，但也可能会让我“怒火中烧”，或者“忐忑不安”。因此，当我们从无意识的、微小的神经网络和生化反应转向日常经验的世界——“心智”时，情感和情绪必须是我们的下一个避风港。

然而，在进入情感生活的意识层面之前，我们需要弄清楚情绪的作用是什么。为什么我们会感到不安、生气和害怕？爱、内疚和尴尬有什么意义？从进化的角度来看，情绪一定是有用的，否则我们就不会拥有它们。我们必须先把情绪视为我们做出明智行为的助力，而不是障碍。可以肯定的是，我们的情感有时似乎“战胜了我们”，并与我们当时无法抗拒但后来又懊悔不已的行动相关联。有些时候，我们希望自己的行动是受到大脑而不是内心的支配。但理智和情绪始终密不可分，它们偶尔会发生小摩擦，但不是死敌。

从古希腊开始，像欲望和愤怒这样的情绪，就被视为如柏拉图所说的“无法无天的野兽”，需要由“高级官能”进行强有力的约束。柏拉图把人的性格描绘成一辆由两匹马拉的双轮马车，一匹黑马，一匹白马，车夫一直费力地使之协调一致。白马代表着美德，而黑马（当然）则是野性的、任性的种马，总是试图挣脱缰绳，具有野兽般的激情——基本表现为欲望和愤怒。正是由于车夫时刻保持警惕、纪律严明，再加上白马的榜样作用，“马车”才没有时常发生严重的事故。这听起来熟悉吗？两千多年后，西格蒙德·弗洛伊德重新将白马命名为“超我”、黑马命名为“本我”，将车夫命名为“自我”。万变不离其宗。

这种颠覆、对抗和支配的模式甚至一度进入了流行的神经科学。20 世纪 60 年“三位一体”的大脑模型将大脑分成三个层面：构成基本生命维持系统的“爬行动物的大脑”，处理情绪的“边缘系统”，然后是“新皮质”或理性的大脑：这一层面的大脑做的都是聪明的、值得尊敬的事情，同时约束它那两个比较原始的伙伴。当人们感到沮丧、害怕或生气时，就意味着大脑从理性“倒退”到了感性，而我们更好的本性则努力使其重新转移回来。新皮质的工作是控制大脑的其他部分，就像“心智”的工作是控制身体一样。

最近一些试图通过流行的“情绪智能”来为情绪恢复名誉的尝试，往往忽视了理智和情绪之间的深层次协同作用，而在本章中我将对二者之间的深层次协同作用进行阐述。一种观点认为，情绪智能被看作一种关于情绪的智能，包括通过“愤怒管理”等技术来熟练地控制情绪；另一种观点认为，情绪智能被看作一种情感智能，它与其他类型的智能，如理性智能、语言智能甚至身体—动觉智能是相分离的。[2]我对情绪智能的理解不同于后一种观点，而且比后者更深刻。我坚持认为，情绪是人类各种智能的深层的、基于身体的组成部分，它使世界变得有意义。如果我们只以理性的理解来认知这个世界，去除任何情绪上的意义，我们就无法活得长久；即使活得长久，我们也无法从生存中得到满足。

情绪的作用是什么

现在的普遍观点是，基本情绪是我们整个具身系统的“默认设置”。当我们知觉到某件事所具有的特殊意义时，就会产生情绪。在大多数情况下，这意味着这些事会满足我们的重要需求，或者威胁我们幸福的重要方面。情绪是对重要的，甚至是原型的事件的反应，是通过进化而发展起来的。如果我们把某物看作欲望的对象，我们就会事先自动准备好接近它，并得到它。如果我们饿了，就会四处寻找食物，接近它们，然后吃掉它们。如果正值交配季节，空气中弥漫着爱的气息，那么动物就会对任何表明可能有配偶接近的景象、声音或气味变得敏感。相反，如果我们认为世界的某个方面是危险的，我们就会准备避免或消灭它。如果一个动物看见一个巨大的捕食者的身影靠近自己，就会做出某些与生俱来的特定动作（迅速逃开去寻找躲避处或是通过皮肤的毛孔分泌有毒的黏液），以免自己成为别人的“盘中餐”。尽管情绪有多种形式，但这都是对与我们所重视的事物相关的事件的智能反应——而我们所重视的事物根植于我们的身体。

如前所述，如果我们不仅对重大事件本身做出反应，而且对这些事件的信号和预兆做出反应，那么我们的生存和福祉就会得到更好的保护。如果你在看到草木晃动，而不是等到老虎掐住你的脖子、张开血盆大口吞噬你的时候才准备挣脱逃跑，你就更有可能活下来。我们不是到了校长办公室时才开始紧张。情绪状态通常是对这些线索的反应，它们本身并不是行动，而是对我们认为可能即将发生的事件做出反应的准备状态。我们处于一触即发的状态，因此，只要有轻微的迹象表明我们所怀疑的事情确实即将发生，我们就可以立即采取行动，或者至少可以抢先一步做出反应。这种内置的情绪智能为我们增加了之前谈到的内部生命维持系统的行为层面。

很明显，当其中一种典型情况出现时（逐渐出现的情况，如饥饿；突然出现的情况，如威胁），身体的所有系统作为一个整体做出反应至关重要。我们的子系统经常半自主地运作，在警报响起时，它们需要像消防员一样采取行动。它们需要放下手头的工作，注意警报的类型，并开始像它们被训练的那样贡献自己的一份力量。情绪使我们能够迅速地将各种能力转换成正确的总体模式或立场，以面对（我们怀疑）即将出现的麻烦（或潜在的好处）。它们就像“预置”的电视音频放大器一样，你只需要轻轻按一下遥控器，就可以把各种电子参数转换成最适合“戏剧”、“古典音乐”或“轻音乐”的模式。我们将会看到，每一种主要情绪的标准都具有不同的特征。不同动物的栖息地经常给它们带来各种挑战，进化已经为动物量身定制了不同的预置按钮。

这些“身体 + 大脑 + 传感器”的反应是如此错综复杂地交织在一起，以至于我们不可能把它们分开，区分出什么是“原因”，什么是“结果”。连接身体和大脑的循环回路是双向的，因此，“更高”的过程会影响“更低”的过程，同时“更低”的过程为“更高”的过程提供信息。“共振”、“共鸣”比“刺激”和“反应”这样的概念更能令人捕捉其复杂性。我是因为看到了熊，感到了害怕，所以才跑开？还是说，看见熊、心里发颤和拔腿就跑的过程是以一种快速、循环的方式发生的？从本质上来说它们是整个事件的不同方面吗？传统的“大众心理学”更倾向于前者，而具身科学则更倾向于后者。[3]

我们身体的哪些部位会产生情绪？宽泛的回答是：几乎所有部位。但是，强调一些最重要的部位可能会更有帮助。首先，我们的内在生理机能可以被改变。正如我们在前几章中所看到的，这可能包括心率和血压的变化、呼吸的频率和深度的变化、内脏的物理和化学行为的变化以及血液和淋巴的化学成分的变化。其次，身体姿势、面部表情和音质也会发生变化。我们的肩膀可能会下垂，我们的脸可能会因为变得僵硬而令人生畏，或者因为变得温柔而可爱，我们的声音可能会变得或冷酷或柔和、或响亮或安静。皮肤的颜色会随着血液供应的增加或减少而改变——我们的脸颊会因为尴尬而发热，也会因为愤怒而苍白——其敏感度也会因出汗的多少而改变，我们的汗毛会竖起来。我们的胳膊、腿、肩膀、脖子等处大的动作肌肉可以被拉紧或放松，手指可以被握成拳头或伸展成柔软的抚摸工具。我们的行动可能变得缓慢而笨拙，也可能变得活泼而有生气。我们可以感觉肌肉受到的影响：眼睛在眼窝里移动，瞳孔放大或缩小，鼻孔抽动（如果我们是猫，那么我们的耳朵会转动，胡须也会抽动），目光接触或犀利或坚定，或闪躲或害羞。当大脑建立起期望和预测的模式时，一系列的注意、记忆、思维和想象会被启动，其他功能可能会被渐渐弱化。

情绪在身体和行为方面的许多表现都是可见或可闻的，因此情绪通常具有交际功能，这也与个人幸福感有关。其中一些信号在生物学上得到了进化——例如，习惯性的攻击表现——而其他许多信号在特定的文化中也具有象征意义。在某些文化中，低头和避免眼神交流表示顺从，而在另一些文化中，则表示傲慢无礼。因此，人们会经常产生困惑情绪，特别是在多元文化的世界里。作为社会学习的产物，我们的每一种情绪都可能变得极端、受阻或病态，从而产生其他的问题。

最后，情绪可以让我们为解决生活中的不平衡和不想要的情况做好准备。例如，我们击败了竞争对手，满足了内心的“欲望”，或者从损失中恢复过来。当行动成功时，情况会得到纠正，幸福感会被重新建立。我们可以说，我们是幸福的。幸福有多种形式，但它们往往是在世界恢复正常节奏之后的一种暂时的状态。因为存在不同种类的威胁和成就，所以也存在不同种类的幸福。在身体方面，快乐通常可以通过面部和眼睛的放松、微笑或大笑，以及颈部、肩部、手臂和腿部肌肉的放松来传达。我将在下文逐一阐述情绪的这些特征。

基本的情绪模式

我要说的是，没有人能明确地列出原始的情绪都有哪些，或者到底有多少种类型。估计有四种到十几种。为了便于说明，我将分析 11 种情绪，但其他作者可能将其中一些混在一起。甚至有人对这样一份清单还存在一些分歧。尽管如此，美国心理学家保罗·艾克曼和雅克·潘克塞普的研究成果已经得到了相当广泛的认可。[4]

痛苦模式

许多小动物，就像人类的婴儿一样，在面对不利的周围环境、陌生的和意料之外的事件，以及被遗弃时都会产生一种本能的反应：它们会大叫，扭动身体，试图请求帮助，寻求解脱。它们的肌肉充满了力量，肺部吸入大量的空气，然后通过适当的声带部位呼出气体，使身体内部的警报响起。眼睛睁大、转动，以便尽早发现一切逃离机会。在危急情况下，这种模式会转变为对死亡或威胁迫近的强烈恐惧，伴随着极度的恐慌以及情绪和身体的全面崩溃，此时其身体内部系统需要经过一段时间才能恢复。歇斯底里和惊恐发作本身就使人虚弱和痛苦。在大多数文化中，婴儿发出的痛苦信号在成年后会在很大程度上被抑制或被伪装起来，但是他人的拥抱所带来的安慰仍有作用。以一种熟悉、坚定而温柔的方式，被一个具有自己熟悉的气味和声音的人抱着，这意味着紧急情况的结束，或者至少代表帮助就在身边，一切都在掌控之中。我们将这种痛苦被解决和获救后的心安称为安慰。

恢复模式

在这里，我将把那些因从疲惫、疾病或受伤中恢复的需求而触发的各种系统综合在一起。能量和激活作用被从外部感官与参与运动和被操纵的肌肉中抽离出来，集中在内部的修复和重建过程中（类似于给电池充电）。在深度休息和睡眠期间，伤口愈合得更快，白细胞也会产生。像我们人类这样的动物，如果被剥夺了睡眠，将对免疫系统产生危险的影响。在睡眠期间，废物被从大脑和其他器官排出，还有人体主要的能量输送分子——三磷酸腺苷，其在大脑中的水平迅速提高。[5] 对我们的祖先来说，这种被动的、内在的模式自有其危险，而寻找黑暗的、私密的地方睡觉和“恢复元气”的冲动依然与我们同在。如果这种模式变成了慢性的或主导的模式，它就会反过来伤害我们，导致社会性孤立，或使人身体衰弱，如患上慢性疲劳综合征或肌痛性脑脊髓炎。如果身体处于这种衰弱状态，就会自动进入恢复状态。我们可以称伴随成功恢复的幸福感为生活的乐趣。

厌恶模式

这种模式是由防止有毒物质进入身体的需求触发的，或者如果这些有毒物质已经溜过了我们的警戒线，这种模式就会由驱逐这些物质的需求触发。在生理层面上，腐烂的食物、肮脏的东西和身体的废物可能会引起厌恶，而在许多社会中，这种反应可以扩展到那些在道德上或心理上令人厌恶的事情。在厌恶感的驱逐形式中，生理反应起主导作用，我们"吐出"令人不愉快的物质，或者通过肠道将其排出体外。张大嘴巴、伸出舌头的面部表情（可能同时还会说"呸！"）象征着这种厌恶。另一种表示厌恶的姿势是皱起鼻子、嘴巴和眼睛，堵住孔口，以阻止肮脏的东西进入。在行为层面，厌恶包含了退缩的倾向，例如使自己远离传染源。在精神层面，大脑中可能会产生受污染甚至中毒的画面。当厌恶模式变成病态模式（长期的或过度的模式）时，它就会变成对日常活动的普遍鄙视、对清洁的痴迷、厌世的态度或者对他人的蔑视。我们可以将随着厌恶感的消逝而产生的快乐——全面重新开始生活和体验的感觉——称为重新参与的感觉。

恐惧模式

恐惧是由某些危险事物的出现而引起的，可以是真实的，也可以是预期的，并伴随着逃避或逃跑的可能性。对于这类恐惧的触发因素，身体会准备好开始行动。呼吸加快，肾上腺素和皮质醇等活跃激素以及能量来源被释放到血液中。大块的肌肉，尤其是腿部肌肉被激活，准备好投入行动。（不宁腿综合征可能反映了这种反射的激活，它可能是对想象中的威胁的潜意识知觉的反应，即一种没有明显原因的移动和奔跑的冲动。）与此同时，血液从消化系统中被抽离，导致有时出现被我们称为"胃不舒服"的焦急不安的感觉，或突然失去胃部活动的"声音"，我们可能会产生"下沉"或"中空"的感觉。在极端情况下，由于越来越多的身体资源被征用来处理紧急情况（而剩下的可以用于维持正常肌肉张力的资源越来越少），可能会导致膝盖打战，或丧失对膀胱或肛门括约肌的控制。我们的注意力都集中在寻找逃跑的方式上，如果找不到逃跑方式，就会寻找藏身之处。如果无处可逃或无处躲藏，就可能采取"绥靖策略"或表现出示弱的架势，例如，某些动物会肚子朝上。当恐惧占据主导地位时，各种各样的恐惧就会形成。对于恐惧过后出现的那种快乐，我们可以称之为解脱。

愤怒模式

当身体—大脑判断它的一些资产和资源受到另一个事物的威胁时，这种模式就开始起作用了。你在半夜时听见楼下有脚步声；一个敌对的学者在会议上公开攻击你偏爱的理论……换句话说，即存在威胁，在这种情况下，逃跑就是失败，所以愤怒模式旨在让竞争者后退或放弃。在此模式下，心脏和肺会加速运转，以便提供更多的能量，睾酮充斥着整个系统，通过面部表情和身体姿势发出攻击和准备攻击的信号。面部肌肉紧绷，眉毛紧皱，让我们的面部显得棱角分明、令人生畏；双手攥成拳头，双肩绷紧，双腿和盆骨也绷紧。在社会层面，这些信号可能会召唤你的亲朋好友，使他们团结起来支持你。长期或过度的愤怒不仅会导致血压升高，使皮质醇水平达到破坏性程度，从而抑制免疫系统，还会导致脾气暴躁，从而失去同事和朋友的好感。我们可以称成功地发泄愤怒带来的这种快乐为胜利。

悲伤模式

这种模式是由另一种威胁触发的，即当你感觉自己的世界失去了稳定的、有价值的、被认为不可恢复的部分时，会触发这种模式。因养老金诈骗而失去一生的积蓄或伴侣的离世，都可能引发悲伤的生理和行为反应；还可能是失去一项技术或能力，如工作、开车、调情的能力，或因意外事故、年龄增长而失去“男子气概”“女性气质”，又或者不再拥有“自力更生”的能力。与恢复模式（悲伤可能是恢复模式的衍生物）一样，这种模式的趋势是走向衰退、内省、调整和重新概念化的过程——“接受”这个没有熟悉的附属物的生活。在回家的路上，孩子为掉在地上的冰激淋或为失去“假日友谊”而悲伤，可能会表现出异常安静。对丧偶的哀悼可能永远不会结束。当然，过度悲伤会变成抑郁，但从悲伤中解脱出来，就像从疲惫中解脱出来一样，会产生一种快乐，我们可以称之为回归生活或重新发现自己对生活的热情。

羞耻模式

人类与狗和黑猩猩一样都是群居动物，能否被群体接受直接影响着个体的兴衰荣辱，甚至是否拥有生存的机会。因此，群居动物的社会地位受到威胁就不足为奇了，我们将这种威胁称为羞耻。（害羞和内疚可以被视为羞耻的不同版本。害羞源于一种焦虑，担心自己的外表或社交表现不足以确保自己的社会地位。内疚是一种羞耻感，涉及违反社会规范和标准，因此有被降职或被驱逐的风险。）与悲伤和恢复一样，羞耻是一种内生的反应，以旨在让步或道歉的社会行为表现为特点。一个羞愧的表情表明了我们在这方面与“人类最好的朋友”有相似之处。低着头，回避眼神交流，就好像一个人在承认自己没有资格与他人平等地交往。[6]从行为上讲，羞耻会导致主动性丧失，并依赖他人指示下一步或正确的行动方向。（我该做些什么才能弥补，才能与群体打成一片？）长期的羞耻感会变成忸怩或心神不宁，并可能在临床上导致社交障碍或广泛性焦虑障碍。我们可以称这种从羞耻中解脱出来的快乐，为接受或宽恕的解脱。

欲望模式

并非所有的基本情绪系统都可以应对威胁。我想提两种关于获得益处而不是避免损失的模式。第一种是欲望模式，这种模式包括性和野心，饥饿与口渴，以及兴奋起来或冷静下去的需求。（雅克·潘克塞普称这些为“寻求”系统。）[7]当身体—大脑的需求出现时，注意力就会捕捉到相应的资源和机会来满足这些欲望，而且会激发创造或揭示这些欲望的行动。我们会对潜在的配偶和猎物——约会网站或供货充足的熟食店——在知觉或身体上加以关注或寻找，以获得预期的福利。当与此相关的记忆和经历被调动起来，你会喷上香水，检查信用卡的额度——追逐开始了！正如我们被教导的那样，拥有或痴迷于无休止的欲望，将会导致七宗罪中的几宗；而欲望的实现会带来一种快乐（通常比我们预期的更短暂），我们可以称之为满意或满足。

探索模式

这是另一种接近而非回避的模式，旨在获取和消费的不是“商品”，而是知识和经验。其触发要素有两个：一是利益和持续问题或困境的内部激活，二是探索当前或相关新形势存在的机会。（人类有各种各样的预测和期望，只是在等待接受测试和调查……）如果（由身体—大脑做出的）一个初步评估断定情况包含重大的威胁，那么恐惧或愤怒模式——逃跑或战斗——可能会超越探索的需求（例如，正像他们经常在教室里做的那样）。但是，如果事情看起来很有趣、足够安全和相关，那么探索模式会引导你（适当谨慎地）接近并开始调查。你可能会戳它，对它微笑，或者打开它，读它。过多的探索模式会导致长期的不安全感，在这种情况下，一个人所处的环境有很大一部分会被认为是模棱两可的或充满不确定性的。（例如，格雷戈里·贝特森认为，一个人的世界被过度问题化是精神分裂症的特征之一。[8]）我们可以称这种学习之后的快乐为掌握，或者是在理解了以前不知道的（因此可能是不可预测的）事情后的满足感。

事实上，探索模式和欲望模式在当下（有时）伴随着一种快乐的感觉，并在问题解决之后“反弹”这种幸福感。米哈里·契克森米哈赖认为，“追求的刺激”——无论是追求物质、配偶，还是掌握知识，其本身就是快乐的来源。全神贯注于追求或努力的状态，即心流，已经进化为内在的动机。如果没有其他事情占用我们的时间和精力，我们就会想要习得或探究某件事。[9]然而，消极模式让我们专注于哪里出了问题，以及如何解决它，而在探究模式中，我们更开放、更有创造力。我们生来就是为了探索和学习，以提高“了解自己”的能力，因为你永远不知道这种见多识广的能力什么时候会有用。积极情绪的拓展与构建理论的提出者芭芭拉·弗雷德里克森在大量研究的基础上指出：“积极情绪拓展了人们的思维和行动模式，随着时间的推移，这些模式会构建起他们持久的个人和社会资源。”[10]如果你不累、不害怕、不生气、不恶心、不悲伤，那就做填字游戏、出去散散步，或者看看电视上有什么节目：你永远不知道你能学到什么，也不知道学到的东西什么时候能派上用场。电视剧和真人秀节目满足了这种替代性学习的欲望，尽管据我所知，它们被反复证明是不可靠的，这种代价是否真的会导致行为的改变，尚未得到证实。

关爱模式

关爱模式是痛苦模式的伙伴，它是我们听到或看到他人痛苦时的反应。同情心是人类与生俱来的：小孩子会对其他孩子的痛苦表现出同情，并且在向成人寻求帮助或安慰的需求方面也很敏感。催产素和抗利尿激素与关爱模式密切相关，例如，当听到求救信号或正在哺乳时，它们就会在体内释放。母性的关爱模式会让我们不假思索地做出温柔的、欢迎的手势，并且让我们的话语变得更慢、更低沉、更有节奏。一次成功的援救会使施救者（比如母亲）和被救者（儿童）都有一种满足感；其他有益的化学物质（内啡肽）也会在双方的大脑中被释放。[11]当关爱模式演变成强迫行为或过度行为时，父母或照顾者就可能会出现“同情疲劳”或“倦怠”。他们还可能因过度保护和过早地援救被关爱者而阻碍他们的发展，例如，孩子被剥夺了学习如何“自立”或形成自我安慰策略的宝贵机会。和其他情感模式一样，平衡和适度才是关键。

焦虑模式

最后，还要列出一种我们应该注意的模式——焦虑模式。这不同于恐惧模式。在恐惧模式下，威胁和潜在的补救措施是显而易见的。你可能会花一两分钟来检查你对形势的解读，但逃避或躲避的倾向已经被激活了。在焦虑模式下——就是我在这里使用的这个术语——你不确定哪一种情绪模式是合适的。这是哄骗还是协商？我是应该逃避（恐惧）还是应该留下来对抗（愤怒）？损失真的是无法挽回的（悲伤），还是在我得出结论（探究）之前先要进行调查？我要责备他人（愤怒）还是进行自我检讨（羞愧）？从这些方面来说，焦虑——就像所有其他更加需要集中注意力的模式一样——通常是适当而明智的。正如美国商业大师汤姆·彼得斯曾经向一群在高度复杂的环境中工作的高级管理人员指出的那样："如果你没有感到困惑，就说明你没有集中注意力。"[12]

实际上，就像一群猎犬四处寻找气味一样，我们经常在几种模式中循环往复，直到找到一种最有希望的模式，在此基础上尝试追求或重建我们的核心幸福感。典型的例子是，要接受丧亲之痛，需要在否认、愤怒、羞耻和悲伤之间循环往复，如果一切顺利，最后人们将接受事实，并在新环境下重拾对生活的兴趣（探索的欲望）。[13]

请注意，我还没有谈到意识。所有这些模式都可以在生理和行为层面完美运作，而不需要任何有意识的监督，甚至不需要知觉。有时人们认为情绪是"对我们有用的"，它能让我们读懂自己的内在状态，从而更好地调节它，就像一名飞行员监测面前的一排仪表盘上的数字，并理性地决定需要调整哪些参数。然而，大多数时候，产生这些“数字”的电子信号完全可以被反馈到自动控制系统中，自动控制系统无须人类飞行员的干预就能计算出必要的调整幅度，而我们的躯体自动驾驶仪也能做到这一点。

其中一些模式下的身体过程已经得到了很好的研究。似乎不同的模式并不是依赖完全独立的化学和神经回路，所以我们不应该期望在身体—大脑中找到一个有明确定义的“愤怒中心”或“悲伤网络”。这就是为什么我称它们为“模式”，而不是“系统”或“网络”。情绪是一组进化发展的过程的集合，复杂的身体—大脑—心智的相互作用倾向于（在面对不同类型的事件时）形成这些集合。每一种模式都至少在一定程度上依赖于一套共同的资源，但在情绪激动时，它们又会被联系在一起，形成一个颇具特色的身体状态和活动的集合。

这种动态的相互作用产生了两个结果：对“外部世界”的看法和对内部状态的总结——“我现在感觉怎么样？”这两种“观点”是共同产生的。我对世界的看法塑造了我的感觉，而我的感觉又影响了我对世界的看法。因此，这两者在语言上是统一的。并不是我易怒，而是你真烦人。不是我感到恶心，而是这个汉堡真的让人恶心。情绪就这样被投射到我们周围的事物上。相反，我们所感受到的情绪会受到我们对周围环境的心理诠释的强烈影响。那些因为走过一座摇摇欲坠的桥而变得焦虑不安的人，更容易被拦住他们进行采访的年轻貌美的研究人员所吸引。他们感受到的兴奋并不是与桥相关的焦虑，而是与他们遇到的人相关的欲望。（如果他们不是刚从桥上走过，就不会觉得同样的采访者如此有吸引力。[14]）

早期的研究试图将大脑的不同部分与特定的情绪联系起来，然而在科学的审视下，这些尝试是站不住脚的。例如，杏仁核通常被认为是恐惧的神经中枢，然而，现在更准确的说法是，当身体—大脑在判断它目前面临的困境和所遇到的困难时，杏仁核区域就会被激活。与恐惧本身相比，杏仁核与我们高水平的焦虑模式关系更大。同样，岛叶曾被认为与厌恶高度相关，但是（正如我们在前一章所看到的那样）它实际上在整合内部和外部世界的观点方面具有更普遍的作用。这显然与决定“厌恶模式”是否需要参与有关，但也与从所有模式中决定最合适的模式这一更广泛的过程有关。尽管眶额皮质与控制愤怒有关，但更准确的说法是，它在面对意外、失望或挫折时的行为重组中发挥着更广泛的作用。早期的观点认为前扣带回皮质在悲伤中起着特殊的作用，而现在这一观点已经被如下观点所取代：前扣带回皮质在决定是否对外部事件做出反应以及如何反应方面起着更普遍的作用。在面对损失时，决定退出，不再对不断变化的事件做出迅速反应，转而专注于调整和重组的内部过程，这只是这种功能的一个例子罢了。[15]

情感的复杂化

这些基本的情感模式构成了一套基本的情感色彩。在这些情感色彩中，不同的文化、不同的家庭和不同的个人将他们定制化的情感色彩组合在一起。基本的情感色彩会以多种方式叠加和混合，而公认的情感色彩的混合和呈现方式会随着时间的变化而改变。例如，在日本，在亲戚或同事之间，愤怒被认为是极不合适的，只有在不同社会群体之间产生冲突时愤怒才被视作合理的（就像封建时代的武士战争）。相比之下，在其他很多文化中，如美国、英国和许多地中海国家，在相互了解并喜欢的人群中表现出愤怒和自信是很常见的。在位于太平洋的伊法鲁克文化中，人们对幸福的解析与西方大相径庭。他们认为因满足而表现出低调的微笑即代表幸福，而任何兴高采烈的表现都被认为是傲慢的，因此是可耻和违反社交礼仪的，你会因此而被斥责。在西方的“大男子气概”文化中，诸如在军队中，甚至在许多学校里，恐惧常常被认为是软弱的象征；在这方面，男女之间的差异也没有以前那么明显了。在过去，沉默寡言和矜持常常被认为是女孩子和年轻女子应有的“风度”，现在这种观点已经不那么强烈了。[16]

和真实的颜色一样，主要的情绪被混合成各种不同的心理和情感。尴尬是羞耻或内疚的温和表现。嫉妒是一种夹杂着些许轻蔑的羡慕，或者是痛苦和恐惧的混合情绪，是由预期的损失和攻击性威胁而引起的，旨在防止损失发生（尽管经常产生相反的效果）。同样，生闷气既是一种逃避伤害和舔舐伤口的行为，也是一种惩罚冒犯者的（被动的）挑衅性尝试（通过回避情感或不予回应），这样冒犯者就不会再这样做了（无论他们做了什么）。轻蔑或蔑视是一种混合了愤怒和厌恶的社会情绪：一个人会对他人社会行为中的弱点或不当之处感到厌恶，并对他们的无知感到恼怒。愤慨是一种恐吓的形式，目的是通过说理和夸夸其谈，迫使某人承认他对你（或你关心的另一个人、或你的信仰）的评价是不合理的。怀旧是一种温和的悲伤形式，它关注的是已经失去了的“美好的旧时光”。钦佩是一种渴望拥有被钦佩者的某些性格特征——美丽、机智、善良——的体验。这样的情绪和情感不胜枚举。我们可能会注意到，虽然这些混合的情绪通常被认为是相当“有教养”的——这些有教养的人的特征——但仍然可以追溯到它们在身体和大脑中的根源。安东尼奥·达马西奥和他的同事已经证明，钦佩以及同情的感觉激活了与内部环境（肠道功能、心率等）

调节相关的大脑—身体回路。虽然我们的情感生活变得更加微妙和复杂了，但它们仍然扎根于身体的实际运作中。[17]

家庭对不同情感模式的形成起着促进或阻碍作用，从而影响着每个孩子在未来生活中的情感色彩。例如，我的母亲就一直生活在恐慌的边缘。在二战期间的伦敦大轰炸中，她要照顾好一个小男孩和一只半野性的艾尔谷梗犬，她觉得自己几乎应付不过来。我们生活在恐惧中，生怕她陷入精神崩溃的边缘，歇斯底里的崩溃通常需要几天才能过去。妈妈已经尽了最大努力，无论在什么情况下，我们要做的就是不去质疑或反对她，以免引发她潜在的不安全感。这意味着我的任何主张或异议都是被禁止的，我要做的是成为一个“阳光”的吉姆，像我母亲所说的那样“融洽而轻松”。至今，我仍然处于这种情况的恢复期，我发现自己很难做到既自信又不咄咄逼人，尤其是在对我最重要的人面前。

另外，孩子可以通过观察成年人的情况来调整自己的情绪。情绪反应是有感染力的。当我开始研究狗碗里的食物时，如果妈妈做了一个厌恶的表情，我就学会了把自己的厌恶与类似的景象和气味联系在一起。成年人之间也是如此。如果餐桌上的其他人认为我说的一句不得体的话没什么大不了的，我可以一笑置之；但如果我得到的是尴尬的沉默、冰冷的目光或急促的呼吸，我的“学习经历”就会大不相同了。[18]

通过这些学习经历，我们的情绪会变得扭曲、复杂和纠结。我们可能会学会害怕我们珍视的东西，如成功或亲密。我可能已经学会了把我对成功率真的喜悦当作对他人的不尊重和羞辱（如果我是在伊法鲁克文化下长大的）。我可能已经学会了从坦率的谈话中听到想象中的轻蔑，从而突然爆发出——对他们来说这是无法解释的——敌意，这会令他们感到很惊讶。我可能从一些其他人觉得恶心的活动（比如恋物癖）中获得快乐和兴奋感。愤怒本身不会变成“不好的”或“错误的”，但它可能会被不熟练地运用。正如亚里士多德所说：“任何人都会生气，这没什么难的，但生气要选择合适的对象、合适的时间、合适的目的，采取合适的方式。这不是每个人都能做到的，这不容易。”[19]

情绪控制与抑制

除了受到哪些情绪可以接受、哪些情绪不可以接受的非正式教导外，孩子们还被教育要调节情绪表达的强度和时长。有时他们会被直接告知“现在已经够了”或“没那么糟糕”。更严厉的情况是，他们可能会被告知“大男孩不会哭”，或者“忍受它”和“克服它”。著名的“棉花糖测试”——如果你能在 10 分钟内忍住不吃这块糖，那么你就能得到额外一块糖的奖励——表明这些情绪自我调节策略是多么有用。种种测试结果表明，那些在孩童时期能够抑制欲望系统的人在成年后表现得更好。[20]然而，我们也会看到情绪控制能力所产生的消极后果，尤其是当策略已经固化成不再合适或不再有用的无意识习惯时。曾经短暂的情绪逃避会变成一种长期的禁锢。

有多种方式可以调节不同情绪模式的活动。你可以转移注意力，例如，蒙住眼睛，在头脑中唱歌，或者试着让自己对读书或玩玩具感兴趣。但是，许多情绪自我管理的技巧直接涉及身体。毕竟，情绪（emotion①）与运动（motion）有着密切的联系。情绪的作用是让我们为行动做好准备；而情绪本身往往包含了明显的身体运动。因此，除

① emotion可以拆分为e-motion，其中的motion有运动的意思。——译者注

了能够分散注意力，或者通过认知控制直接抑制知觉外，我们还可以通过强行控制所涉身体部位来减少情绪性振动。可以通过绷紧腹部的肌肉，以防止紧张导致的身体颤抖。如果呼吸因悲伤而颤动，那么可以收紧躯干上的其他肌肉，以使呼吸变浅并得到控制。当人们感到内疚或试图说谎时，他们的皮肤电传导率会提高，而整个身体的运动速度会减慢。例如，目光和面部表情往往会变得呆滞和茫然。[21]

但是，通过使身体紧张来控制情绪是一件好坏参半的事情。如果是短期的、有策略的、符合实际情况的事情，那么控制情绪冲动和情绪表现的能力就会对我们有益。社交礼仪和风俗习惯通常更需要这种能力。但是，当对注意力或身体动作的抑制成为习惯时，代价就会与日俱增。首先，抑制需要消耗大量的能量。总是表现得紧张或虚假会让人感到疲惫，并且产生很大压力。这种能量的消耗也会对身体其他方面的机能产生连锁反应。免疫系统会变得不那么有效，导致我们抵抗病毒的能力下降。横膈膜和腹部的肌肉长期紧张，可能会损害消化系统的健康运作，各种胃肠疾病也会随之发生。心理—神经免疫学领域现已发展成熟，因而认为心身障碍是某种“谣言”的观点不再可信。很多疾病确实都与情绪压抑有关，包括哮喘、心脏病、溃疡性结肠炎以及各种各样的疼痛，比如背部疼痛和紧张性头痛，这不足为奇。[22]（更多相关信息参见第十章。）

抑制表达——导致紧张或木讷的举止——通常会产生社会后果。当我们很少暴露自己，并表现出刻板的形象时，通常会使自己变得难以被他人理解，这会影响友谊和亲密关系。我们知道，在正式场合中，我们的肢体语言会变得拘谨；但当我们变得“拘谨”，这种状态就会一直伴随着我们的日常生活。[23]英国陆军军官步入战场时会表现出著名的“紧绷上唇”的表情，能够达到掩饰其身体因强烈恐惧而颤抖的效果；但是，如果他从战场回到家人身边时，依然紧绷嘴唇，就会让人很难爱上他（看看科林·费尔斯在电影《铁路劳工》中对一位老兵的感人刻画就可以理解了）。我们在心理治疗中发现许多安静、温和的人，在僵硬的微笑和低沉、从容的声音背后，隐藏着一种未被感受到、未被表达的愤怒或怨恨情绪。在一项有说服力的研究中，玛蒂娜·阿尔迪齐和她的同事得出结论：在饱受战争蹂躏的塞拉利昂，情绪压抑对经历过创伤性冲突的人具有长期影响。具体来说，他们研究了一群所谓的“街头男孩”，这些青少年在冲突中失去了家庭，在野蛮的帮派中挣扎求生。当研究人员给这些男孩看一些表现不同情绪面孔的照片时，他们的面部表情较少——他们已经学会了抑制自己对他人情绪的反应——而且研究人员发现，跟对照组相比，这些“街头男孩”的面部表情更难被解读。[24]

之前的研究已经表明，人们的同理心，尤其是正确解读他人面部表情的能力，取决于他们在一个非常微妙的层面上对他人表情的模仿能力。如果你记录下人们在看富于情绪的面部照片时面部肌肉的活动情况，会发现那些自己的肌肉与他们所看到的情绪产生轻微共鸣的人能更好地识别出情绪。如果你已经学会了面无表情，那么不管你所处的环境压力有多大，你都能抑制那种共鸣，因此你与周围人的状态就不那么协调了。习惯性抑制者的伴侣在与他人的谈话中很难感受到融洽的氛围。

在注射了肉毒杆菌以抚平皱纹或使嘴唇更丰满的人身上，也出现了这种情况。肉毒杆菌会使你的面部僵硬，干扰你自身的肌肉功能，从而降低你产生这种交感神经共鸣的能力。肉毒杆菌会扰乱从面部到大脑和身体其他部位的情绪回路的信号。另一组人使用了不影响肌肉的皮肤填充物——透明质酸。与使用透明质酸的人相比，注射肉毒杆菌的人不太能说出照片中的人的感受。[25]你不必为了体验这种同感能力的丧失而去注射肉毒杆菌。如果你被要求用嘴唇叼铅笔，你就得噘起嘴巴完成这个动作。在做这个动作时，你几乎不可能微笑。相反，如果你被要求只准用牙齿叼铅笔，大多数人会扯开嘴角，看起来像是在微笑，这样就不太可能噘嘴或看起来很悲伤。波拉·尼丹瑟表示，这两种操控手段选择性地影响了人们识别悲伤或快乐表情的能力。如果你的嘴是噘着的，你就会更善于识别悲伤的面孔，而不善于识别快乐的面孔；如果你被强制微笑，你识别面部表情的情况则正好相反。[26]

情绪抑制的第三个潜在代价涉及我们通常认为是“智能”的心理功能：思考、记忆和解决问题。如果像上述方式那样控制我们的注意力和肌肉，会消耗身体的能量，那么我们可能会想，这是否也会妨碍其他同样需要补充能量的过程。事实上的确如此。如果你在观看一部令人沮丧的电影时被要求压抑所有的情绪反应，你对在观看电影时所获信息的记忆就会变差，如果电影中有一场争论，你就不能很好地回忆起这场争论的细节。而且，看完电影后，你在字谜游戏方面的表现也会更差。一般来说，那些习惯性压抑自己情绪的人在日常生活中也表现出了更多的记忆问题。如果你过多地想要控制自己的情绪行为，你的记忆力就会变差。[27]

你有没有想过，为什么在辛苦劳作一天后，你会被巧克力所吸引——为什么它如此难以抗拒？罗伊·鲍迈斯特和他的同事已经证明，血糖水平与控制情感、思想和行动的能力之间有直接联系。要使前额叶皮质持续释放所有的抑制激活，需要大量的能量，所以如果你不摄入更多的糖，或者想办法将储存的葡萄糖释放到血液中，你就会耗尽能量。如果你所做的事情需要你集中注意力、在头脑中思考许多不同的要素，或者抵制强大的诱惑，那么这些事情将会受到影响。事实证明，患有低血糖症的人在自我控制方面有更多的问题。与一般人相比，少年犯和监狱中的成年犯人更可能是低血糖症患者。当普通人的意志力将要耗尽时，喝几大口含糖饮料可以改善他们的表现。最近的一项研究表明，人们实际上不必摄入糖，只要用含糖的柠檬水漱口就可以了。注意力不集中可能不仅反映了能量的普遍消耗，而且反映了大脑对不同任务的资源重新分配。仅是嘴里有糖的味道就足以让资源分配过程切换回手头的任务上。不管怎样，身体的变化必然会引起心智活动的快速变化。[28]

哭泣：一个恰当的例子

很难理解人为什么哭泣。与人类一样，许多其他动物也有润滑眼睛的泪腺。眼泪能洗去灰尘，使眼睛周围脆弱的皮肤免受伤害、感染，除非过度，否则润滑会使视觉更清晰。但是，据我们所知，没有任何动物会因莫扎特的《咏叹调》或目睹陌生人之间意料之外的善意而感动落泪。被这些事情触动和感动的能力，是一种更高尚的能力——有些人甚至会说这是精神上的能力；然而，它们并未表现为对智能的理解，而是表现为从眼窝里流出的淡盐水。我们还需要哪些更进一步的证据，来证明我们最高级的情感与身体的运作密切相关呢？

也许首先需要注意的是，情绪化的眼泪伴随着的几种情绪模式并不只与痛苦或悲伤有关。当婴儿大声哭喊时，眼泪会顺着他的脸颊流下；然而，眼泪可能只是这种哭喊所需要的巨大内部压力的机械性副产品。（眼睛周围的肌肉会收缩，以保护眼睛免受这种压力的伤害，从而挤出眼泪。如果泪腺是空的，哭喊就会是无泪的。）作为成年人，我们可以痛苦地咆哮而不哭泣，所以，我们可以把哭泣和大声吼叫区分开来。（当小孩子学会辨认他们的看护者时，如果有人在他们的视野里出现，他们的哭声可能会变得更小。）悲伤可能伴随着泪如雨下，但也可能是无言的伤痛。我们可能会因沮丧、愤怒、喜悦、宽慰和同情而哭泣，也会因悲伤、痛苦和不幸而哭泣。[29]

哭泣好像是情感泛滥的对应词语，是无法控制紧张的表现。我们知道，在哭泣的形成过程中，交感神经系统的活动越来越强烈；但是副交感神经的抑制性作用也可能被“启动了”，试图抑制我们在公共场合表现出软弱的、没有男子气概的或只是不恰当的情绪。随着想哭的冲动越来越强烈，我们常常会感到自己在竭力抑制：呼吸变得急促而颤抖，喉咙发紧（所以我们觉得“哽咽”），嘴唇努力紧闭不发抖，不停地吞咽，仿佛真的要把这种情绪吞回去。如果这种情绪确实太强烈，抑制不住，我们就会情绪崩溃。而且出于某种原因，这种强烈情绪的释放会激活泪腺并导致泪如雨下。（眼窝的泪腺可以由脑干的泪腺核直接激活，也可以由更高级的中心激活，比如我们的老朋友岛叶和前扣带回皮质。）人们已经发现，情绪化的眼泪中含有应激激素，比如促肾上腺皮质激素，因此，哭泣可能不仅是一种身体上的对紧张情绪的释放，也是一种在形成过程中快速释放过量应激激素的方式。[30]（正常情况下，眼泪是通过内部通道流入鼻腔和口腔的，但是，就像倾盆大雨中的排水系统一样，这个系统的排水速度可能不够快，无法阻止眼泪溢出。）

当人们当众流眼泪时，眼泪会成为一种社会信号。除非我们愤世嫉俗，否则看到别人哭泣时我们会心软。当与我们争吵的人开始哭泣时，我们很难继续苛刻或坚持正义。就像眼泪对母亲所起的作用一样，它也可以使我们从愤怒模式转变为关爱模式。最近的一项研究表明，闻一闻女人的眼泪，即使不认识她，甚至看不见她，也会导致男性志愿者体内睾丸激素的下降和催产素的增加。[31]

情绪和认知

人们通常所说的“高级心理过程”实际上是建立在大量的情感和本能活动之上的。这不是令人讨厌的事或一种设计错误，它是我们作为智能生物进化的深层的本质部分。概括地说：在我们身体的核心，流动着身体的关切、能力和活动。通过一系列不同的途径，有关这些活动的信息向上循环进入大脑，与当前环境中看起来可行的行动机会和功能可供性建立联系。在这一过程中，关于哪种广义的情感模式最合适当下的决定就这样浮现出来。我们决定要么休息，要么逃跑，要么恐吓，要么加入救援队伍。在这种模式下，思想、行动和知觉的细节会显现出来。记忆被检索，计划被制订，词语被选择，注意力被指向一个方向而不是另一个方向……最后，我们的首选行动被执行，我们等待看它是否会产生预期的效果。所有我们的反应细节都发生在我们的身体—大脑所选择的广阔的情感或动机框架内，心理学家通常称这种最后的严谨的细节为认知。但真正称得上智能的是整个过程，而不仅仅是最后的点睛之笔。

所以，当人们发现情绪对认知产生的巨大影响时，也就不觉得惊讶了。纽约大学教授乔纳森·海特把这种关系比作大象和驯象人，即象和人之间的关系。如果他们之间有良好的工作关系，感知力强的驯象人可以推动和引导情绪化的大象向对双方都有利的方向前进。如果他们意见不一致，那么驯象人精心设计的计划可能会被大象的固执和力量所推翻。即使在最好的情况下，他们共同的发展潜能也总是取决于大象的心情。驯象人自己什么也完成不了。[32] 如果更直白一些，我们可以把大象和驯象人理解成我们之前所说的系统一和系统二。无论你喜欢哪一种，请记住，实际上并没有两个不同的系统在争夺控制权。只有一个相互交织的身体—大脑系统将瞬间的需求、行为和见闻转化为“下一步最好做什么”。有时，如果事关重大，它还会启动抑制过程来延缓事情的进展，抑制冲动，并探索更广泛的选择。

与笛卡儿模型相反，情绪对认知的影响往往是有益的。例如，我们的情绪会显著影响我们的记忆。在某种程度上，情绪上的唤醒和生理上的唤醒会增强记忆。大脑中的激素感受器对去甲肾上腺素和胰岛素的浓度很敏感，它会影响海马体中记忆连接的性质和强度。像莫达非尼和尼古丁等疗效显著的“认知增强”药物，对提高注意力和记忆力有明显的效果。那些对自己瞬间的本能状态更敏感的人比那些不敏感的人能更好地回忆起情绪化的文字和画面。然而，“压力激素”皮质醇会干扰人们对事实和事件的记忆。出于某种原因，高脂肪食物似乎会选择性地损害空间记忆。

更有趣的是，澳大利亚新南威尔士大学的约瑟夫·福加斯的一系列研究表明，情绪会以惊人的方式影响人们的记忆、学习和思考能力。总的来说，如果你需要学习或记忆的东西以某种方式与你当前的情绪模式相匹配，你就会处理得更好。你会花更长的时间关注它，将它与你记忆中已经存在的更丰富的信息和理解联系起来，并以更容易检索的形式存储它。在一项仿自然情境的研究中，约瑟夫·福加斯发现，人们在阳光明媚的日子外出购物时，对周围发生的事情的注意和记忆要比在阴雨天时少，关键的变量是天气是否让他们心情不好。“心情不好”有时确实对认知有益。

所以，如果你想了解你的世界里可能存在的危险，那么就在你感到焦虑的时候去探索吧。如果你想让自己采取果断的行动，那么首先要激起一些让你烦躁不安的记忆。当人们易怒或悲伤的时候，会对所学的东西更挑剔、更注意细节，这两者可能都是有用和适当的。如果你想让你的学生以更具创造性和更全面的方式参与到他们正在学习的内容中去，那么可以给他们看一段弗尔蒂旅馆的视频作为热身，让他们有个好心情。

这些依赖情绪的认知转换可能在目击者证词的有效性等方面非常重要。快乐的人不仅不太注意细节，而且容易把事后暗示给他们的、具有误导性的信息纳入他们对事件的真实记忆中。基本上，当我们高兴的时候，我们会更倾向于注意和回忆我们认为合理的事情，而不是实际发生的事情：知觉和记忆都受到我们自身先前的知识、观点和期望的强烈影响。令人担忧的是，当人们高兴时往往更可能持有种族成见。

所以，如果你改变自己的情绪，就会从同一个讲座中学到不同的东西。想象一下，你在学校学习一系列关于大屠杀的课程，会从悲伤、愤怒和耻辱的角度出发。所有这些情绪滤镜都会突出信息的不同方面，把注意力指向不同的方向，引发不同的情绪反应，并且总的来说，会形成一套丰富而互补的心理表征。[33]

如果你心情不好，你可以批评这些研究中的人为因素。研究人员经常让人们坐在心理实验室里，在完全脱离环境的情况下，只是给他们看几张被设计成能够让他们感到轻度悲伤、愤怒或高兴的图片，以此来激发他们的不同情绪。在现实世界中，一个人的情绪波动与真实的关切和经历有关。如果情境更现实，人们会不会表现出情绪和认知之间不同的关系？加拿大研究人员伊莎贝尔·布兰切特和塞尔日·卡帕罗斯测试的不是记忆，而是推理，测试的环境要么对参与者具有真正的意义，要么是中性的。例如，他们要求经历过2005年伦敦恐怖爆炸事件的退伍军人以及童年时期遭受过性虐待的幸存者，对与他们自身经历相关或无关的信息进行推理。虽然人们常常认为情绪会影响推理能力（例如，人们会对一份陈述的感觉而不是对其逻辑有效性做出回应），但在这些情况下，人们对自己曾经经历的事件的推理要比对中性事件的推理更准确——即使在“结论”难以让人接受的情况下也是如此。[34]

这些研究人员提出了一种有趣的解释：推理是一项艰苦的工作，只有当你足够关心这个主题时，你才有足够的动力去努力把它做好。当你的情绪被卷入其中时，你才会有足够的心情好好思考。在这里，我们再次看到，智能不能被固定在一种或另一种思维方式上，它存在于平衡和适当之中。当然，我们有时会摇摆不定，并把我们希望正确的东西与逻辑上有效的东西混为一谈。但同样地，我们有时仅仅是因为对问题没有足够的投入，而犯一些逻辑错误。情感上的投入会决定我们的最后行动。

*****

表明情绪和智能之间关系的最后一个例子来自安东尼奥·达马西奥和他的同事所做的一系列著名的研究，这些研究着眼于决策是如何随着经验的积累而改进的。在所谓的艾奥瓦博弈任务中，人们坐在四副正面朝下的纸牌前。他们被告知，每张纸牌上都标有一笔钱，或正或负。他们被给予一笔初始的赌注，而输赢取决于他们选择的纸牌。他们可以从四副牌中的任意一副中挑出最上面的牌，然后把它翻过来，看看他们这一轮是赢了还是输了。一开始，他们没有任何头绪，但随着时间的推移，他们越来越了解四副牌的排列方式。他们不知道的是，这些牌都是经过精心设计的。它们中的两副最初让他们赢了很多钱，但是赢到的这些钱逐渐被更大或更频繁的输钱所抵销。其他两副牌赢的钱较少，但从长远来看，输的钱也较少，所以玩家逐渐意识到，这两副牌才是更好的选择。当受试者玩牌的时候，研究人员对他们的选择进行了各种各样的测试。他们被问及是否知道自己为什么做出这样的选择，是否有什么直觉。研究人员还检查了受试者在做出选择时的皮肤电导反应，正如我们看到的那样，这是一种微妙但可靠的唤醒增强的信号。在大约 100 轮的游戏过程中，每一项指标的进展都被用图表记录了下来。

通常的结果是，大约 10 轮后，人们开始喜欢能让自己赢的牌，同时，他们的皮肤电导测量显示，他们开始在并没出现特别好的牌时产生生理反应，他们的手停留在那副牌上方时，你会看到一个唤醒标志，表明他们产生了消极的生理反应。然而在这个阶段，玩家无法告诉你他们为什么要做出这样的选择。慢慢地，他们开始报告自己对于这四副牌的感受或直觉，这实际上相当准确，但他们对这些感受和直觉的信心不足。慢慢地，他们的选择就固定在了那些好牌上，直到他们已经取得了好成绩，才开始能够解释为什么他们要做出这样的选择。所以，在身体开始对这四副牌做出不同反应的同时，受试者的行为开始得以改善，直到后来，他们才会有意识地理解发生了什么。他们的身体——皮肤反应和实际的身体选择——比他们的大脑学习得更快。

达马西奥是一位资深的神经学家，他发现前额叶皮质某一部分（前额皮质）受损的人在这种情况下表现不同。与普通人一样，他们最终能够准确地解释四副牌的不同组成，但是这些知识从来没有与他们实际的选择联系起来。他们做出的错误选择和正确选择一样多。而且，非常重要的是，达马西奥发现，他们从未形成那些引导从未输钱的玩家做出选择的身体信号。为了解释这一点，达马西奥运用了躯体标记理论。正常人的大脑会用他们所产生的本能感受来标记这些玩牌的经历，这些感受在新环境中会被重新激活，有助于影响他们的行为。身体的活动有助于引导和约束我们的“心智”产生更有意识的思维活动。那些本能的记忆痕迹就像必不可少的黏合剂，把我们的实际行为——我们做出的选择——与我们有意识的思考和理解联系在一起。

如果由于大脑损伤，使这种标记不起作用，你做选择时就会更加迷茫。如果大脑中没有躯体标记参与决策过程，人的能力和理解力就会分崩离析。如果没有感觉和直觉，抽象的智能就会与我们身体的最深处失去联系，而那里正是我们的关切、需求和价值观所在。我们可以变得“聪明—愚蠢”，能够解释、推理和理解，却无法将这些与日常生活的需求和压力联系起来。情绪绝不是对智能行为的不受欢迎的干扰，而是连接我们的机敏和具身核心价值观的桥梁。

后续的研究表明，在艾奥瓦博弈任务中表现欠佳的，不仅是那些有明显脑损伤的人，还有那些躯体标记较弱，或对自身内部状态相对不敏感的人。只有那些表现出皮肤电导升高的人才能很好地完成任务。你的本能反应越弱，你就需要越长的时间来了解正在发生的事情。[35]有趣的是，自我知觉也起作用。如果你的皮肤和心脏对不好的那副牌的反应很敏锐，但你不太能知觉到这些反应，那么你的表现也会很差。[36]

但是，我们需要保持平衡。亚里士多德是对的，我们的情绪往往由不准确的信念所触发，或被习得的压抑或逃避的习惯所禁锢。情绪表现可能是社交上的无能，或可能造成破坏，人们确实会把事情搞得很夸张，让自己对那些在外人看来无关紧要的事情感到很兴奋。当然，人们的推理通常不像他们声称的那样是不带偏见的或无私心的。我们经常困惑或犯错。我们总是需要通过判断决定某事是该接近还是该避开一件事物，而即便你的身体—大脑可以有效地利用所获得的信息和档案（包括它的躯体标记），也可能让你逃离无害的东西（如那些只想爱你的人）、接近危险的东西（如你叔叔的比特斗牛梗犬）。有时，我们亲身经历的教训对现在的指导并不可靠；有时，我们必须慢慢地、费力地学习重新设置我们的好战或恐惧情绪的触发因素。

但是，情绪本身是我们智能的一个组成部分。它们会变得反常或不可靠，这一事实受其文化特征的影响，而不在于情绪本身。情感系统及其背后的所有身体活动都是智能的，都是我们体贴的盟友，它们并不总是试图扰乱局面，造成无政府主义的混乱状态，而是始终同心协力，帮助我们井然有序地生活。达马西奥的研究表明，没有它们，我们就不可能变得聪明。

第六章

具身心智

心智，名词，大脑分泌的一种神秘物质。它的主要活动在于努力确定其自身的性质，但这种努力是徒劳的，因为除了自身，它没有别的东西可以用来认识自己。

——安布罗斯·比尔斯

在前一章的结尾，我们已经开始研究身体影响智力表现的方式——尤其是我们如何利用经验教训来指导新的选择和决定的方式。在本章，我们将更深入地研究这些影响。我将阐述，我们传统上所认为的真正的人类智能标志也完全依赖身体事件和过程。

传统上，人类智能与具有以下部分或全部特征的活动密切相关。第一，它们是被清晰表达出来的。也就是说，它们涉及语言和/或诸如数学或科学符号等其他种类符号的使用。第二，它们是抽象的。它们涉及那些与具体体验不那么明显相关的概念。第三，它们是理性的。它们涉及推理或分析的过程，其有效性可以被其他人检查。第四，它们是有意识的、经过深思熟虑的。也就是说，它们似乎是在内部思考者或批评家的控制之下、在光线充足的意识工作室里发生的。第五，它们可能是需要通过努力，而不是顺利而自动地发生的。

关键的问题在于我们能在多大程度上把这些智能归因于身体的运作。笛卡儿的回答是：绝不能。具身科学提出了两种替代笛卡儿观点的选择：激进的观点和温和的观点。激进的观点否认“心智”（在“智能器官”的意义上）是身体之外的任何事物。如果我们对身体有足够的了解，那么就不再需要离身的心理过程的体系和语言。（哲学家称这种观点为排除性物质主义。）更温和的观点——我将在这里采用的观点——同意笛卡儿的说法，即意识层面的“心智”是很神秘的，但不管它是怎样产生的，它总是伴随着一种身体状态——智能活动的真正主力。意识不是智能过程发生的“地方”，它是一种对身体—大脑中完全可以解释的物质过程的奇特释放。

温和的观点非常乐于保留心智语言，将它作为一种方便快捷的方式，来谈论复杂的人类过程和经历。打个比方，如果真的想要尝试，你可以用亚原子物理学的语言来阐释生物学的知识。但是，如果只允许你使用“夸克”、“轻粒子”和“弱核力”这样的术语，就难以谈论植物学、动物学甚至遗传学中最有趣的部分。温和的观点认为，这同样适用于谈论身体和心智。我们人类的有趣之处在于，在某些方面可以用身体语言进行很好地表达，而在其他方面则可以通过心智语言进行更优雅的表达。当我们谈论人与自身、人与人之间的复杂关系以及谈论这些关系所产生的所谓的“衍生性质”时，心智语言格外有用。当我们试图找到方法来谈论这些有趣的方面时，我们可以愉快地——而且相当合理地——在两种语言之间游刃有余地进行转换，而不必强迫自己相信真的有两种截然不同的语言存在。让我们看看这个观点是如何帮助我们回答一些关键问题的。

身体—大脑的信息提炼功能 [1]

我们之前看到，身体—大脑是一个强迫性的预测器。它被设计为利用自己的经验来调整自己的行为，因此，如果发生了类似于以前发生过的情况，系统就会预判出将产生类似的结果。实际上，这个系统会问："如果 X 是我当前的需求之一，而 Y 是当前的世界状态，那么我做了 Z，Z 会起作用吗？"这对于减少我的饥饿感、让我冷静下来或者让我的手稿被接受有什么有益的影响吗？如果有，我的身体—大脑会调整相关突触的强度，以便下次在 X 和 Y 同时出现时，我更有可能做 Z。如果没有，它会修补连接点和回路，这样下次我就会尝试不同的方法。如果某些抗体能有效地击败某种病毒，我就会制造出更多的这种抗体，以便下次病毒出现时我会更有准备。如果我对你微笑时你也对我微笑，并温柔地抱着我，那么下次我还会对你微笑。

为了做到这一点，身体—大脑系统必须进行概括或抽象。想象一下，很多人都努力地在透明的纸上画圆圈，这些圆圈都会是不同的，但是如果把它们叠在一起，仔细看，重叠的部分会相互加强并突出，而随机的变化则会消失在灰色的背景中。这就是身体—大脑的神经和化学物质一直在做的事情。所以"猫咪蒂米在这里"是（对邻居家的猫）一个简单的概述，而很多"猫咪蒂米在这里"的印象将会融合成一个更通用的表征"猫咪蒂米"的回路。猫咪蒂米不是一个东西，它是一个可被预测的抽象概念。"猫"这一概念是被从一大堆猫咪如蒂米和蒂德尔中提炼出来的，而"动物"这一概念则是被从许多猫、狗、马、老虎等中提炼出来的，我在现实生活中见过它们，或者在书中和屏幕上见过它们的图片。如果我只在花园里见过蒂米，经过提炼的回路就对应着“花园里的蒂米”，如果它出现在幼儿园，我就很难认出它来了。如果我从我妈妈那里学到了对猫的恐惧，每次蒂米来的时候，我的记忆模式就是“蒂米＋害怕”。用达马西奥的话来说，“害怕”就是我对蒂米的“躯体标记”。这里很重要的一点是，即使“蒂米”是具体的、毛茸茸的东西，它也是经验的抽象概念。在“具体的事物”和“抽象的概念”之间没有突兀的空隙。

一些正在形成的回路表征了处理反复出现的情况时的通用脚本或场景，比如“起床去工作”的脚本，或者“在餐馆里该怎么做以及会发生什么事”的场景。在分布广泛的大脑区域内，脚本和场景把运动习惯、知觉预测、价值感或实用感联系在了一起，所以，当回路中的一部分被触发（例如，注意到一个吸引眼球的餐厅）时，一整套适当的反应就已经准备就绪了。你希望得到一份菜单；食物要在一定时间内准备好；服务员对你态度友好，但你不希望今晚他不请自来地去你的住处；用餐结束时结账，等等。（当然，这些期望都有可能被违背，但总的来说，这个脚本有助于生活的顺利进行。）餐厅场景与“去朋友家聚餐”的场景重叠，并利用了许多相同的技能和子程序，但这个“程序包”却不同。（如果你把菜退回去，或者在你离开时执意要给女主人小费，那就麻烦了。我有一个朋友，有一次在同事家吃完晚饭后，被要求在评论簿上写点东西，这让他极其困惑！）

有些回路会提炼出在不同场景中反复出现的物体的知觉核心，并将它们与各种行为选项联系在一起。隔壁的猫出现在不同的时间和地点，但对“蒂米”的定义主要是依据它的体形、皮毛、独特的喵喵声和如果你挠它的肚子它就会咬你的倾向，我为这个知觉核心附上了各种动作选项。我可以抚摸它，追它，逗它，和它说话，或者给它喝一些接骨木花风味的酒（抱着试试看的心态），这取决于我的心情。这些类型的知觉核心通常被称为概念。如果我经常“使用”一个概念，那么每当我遇到它的一个示例时，我的回路就会自动启动相关的运行程序。如果我看到一个订书机，我就会准备钉书；如果我看到海滩，我就会铺开毛巾，测试下水温。[2]

据我所知，我的身体—大脑提炼了成千上万个这样的抽象概念，我们可以想象，在充满记忆的身体—大脑回路中出现了许多层次。在底部是数百万个单独的瞬间印象，每一个都是独特的知觉、行动和关切的集合，我们称它为“印象银行”（或者更通俗地说，我认为是“肥料堆”）。在“印象银行”中，通过一些自动的统计汇总过程，得出了大量越来越抽象的概念，它们使我能够更成功地在世界中前行。如果给我一个新的场景和一个反复出现的意图，我会（很有希望地）越来越擅长采取正确的行动——这个行动促使我朝着所期待的方向前进。如果我是一名萨克斯管吹奏者，我将会更擅长即兴演奏重复乐段，这些重复乐段既能充分地表达我的情绪，又能忠实于乐曲的标题和主旨；如果我是一名金融衍生品交易员，我将会擅长利用自己的所有经验，引导自己去承担值得承担的风险，而不是仅凭一时冲动去冒险。[3]

我们可以想象，这些概念会根据相似性的不同维度将自己排列成一个不断扩大的映射集，我们称其为概念映射。在这些概念映射中，猫和狗之间的映射比宠物老鼠和恐龙之间的映射更相似，动物的概念映射包括所有动物，但不包括妈妈、爸爸和我。用神经学的术语来说，这个映射会沿着大脑的下侧从后向前延伸。

一组互补的抽象概念是熟练的运动程序的概要，它在某种程度上脱离了最初与之关联的特定概念，形成了各种习惯映射。当一种技能或习惯在不同的场景中反复出现时，这种熟练的核心就会逐渐脱离一切特定的场景。我们可以说，它拓展了更广泛的应用领域。这种映射并不是按照对象概念之间的相似性来排列的，而是将动作相似的技能集合在一起：滑冰更近似于溜旱冰，而不是编辫子或写论文。习惯映射沿着大脑的顶部或背部路径发展，通过顶叶到达运动区和运动前区。

还有另一种抽象概念，它能提炼出我们对其他不同事件的本能反应，也许我们可以把这组出自本能的抽象概念称为价值观念映射。价值观念映射保留并突出了原始体验所共有的情绪或躯体基调。因此，我们可以发展出一些概念，这些概念能够将公平和不公平、安全和危险、善良和不善良、可靠和不值得信任区分开来。有研究表明，这些本能的回声支撑着我们通常认为的更抽象的概念。这并不是说这些概念是模糊的或缥缈的，只是它们体现的是一种情感上的联系，而不是一种知觉上的相似性或一种共同的参与方式。我从被公平或不公平对待的经历中提炼了一个过程，这个过程最终会形成一个抽象的概念，我们称之为公正。在我被拯救和安慰的一系列经历中，出现了爱的核心元素。在失望或遭受背叛的经历所带来的悲伤和焦虑中，可能会出现忠诚或信任等抽象概念的基础。

例如，怀疑通常被认为是一个相当抽象的概念，暗示着缺乏信任或共识。但它也是犹豫、停滞不前、身体紧张、沮丧，也许还有焦虑等方面生动的具身体验，这些都可以被从胃部、呼吸的方式、皱起的眉头、噘起的嘴唇或者因疑惑而仰起的脑袋中感受到。如果有人让你假装怀疑，我想你不会觉得很难。[4]当有人对你所珍视的观点提出挑战，当你不确定如何解决与伴侣的冲突，或当你在工作中陷入僵局时，你会注意到这种感觉。马克·约翰逊认为，我们可能会或多或少地对这种“认知情绪”不敏感，但当“你开始注意”思考的感觉时，你就会注意到一个被淹没的情感大陆，它支持着你的思想，并且是你思想的一部分。[5]

为了支持这一思路，最近的一项研究表明，一些抽象的概念确实比一些具体的概念保留了相对更多的躯体色彩。在一项受到严格控制的研究中，加布里埃尔·维廖科、斯塔夫鲁拉 - 塔莱亚·考斯特和他们的同事发现，与预期相反，人们识别许多抽象词语的速度比具象词语更快。我们通常倾向于认为抽象的事情更困难，但这项研究的结果证明事实并非如此。经过仔细观察，他们发现了一个令人惊讶的现象：人们之所以能更快地识别抽象词语，是因为它们具有更强的情绪色彩。当然，在许多不同种类的抽象概念中，有些确实是相当抽象且无情绪色彩的。[我当然对在学校学到的抽象的东西没有太多情感共鸣，像余弦和过去分词，尽管我的确记得一个相当可怕的关于动名词攻击一些和平的具象词语的可爱图片（如图 6.1 所示），它选自杰弗里·威兰斯和罗纳德·塞尔于 1954 年出版的一本关于教育学的著作《如何成为顶尖高手》（*How to Be Topp*）。] [6]但是维廖科列出的抽象词汇包括交易、美丽、奢侈、抗议和欢迎，你可能会和我一样对所有这

图 6.1　抽象词语攻击一些和平的具象词语。选自杰弗里·威兰斯的《如何成为顶尖高手》一书，漫画由罗纳德·塞尔创作

些词汇产生情绪上的反应。特别是当我们学习新的抽象词语时，它们与我们自身的躯体关切的共鸣可能会在我们的头脑中形成最初的定位点，而这种情感基调会被一直保持下去。[7]

真实的事件总是混合着知觉、行动和关切，但是这些映射，以及不同种类的抽象概念——概念、习惯和价值观念——使我们能够部分地分离这些不同的元素。我们能够不带任何感情色彩地看待事物。我们可以在画廊里悠闲观赏，而不需要对我们所看到的事物采取任何行动。在不需要立即采取行动的情况下，我们发展了思考自己的感受和动机的能力（诸如在进行咨询会议或谈心时）。我们可以“为快乐而行动”，而不必评估我们的行动后果（就像不自觉地跳起舞来）。我们可以“离线”探索或排练可能的行动过程，并模拟我们在不同条件下的感受（从而更深思熟虑、更有创造力）。因此，这些不同的经验提炼造就了各种各样的“高级”智能形式。这种将知觉与欲望、欲望与行动以及行动与知觉相分离的（部分的、可变的）能力，带来了更多的自由，以及更多的复杂性。在我们看来，如果这个世界充满了或多或少中性的“物体”（和人），那么我们可以以各种方式与之接触，那是因为这是一种身体—大脑将其各个层面和成分分离开来的常见方式。但我怀疑，这是后天习得的能力，而不是身体—大脑—心智的基本设计特征。

*****

抽象的程度不同，种类也不同。很明显，一些抽象概念保留了大量原始的感觉和运动细节，以及好和坏的本能标记。猫咪蒂米比动物保留了更多的具体性。其他抽象概念，像那些经过三次蒸馏的伏特加酒，自豪地宣称其味道纯粹，绝不掺杂任何其他味道，类似的抽象概念失去了大部分的感觉和运动色彩，只保留了不同事件所共有的关系和结构的深层本质，例如，关系、结构和事件的概念。但从我们马上要探讨的研究来看，即使是非常抽象的概念也保留了它们与身体根源的联系，而这些根源很容易——甚至可能会自动地——恢复。

我们可以想象每一个概念都有两种潜在的联系：横向联系和纵向联系。可以说，横向联系能将概念嵌入“其自身层次上”的意义网络中；纵向联系能够使概念重新激活其曾从中提炼出来的具体的行动、情感、形象和印象——或被它们重新激活。可能有许多因素决定了这些躯体根源是否在任何特定情况下都会被真的激活——但它们有可能被激活。

语　言

在这里，我们需要把语言引入这一探讨。想象一下另一层连接，它覆盖并连接到我们已经介绍过的意义层面和映射，我们称它为词景①。词汇是通过语言和书写来激活神经回路（并且改变生化过程）的一种方式。在孩子们生命的第一年，他们形成了专门的神经回路来识别和产生使他们沉浸其中的语言的声音。在语音的世界里，他们的抽象能力开始挑选出某些重复出现的声音模型（音素），并在父母的引导下学会将这些（组）声音与预先列入他们注意力范围的物体和事件联系起来。例如，在与蹒跚学步的孩子晚间洗澡有关的场景中添加新

① 词景指的是某一类词汇的集合。——译者注

的回路。她会看到一张熟悉的笑脸，温暖的水在她的皮肤上产生舒服的感觉，父母需要给她擦脸以防肥皂水进入她的眼睛，通常会有水花溅起，她被裹在毛巾里，然后被抱到床上睡觉……现在有另一个回路将这一过程连接到声音模式“洗澡”上。当一个 1 岁大的孩子听到“洗澡”这个声音时，她的整体部分就会准备就绪，她将愉悦地期待即将发生的事情。

神经影像学研究表明，像椅子（或洗澡）这样的词汇，在正在发育的大脑中，并没有被表征在某种整齐的大脑皮质词典区中，而是被表征在表现为分布广泛的相互连接的神经元回路中，这些神经元回路将以下信息交织在一起：说这个词时所开启的肌肉模式；识别这个词时所使用的知觉过程；大多数椅子的共同特征；各种各样的椅子的外观；它们的通常用途；椅子与王位和吊床的联系；你对一些关于特殊椅子（爷爷最喜欢的扶手椅）的记忆。只要看到“椅子”这个词，控制“坐下”的大脑部分就会启动。

孩子们在学会了将声音映射到发音动作后，就可以为自己创造出越来越容易理解的声音表现，从而发现加入他们的语言社区的好处。很快就会有另一个与洗澡场景相关联的回路，连接到婴儿自己的胸部、肺部、喉咙和嘴部的特定动作，这可能会产生一种近似于“洗澡”的发音，以引起令周围成年人满意的关注。接下来，词景就会聚集成“事物命名”“动作命名”“想要的东西命名”的词汇，新的框架（语法的开端）将使孩子能够尝试创建一个包括事物名称、动作名称和想要的东西名称在内的新组合，然后看看会发生什么。“还要洗澡！”“凯蒂洗澡！”“凯蒂不洗澡，爸爸洗澡！”等。

为了在孩子的身体—大脑中占有一席之地，词汇必须指向已经存在的概念、行动、情感和场景。孩子们很快就可以学会用词汇来命名、指示事物，让别人服从命令，并且很快就会发现他们既可以是这些建议和命令的执行者，也可以是命令的发出者。然而，随着句法的发展和词汇量的扩大，他们可以了解到自己目前还没有经历过的事情。其他人可以通过语言媒介，塑造和训练词语最初所指的概念。词汇能让你以更细致的方式把经历组合起来：不仅是一匹马，而且是一匹绿马；不仅是一辆卡车，而且是一辆速度很慢的卡车。因此，你可以用新的方式重新组合已命名的特征。凯蒂看到了她的玩具，并给它们起了名字——一匹绿色的马和一只粉色的老虎——现在她可以生成（并理解）一个关于粉色马的故事。她从来没有见过独角兽，但独角兽（还有龙和巫师）是可以想象的。

因此，词景开始有了自己的生命，逐渐不再只依赖于由身体—大脑自动形成的、基于经验的抽象概念。它可以包含由文化所导致的差异，但这些差异在她自己的经历中却没有清晰的标记。在学校，当她被告知她的妈妈和爸爸是动物，她也是动物时，她会抗议说："我们不是，我们是人。"正如威廉·詹姆斯用他华丽而独特的语言总结的那样："在这种大量的、原始的、感性的经验中，注意力创造出一些物体，概念可以永久地命名和标识这些物体，在天空中的'星座'；在大地上的'海滩''海洋''悬崖''灌木''草地'；在时间的维度中，我们创造出'白天'和'夜晚'、'夏天'和'冬天'。"[8]（我喜欢"大量的、原始的、感性的经验"这个观念，我很高兴我们在英国有很多类似的经验，而不必去澳大利亚探寻。）

这是对抽象概念和语言概念在具身化的身体—大脑中的呈现方式的高度浓缩的概述。显然，在头骨内部看不到可被分离的"平面"或"映射"。它们之间的区别并不是那么明显，它们是以被分流的电活动和化学活动的方式，而不是（或不太是）在结构方面，被功能性地表征的。但是，这一概述将给我们提供一些东西，使我们可以继续讨论具身化的抽象认知如何成为可能。身体不仅自身是智能的，它也使心理能力智能化成为可能，而“智能”一词更常用于形容这种心理能力。

隐　喻

> 理性已经从大脑的感觉和运动系统中发展出来，它仍然使用这些系统或由它们发展而来的结构……我们身体的特性塑造了我们独特的概念化的可能性。
>
> ——乔治·莱考夫和马克·约翰逊[9]

因此，抽象概念基于身体的关切和体验其中的一种发生方式，是通过它们过去与各种清晰的躯体标记的（但仍可能是活跃的）联系而发生的。“不公正”可能使你热血沸腾；“脆弱”这一特征可能让你对他人表现出热情和关心；用歌手艾莉森·莫耶的话说，你可能会“在美丽面前变得软弱”。

抽象概念基于身体的关切和体验的另一种发生方式是通过隐喻。乔治·莱考夫和马克·约翰逊已经证明，我们表面上抽象的语言，有很多是隐喻性地来自人体的基本属性和体验以及我们具体的经历。我们的身体在成长：过去我们的身体小小的，但现在我们长大了，我们的身体变得更大、更高。我们用手抓东西，用脚踢东西。我们跌倒、边走边跳。我们感觉到了热和冷，柔软和粗糙，品尝到了甜的食物或闻到了不好的气味。我们的身体在空间中移动，我们旅行；我们把事物甩在身后，到达了目的地。我们进出汽车和电梯。有时我们离家很近，有时又很远。

所有这些具体的、具身化的行动和经历都被语言隐喻性地利用，来帮助我们思考和谈论更抽象的事物。随着年龄的增长，我们知道人越来越有野心；一点钱是零钱，大问题是重要的，荒诞不经的故事是不可信的。我们抓住论点，改掉习惯，时而感到沮丧。我们坠入爱河，略过无聊的琐碎事情。我们陷入激烈的讨论，对别人表现出冷漠。飞机（和经济）软着陆，我们经历难熬的夜晚。有的人对我们很好，但有时他们的想法很糟糕。我们休假，把烦恼抛在脑后，相信命中注定会有更好的事情。我们运气不好，陷入困境。我们在情感上很亲近，但在思想上却很遥远。乔治·莱考夫和马克·约翰逊详尽地描绘了所有语言都渗透着他们称之为“死隐喻”的事物。我们对越来越抽象的概念的理解来自对物质词汇的理解，同时我们常引申字面意义形成新的用法。我们过去不能用鼠标翻阅计算机文本或上网。巨魔（Trolls）过去住在桥下，现在它们更可能在有臭味的卧室里被发现。

从历史上看，抽象词语随着时间的推移，通过吸收更多具体的图像和经验而增长。从发展的角度来看，孩子们进入语言社区的过程取决于他们对抽象和提炼过程的再现。但这些联系会在多大程度上保持活跃仍是一个悬而未决的问题。正如维特根斯坦曾经提出的那样，有可能我们在用梯子爬上更高的概念层次之后，就会把梯子踢开。“正义”和“动名词”可能需要具体的经验才能被理解，但理解后我们就可以把具体的经验抛开。是切断联系还是保持联系是一个视经验而定的问题……

与身体对话

亚利桑那州立大学具身认知实验室的负责人阿瑟·格伦伯格进行了一系列实验，以探索在多大程度上身体经常参与我们理解语言的方式。他在早期的研究中指出，如果你用一个动作来表示你对一个句子的理解，那么这个动作与这个句子的意思是相互作用的。假设你在屏幕上看到一些句子，如果它们是合理的，你必须用一种方式做出回应；如果它们杂乱无章或毫无意义，则你必须用另一种方式做出回应。如果这说得通，比尔必须把操纵杆推离他，而为了表示同样的判断，本必须把操纵杆拉向他。如果句子是“安娜拿了吉尔的比萨，会发生什么？”“拿”的动作意味着把某物拉向你。在没有在句子中描述的动作方向和它们的反应方向之间建立任何有意识联系的情况下，本对句子的反应明显快于比尔。如果句子是“安娜把比萨给了吉尔”，比尔对句子的反应会快于本。当你要做的动作与句子的意思一致时，你就会加快速度；当它们发生冲突时，你就会放慢速度。即使这个任务并没有要求你把句子的内容表演出来，或者做任何与句子意思有关的事情（除了移动操纵杆），大脑的运动回路也会情不自禁地那样做——它们会自动做好准备去做被描述的动作。仅仅阅读或听见一个词就能启动它的习惯用法——即使这个用法在句子中没有被提及或被暗示。如果你读到“简忘记计算器了”，你的大脑会自动准备好做出按键的动作。如果你读到（就像你现在正在做的）“迈克发现了水壶”，你的大脑会不由自主地激活握住把手的动作。[10]

词汇和大脑之间的对应关系不仅适用于运动语言，也适用于感觉语言。如果你知道肉桂的味道，只要听到这个词（或者读到它，就像你刚刚做的那样）就足以激活大脑的嗅觉区域；读到“电话”这个词时，颞叶的听觉处理区域会自动发出铃声，等等。阿瑟·格伦伯格说，这种自动启动是语言理解功能的一部分。当人们听到或看到一个词时，大脑会产生一种不由自主的激活倾向，这种激活会沿着我们前面谈到的垂直网络传递下去，并启动相关的身体联系，反之亦然。

约翰·巴奇和他的同事所做的一项著名研究表明，那些正在做整理一些与老年人的刻板印象有关的词（灰色、皱纹、健忘等）这项任务的人，在“实验”结束后，在走廊里行走的速度都会变慢。[11] 你也可以把同样的关系反过来表现出来。如果你用电刺激控制腿部运动的那部分大脑区域（使用一种叫作经颅磁刺激的技术），你会更快地识别出“踢”这个词，而不是“扔”这个词。如果你刺激控制手部运动的那部分大脑区域，这种差异就会反过来。词景、概念映射和习惯映射似乎必须共享它们的活动。

当然，你可能不会觉得很惊讶。毕竟，这两项研究中的句子描述了具体的身体运动，因此，在大脑的语言处理部分和相应的运动控制部分之间可能存在一些不由自主的渗透，这似乎是合理的。但是假设这些句子是“安娜向吉尔透露了剧情”，或者“吉尔难以接受坏消息”。在这里，动词“透露”和“接受”使用了其隐喻性意义，没有任何具体的动作发生，句子中动作的实施者除了动动嘴，没有移动任何东西。但是在这里，阿瑟·格伦伯格也发现了同样的效果。“透露”剧情的转折或关键语句不涉及身体动作，但我们的大脑会自动激活与将手从身体中心移开有关的回路。[12]

当关键动词甚至没有对应的字面意思时，你也会看到同样的感觉运动皮质被激活，例如，当你听到“安娜把责任委托给吉尔”或“莫莉把故事讲述给帕特里克听”时，“委托”和“给”的大脑表征依然会被激活。阿瑟·格伦伯格认为，在儿童时期，我们学习各种各样的“行为图式”，比如给予和索取。这些图式逐渐被大脑提炼成更抽象的模式，如“源—客体—受体—迁移模式”。他说：“鉴于行为图式最初是用来在字面的、具体的迁移过程中控制胳膊和手的，当它在理解抽象的迁移句子过程中被触及时，控制胳膊和手的运动皮质区域也变得活跃起来。”[13]顺便说一下，我们又一次看到运动皮质参与了知觉行为。即使世界相当抽象，我们也会通过准备对世界采取行动或与之互动，来理解这个世界。大脑的感觉运动部分为更抽象的认知和理解的发展提供了原始的平台，并将在整个生命中一直如此运作下去。

如果观察大脑的结构，你会发现，那些传统上与理解和产生语言相关的区域以及具体的行为有着错综复杂的联系。其中一个区域被称为布罗卡语言区，神经影像学研究表明，布罗卡语言区不仅参与语言生成，而且在观察具体动作时，甚至在想象动作时都是活跃的。当布罗卡语言区受损时，人们就失去了构造合乎语法的句子的能力，他们的语言变得含糊不清，“像电报一样简短”。他们也变得无法排列曲调。看起来，构建复杂的语法序列的能力很可能建立在一个已经存在的大脑区域中，该区域对非语言行为也进行着同样的编排——现在仍然如此。[14]

身体如何影响思维

我们的身体不仅干扰我们理解和产生语言的方式，而且影响着我们与周围世界的智能互动。抽象事物和具体事物的相互联系体现在我们的行为上，也体现在我们的思想中。例如，我们可以通过改变我们的姿势或呼吸，来改变我们思考、感觉和行为的方式。只要我故意深深地叹息，或者以一种浅浅的、颤抖的方式呼吸，我就可以很快地让自己感到悲伤或害怕。（如果你从未尝试过，那就试试吧。这是相当戏剧性的。）有趣的是，土耳其的一项研究通过一项标准测试（卡特尔文化公平智力测试）表明，人们智能的一个重要方面与他们正常的（不自觉的）呼吸深度显著相关。[15] 更令人吃惊的是，另一项研究发现，当人们在控制小便需求时，通常会做出更好的选择。这一理论认为，自我控制的运用（可以说）会从物质领域蔓延到认知领域，从而使人们克制住自己比较冲动的一面。[16]

让人们采用不同的姿势会很快对他们的身体和思想产生影响。当人们被诱导瘫坐在椅子上时，他们对自己的表现就不那么自豪了、对问题考虑得就不够仔细了、就不把自己的想法当回事了、在面对困难时就会表现出较差的适应力。[17] 相反，坐直、交叉双臂会让你感觉更倔强。双臂交叉的人在字谜游戏中坚持的时间是双臂放在身体两侧的人的两倍，而且前者更有可能取得成功。

达纳·卡尼和她的同事让人们摆出“高权力”（放松的、直立的）或“低权力”（颓然的、收缩的）姿势，持续两分钟。然后他们参加了一个赌博游戏，在游戏中他们可以谨慎行事或冒险。在那些以“高权力”姿势站着或坐着的人中，86% 的人选择了冒险；但只有 60% 的“低权力”的人这样做。故意摆出这种姿势会使这种联系成为现实。达纳·卡尼证明，仅仅是保持两分钟的姿势也会影响激素水平。采用自信的姿势，睾酮增加了 20%，皮质醇（压力激素）减少了 10%。采用顺从的姿势，情况恰恰相反：睾酮减少了 25%，皮质醇增加了 15%。姿势与更抽象的人格特征，如自信或胆怯等有关。“挺拔”的内涵是“高大、自豪、问心无愧”，而其隐喻是“品格正直或正派”，两者之间存在着一种非随意的关系。顺便说一下，这些影响的程度因人而异。有些人似乎比其他人更能将自己的思想和身体分离。[18]

关于所谓的较高级的机能如何与身体过程相联系，有一个有趣的例子，来自约翰·巴奇实验室的另一项研究。[19]他们怀疑“温暖的手，温暖的心”这句老话是否属实。身体上的温暖和对另一个人感觉“温暖”（即友好和信任）的心理状态之间有真正的联系吗？他们让学生对热治疗垫或冷治疗垫（运动员用于治疗轻伤的东西）做出产品评价，然后给他们一个小奖励作为回报，他们可以选择把这个奖励留给自己或送给朋友。结果触摸过冷治疗垫的学生把这个奖励保留给自己的概率是触摸过热治疗垫的学生的三倍。在那些触摸过热治疗垫的人中，略多于一半的人选择把礼物送给朋友。

这种影响还延伸到他们评价另一个人的热情程度上。在实验者做笔记的时候，学生被要求为实验者端一杯热咖啡。在这之后，学生判断一个假想的人物更可能是“热情友好的”，这与他们端冰咖啡时做出的判断不同。在两个实验中，没有一个学生意识到物理温度与他们的判断和决定之间的关联。这种关联也存在于现实生活中：那些说自己感到孤独的人会洗更多的热水澡，反之亦然。与那些没有遭受过社会排斥的人相比，那些遭受过社会排斥的人认为自己所在房间的温度更低。

有直接证据表明，对温暖的身体和心理的判断是由大脑的同一区域——岛叶——来处理的。在动物中，岛叶明显参与处理温度和触觉。但人类的同一区域也被证明支持对复杂的社会情感的处理：一方面是信任和同理心，另一方面是内疚和尴尬。例如，在遭受过社会排斥或否定之后，岛叶会变得更加活跃。这种用来调节体温的结构现在也能监测“社交温度”。不难想象这种联系是如何产生的，并且为什么会产生。当我们还是婴儿时，我们（几乎）都感受过母亲身体的温暖，这与被爱和安全感这些至关重要的原始情感密切相关。安慰和安心通常伴随着温暖的身体接触和抚摸。20 世纪 50 年代，哈利·哈洛在他的著名实验中发现，失去父母的小猴子更喜欢黏在由温暖的布做成的假妈妈身上，而不是黏在实际上是它们奶源的金属假妈妈身上。因此，我们在母亲的怀抱中学会了身体的温暖和社交的温暖之间的隐喻联系。这种联系在我们的大脑中根深蒂固，并将伴随我们一生。[20]

人们每周都会发表新的研究成果，来揭示身体、行为、感觉和思维之间的这种交互作用。我们用“负担沉重的”这个词来指代那些沉重地压在我们心头，或者我们觉得难以忍受的事情。因此，那些有难以启齿的秘密沉重地压在心头的人不太可能主动帮你搬书，对此，我们不应该感到惊讶，因为他们认为把一袋东西搬上楼需要更多的力气。我们谈论的是逃避责任，当然，在所谓的本丢·彼拉多效应中，洗手确实能减少你对某些不端行为的负罪感。如果你不得不抄写一段令你觉得不快的文章，你会觉得一种味道奇怪的饮料更加难以下咽。为了强调我们所说的话的可靠性，我们可以用“扪心自问”这个短语。的确，如果我们要求把手放在胸口上，我们的确会表现得更诚实。刚刚乘自动扶梯上来的人会更慷慨地捐助慈善事业。如果采访者轻轻地触摸被采访者的后背，被采访者会说他们对死亡的恐惧减少了。

数　学

毫无疑问，研究数学是人类思维的“高级”形式之一，这是与笛卡儿的智能观最相关的成就之一。数学是一个由形成模式的抽象实体所组成的世界。然而，即使在这里，身体和物质世界也不能被忽视。算术从一组组真实的事物中抽象出数字的性质——数量，建立操纵数字的基本规则，然后探索这一思想体系的运作方式。如同对付神话中的野兽，几何学处理神秘的线、点、角：线，没有厚度，但可以无限延伸；点，没有大小；角，具有完全“适当的”角度。几何学还揭示了在这个抽象的世界里，什么能运转，什么不能运转。代数则抛开了真实的对象，抛开了它们的一切，只留下它们的存在，并揭示你可以使用 x 和 y 形成的定律模式。谁会想到三角形的面积总是等于底乘以高的一半——但它确实是。谁能想到，在代数领域，一个公式就能告诉你 x 在任何二次方程 $ax^2 + bx + c = 0$ 中的值？还记得这个方程吗？

$$x=\frac{-b \pm \sqrt{b^2-4ac}}{2a}$$

数学和语言一样，虽然抽象，但植根于人们日常的具身经验中。其中一个根源是计数。顶叶皮质中有一个区域，一旦受损，就会导致计算能力缺失，即无法处理数字和进行算术计算。这个区域与附近的手指映射紧密相连，乔治·莱考夫和拉斐尔·努涅斯认为，数学的超级结构确实是建立在儿童时期用手指数数的基础上的。对集合论和维恩图的使用依赖于把一个东西放在另一个东西里面的日常经验。如果我把一些玻璃球放在一个杯子里，然后把杯子放在一个平底锅里，那么玻璃球就会在平底锅里，这是看得见，摸得着的。

如果我有两个朋友，杰克和吉尔，并且我从我的感官证据得知杰克比我高，吉尔比我矮，那么我就不需要别人告诉我杰克比吉尔高。我所需要做的，就像 7 岁到 8 岁的孩子所能做的那样，用任何人——或者用“x”——来代替“我”，同样的逻辑也适用于其他事物。到 8

岁时，虽未经任何训练，但我已经成为一个具身逻辑学家了。我已经掌握了所谓的“及物推理”的道理。通过讲故事，孩子们习惯于谈论和思考他们从未见过的东西。如果你给一个6岁的孩子讲一个关于“麻瓜”的故事，她会很高兴地告诉你，如果三个麻瓜遇到两个麻瓜，他们就会组成一个五个麻瓜的小组，然而他们对麻瓜却一无所知。不过，有趣的是，如果你让她告诉你300万加200万是多少，她可能不会告诉你答案。因为她会说，“我们还没有学过百万”。就像他们说的，好好想想吧。[21]

当孩子们在学校学习算术时，他们常常对负数的存在感到困惑，因为他们对加减法的隐喻涉及了事物的集合。很明显，你不能拥有少于“没有的东西”，所以“7 – 4”是完全可以的，你剩下的是一个更小的组合，但是“4 – 7”完全没有意义，因为怎么可能有“负3个东西”？然而，如果你对加减法背后潜在的隐喻有不同的解释——如果它涉及沿着一条小路所走的步数——那么你将更容易处理负数。如果我（从起点或“原点”）向右走4步，然后向左走7步，我就会位于起点左边3步远的位置。这是非常合理的，如果你愿意，你甚至可以称它为“负3”，我也不介意。

类似的困惑也存在于高年级学生在学习微分学时经常遇到的另一个困难中。它涉及你如何（无意识地、隐喻地）思考一条线的含义。一个具身的想法是：一条线是一个移动的物体留下的痕迹——例如，车轮在松软的地面上留下的痕迹——或者只是一条路。我们会说“这条高速公路从牛津通往班伯里”或者“这条路穿过麦格雷戈先生的花园”。从这个观点来看，“点”是线之外的东西，它在直线“上”，像一块被放置在道路上的石头标记。这是大多数学生的直观感觉。

但还有另一种观点认为线是由点组成的，就像石板或像素点。只有当这些材料非常小而且靠得很近时，这条线看起来才是连续的。这种观点——技术上被称为柯西—维尔斯特拉斯的“线”的定义——构成了大多数学生学习微积分的方法的基础。但他们并没有被告知需要改变“具身化的隐喻”来思考“线”是什么。他们只是被告知，这种新观点更加“严谨”或“正式”；这不仅与他们的直觉不同，而且在某种程度上更“真实”。但是因为他们试图继续用旧的隐喻来理解微分的概念，所以这是没有意义的。

事实情况更糟，因为整个空间的概念改变了。在微积分的世界里，空间不是一个连续的动态舞台，事物在其中产生（并留下痕迹），它是一个由数字组成的静态网格。微积分把空间从几何变成了算术：“$y=x^2$”不是场中的轨迹，它是一种定义，是用规则连接一组数量非常大的成对数字——x 和 y——的方法。（我现在仍然记得，当时伦纳德先生试图解释曲线上 P 和 Q 两点“非常接近”，尽管我试图理解其中的道理，但仍对此困惑不已。只因为他坚持说“这个点 Q 有一定的 Q 性，而另一个点 P 保留着它的特征……”这才使一群十几岁男孩子的课堂气氛变得轻松起来。你明白这个道理了吧！）重点是：微积分之所以难，恰恰是因为它与一套未被认可却强有力的具身假设相矛盾；这种矛盾没有得到承认和解决，因为每个人都忙着假装数学并非基于此。[22]

想象力和创造力

“高级心理过程”的最后一个领域是想象力，在这个领域中，身体和心智显然是有联系的。利用我们的想象力来解决问题、幻想可能的未来、排练演讲或了解他人的观点，显然是一种有价值的、高度智能的有利条件。科学家可以展示当我们通过想象学习时，大脑中发生了什么以及它们为什么发生。当我们“通过别人的眼睛”看一种情况时，我们知道大脑的哪些部位会变得活跃；大脑这些部位受损的人无法表现出同感能力。（还记得上一章的肉毒杆菌实验吗？）当我们在脑海中演练一项技能时，该技能特定的大脑网络就会变得活跃，并因此而被修改。仅仅通过想象你在锻炼相关的肌肉，就真的能增强你的体力。[23] 在实际学习中，心理预演的潜力几乎还没有被挖掘，但它的意义是显而易见的。[24]

创造力也依赖身体的直觉和激励。阿尔伯特·爱因斯坦在给他的同行——数学家雅克·阿达玛的信中描述了他的创造性思维，他写道：

> 语言中的词汇，无论是书面的还是口头的，似乎对我的思维机制没有产生任何作用。那些作为思维元素的心理实体是某些符号和或多或少清晰的形象，它们可以“自动地”复制和组合……就我的情况来说，上述元素是视觉的，在有些情况下是与肌肉有关的……只有在第二阶段提到的联想游戏已经充分建立并可以随意复制的时候，才需要费力地去寻找传统词汇或其他符号（很可能是数学符号）。[25]

当人们有节奏地或以一种熟悉的方式移动时，他们通常会产生最好的想法。如果你问人们“什么时候他们会产生最好的想法”，他们通常会说“洗澡的时候”“遛狗的时候”“在游泳池里游好多个来回的时候”“开车去上班的时候”等。似乎是重复性的活动让大脑进入了一种有利于发展创造性思维的状态。众所周知，哲学家会在激烈的讨论中一跃而起，来回踱步。（在我的母校牛津大学甚至有一条独特的林中小径，被称为“哲学家之路”。）当创造性认知伴随着某些身体运动时，它似乎往往能更好地运作。我的朋友，英格兰足球协会青年球员发展部的前主管约翰·奥佩斯表示，足球运动员通常是那种“只有在移动时才能思考”的人。跳舞的人往往也是如此。[26]

当人们受到鼓励开始关注自己的身体时，他们实际上会变得更有创造力。你能找到与“8”（eight）、“条形物”（stick）和“滑冰”（skate）有关的第四个单词吗？这些所谓的“远程关联测试”要求你获取每个单词间不太可能的关联，直到你找到一个重叠的关联——这种能力的特点是可以创造性地解决更多的现实生活问题。如果你被告知“完成这项任务的最好方法就是跟着直觉走”，你会做得更好。仅仅是这个简单的建议就足以将你的注意力从更理性的策略转向更依靠直觉的策略。（顺便说一句，当你微醺的时候，你更善于创造性地解决问题，可能也是出于同样的原因。）[27] 做出与你的真实感受相反的面部表情或身体姿势，可以提高你的创造力。身体失调似乎有助于打破心理假设。

*****

具身化的观点揭示了一种根本的可能性，即我们所有的心智功能和能力都是从大脑的这种主要的躯体本质中进化出来的。唐·塔克在他的《来自身体的心智：来自神经结构的经验》（*Mind from Body*：*Experience from Neural Structure*）一书中强有力地论证了这一点：

> 通过进化，大脑调节不同行为的动机控制，而这些行为是由

> 运动系统执行的，并由正在发生的环境事件的感觉评估所引导。没有任何一种记忆能力、有意识的知觉能力或音乐欣赏能力是存在于心智世界之中且与身体机能分离的……我们（所有）的行为和经验都必须被看作知觉、评价和行动的原始系统的详细阐述。当我们研究大脑以寻找控制认知的网络时，我们发现所有这些网络都以某种方式与感觉系统、运动系统和/或动机系统相联系。[28]

我们所认为的高级智能，即人类特有的智能，诸如语言表达能力和推理能力、数学和逻辑推理能力、创造力、社交复杂性和情感复杂性等，都是我们身体智能的延伸。我们身体里发生的事情，以及我们对这些事情的敏感性，是所有其他形式智能的根源和主干。身体智能孕育了它们，牢牢地拥有它们，并在一生中不断地滋养和支持它们。大脑中没有什么“认知”区域不是同时属于身体的。如果我们把协调身体活动的那部分大脑区域拿走，就什么都没有了——没有大脑、没有文字游戏、没有诗歌、没有代数、没有想象力。

20 世纪心理学的一个主要错误是，人们认为随着人的成长，有些幼稚的认知方式已经过时，应该被超越。这些幼稚的认知方式与具体的行动和经验有关。成熟的认知方式是抽象的、逻辑的和命题的。但那种认为一旦掌握了逻辑，你就不再需要身体的观点则是笛卡儿式的错误。是的，新的思考和认知方式确实出现了，但它们是以更直接、更具身的方式出现的，并将持续以这些方式存在。我们应该把发展中的心智看作一棵长出新枝干的树，而不是一艘宇宙飞船：一旦完成任务，其火箭助推器就会永久性脱落。

第七章

意识的涌现

意识就像白色的沙滩，稀疏而不稳固。我一直知道，在我的写作中，意识宛若黑暗而波涛汹涌的海洋，除了它的存在，我对它一无所知。但它的神秘却吸引着我，让我一直笔耕不辍。

——阿索尔·富加德

是解决意识问题的时候了。我时常觉得有必要指出，在没有意识知觉的情况下，我们的大部分身体—大脑智能运作得非常好。各种各样非常智能而复杂的事情发生在我们身体内部，支撑着我们的行为和体验，而我们却没有察知到。事实上，意识有时会妨碍我们的技能，比如，当我们变得害羞或尴尬时，我们做事或说话就会无法表现出之前的那种微妙的得体。比如，当孩子端着满满一杯茶的时候，你若不停地告诉他“注意拿好你手中的茶杯”，他就更有可能把茶水洒出来。然而，知觉似乎确实起了作用，而且往往是起了积极作用。这对笛卡儿的智能概念来说无疑是最重要的。在笛卡儿的智能概念中，意识被视为心智的剧场，我们最高层次的思想在其灯光璀璨的舞台上大展风采。[1]

所以我们需要弄清楚的是：意识从何而来？意识何时会伴随着躯

体活动？意识有什么益处？何时以及为什么有时没有了意识我们会更好？请允许我澄清一下，我不打算尝试探究哲学家所说的“意识的难题”，即意识本身是什么以及为什么我们会有意识体验。我不知道为什么人类系统会进化出这种“涌现特性”，就像我不知道为什么大量的水分子以某种方式聚集在一起时，会产生一种被称为“湿”的涌现特性一样。目前，我满足于“嗯，它们就是这样啊”，并且能够对其他问题进行探究，这也让我感到异常兴奋。

意识的隐喻

与数学一样，我们需要从隐喻入手，来理解意识的具体含义。所有讨论意识的尝试，甚至像哲学家或认知科学家的那些非常复杂的尝试，都源于隐喻——通常是非常具体的隐喻。不管这些隐喻是否明确，它们都通过所使用的谈论意识的语言，来展现它们的意义。正如我在前面所说的那样，对一些人来说，意识就是大脑中灯光明亮的场所或戏剧舞台，而意识体验就是发生在“舞台”上的所有事情。一些认知心理学家将这个“意识场所”与工作记忆或中央执行系统等结构联系起来，在这种情况下，意识这个舞台就成了“工作坊”，在这里，意识过程就被应用到意识内容上了。[2] 这个隐喻会让人联想到大脑中意识剧场的“黑暗”区域，在那里可能会有同样的内容（道具、演员等）存在，并且可能会继续运作下去，但是那个集舞台导演和观众身份于一身的“观看者”——“自我”，却看不见这一切。

如果演员开始表现得很糟糕，那个“自我”还可以扮演审查员的角色，禁止（压制）在舞台上出现不雅的表演。西格蒙德·弗洛伊德的“潜意识”形象是危险的，它被幽禁在大脑中一个特别黑暗的地方，而这个地方经常被“自我”这样的审查员屏蔽。有时这种危险的东西似乎是“富有生命力的”——有自己的意志——并不断地威胁着要自发地爆发成意识，以掌控大脑，结果是以尴尬的“弗洛伊德式的失言”的形式出现。

或者，意识被视为头脑中的一块屏幕——有时被视为一个显示面板或仪表板，在这上面可以发布某些特定的信息，即意识体验的内容。查看这个信息的人可能是第一人称的“自我”，或者是伯纳德·巴尔斯提出的意识模型——“全局工作空间理论”[3]，可能是大脑中的其他处理模块，这些模块不一定是有意识的，但它们可以获取发布的信息，为问题的解决提供专业知识或看法。这个“自我”可以被看作一个操作管理员，负责察看屏幕上的活动内容，并按下按键来决定未来需要处理的事宜，而计算机主板上的芯片和处理器构成了一种“无意识认知”。有时，这个隐喻被用来明显区分大脑存储中的不同对象（“陈述性记忆”或“知识”，通常是有意识的），并被应用于该数据库的不同过程和程序（被称为“过程性记忆”，通常是无意识的）。

还有，意识知觉可以被看作一个旋转的聚光灯，可以依次照亮记忆中的不同内容。在这幅图像中，大脑中呈现的内容并没有在不同的位置之间移动——其中有些内容是有意识的，有些不是——而是在原地被照亮。有时这种照亮被看作一种神经激活的形式——人们经常谈论不同部分的大脑“照亮”，这种激活本身或许能够改变被激活的表征。（当聚光灯照射在夜间森林里的动物身上时，它们的行为与它们在黑暗中的行为有所不同。）这个隐喻常常被用于创造性的情境中，它使光源变得狭窄、光照变得集中，或者使得光源变得分散而光照范围更大，但也许光照强度会变低。聚焦机制可以让你“放大”一个紧凑、清晰的思路，或者让你可以“分散思路”，以更模糊但更具概括性的方式审视自己的内心世界。

这些隐喻中的每一个都引导着我们从不同的视角去思考意识。它们中的许多都将意识视为一个特殊的“地方”，在那里，思维的内容可以被检查或“处理”。然而，没有证据表明，大脑中有与中央执行系统或全局工作空间相对应的真实位置，被动的“内容”被发送到这些位置进行处理，就像书籍被从大学图书馆的书架上放置在学生的书桌上。而且许多这些隐喻形象也要依靠一个神秘的代理人进行召集、检查和组装。是谁在挥舞着聚光灯？是谁在看守着地窖门？在这里它们没有多大帮助，因为它们引入了笛卡儿的心智（主动的智能）和身体（被动的“长时记忆”存储）相割裂的观点。[4] 他们回避了我们想要探索的问题。

我将为意识提供两个不同的隐喻，我称之为“展现”和“涌现”。它们意思相似，但强调了我想要展开的基本观点的细微差别，所以，我将在阐述观点的过程中穿插使用它们。我们首先讨论一下意识的第一个隐喻：展现。想象一下一株植物的生长，比如一株蕨类植物或者一朵玫瑰。蕨类植物最初是地面上一个难以察觉的孢子，然后随着时间的推移，生长成一大片可见的、差别很大的叶子。一种意图、冲动或者关切深深根植于身体本能的、情感的核心，我们假设这个孢子就是这个意图、冲动或者关切的“受精卵”。经过一段时间后，那颗激发性的种子，就像蕨类植物一样，会展现出一种生理的、行为的——有时是有意识的——复杂的表达思想的萌芽。我们对正在生长的蕨类植物进行延时拍摄，并加速它的生长过程，这时观察它的整个生长过程只需要一瞬间，我们很难发现其各个生长阶段。看上去就好像这一刻还没有蕨类植物，随后突然间它就完全成形了——思想、行为或情感的表达与此类似。在这个隐喻中，有一种自我组织的、动态的发展过程的核心感觉。没有完全形成的“无意识的思想”是突然间出现在意识舞台上的，或者是骤然出现在我们意识聚光灯可以照亮的地方的。

这种关于思想、行为和体验的形成的观点最初在 1956 年被海因茨·沃纳称为微观发生。[5] 例如，他并不认为思想的产生是一个根据语法规则（当时占主导地位的认知主义形象）像拼图一样拼合词义的过程，而认为它是一个快速进化的过程，是从皮质下的微观意义快速进化为整个大脑中综合在一起的复杂的感觉和运动的过程，然后再回到身体的肌肉和内脏中去。[6]

然而，在展现的隐喻形象中，还没有任何迹象表明意识何时、如何甚至是否会出现。通常情况下，种子——我们可以称之为胚胎关注——在没有任何意识知觉的情况下会迅速而毫不费力地萌芽，发展成一种行为。例如，我们可能走在人行道上与一位朋友聊得正欢，完全没有察觉到我们的身体在绘制与迎面而来的行人之间的复杂轨迹时所做出的细微动作。或者我们可以一边吃着玉米片，一边全神贯注地看电影。如果我们想要把意识加入这个展现的隐喻中，那么我们可以把蕨类植物换成玫瑰灌木，把玫瑰叶子的生长称为无意识的行为，把白玫瑰花的盛开称为有意识的体验。（当然，这本身说明不了什么，却可以像隐喻经常起到的作用那样，指引我们进行更有说服力的思考。）

为了更全面地把握微观发生的体验，我将利用意识的另一个隐喻——涌现来说明，其实，涌现是一个深刻的具身化的隐喻，我们身体的许多体验都具有这种发展特性。打喷嚏和性高潮是能够被注意到的，因为它们聚集了肌肉力量和行为模式，而发出大笑声（我们可能很难忍住）和被感动到落泪的感觉也是如此。我们一些更具心理色彩的体验也显示了它们在意识的“展现”隐喻中体现的各个方面。如果我们有了专注、模糊、朦胧和脆弱这样的心理色彩的体验，这些体验就会开始发育成形，显现出其清晰度和紧迫性。

我们大多数人都熟悉这种意识“涌现”的体验，并且偶尔会有这种体验，但我更激进地认为，这些特殊的时刻实际上是我们整个意识体验的原型。我们所有的思想和感觉都会以同样的方式从本能的和无意识的来源中“涌现”出来，尽管我们可能没有注意到它们。班尼·香农用了一套不同的比喻，总结了这种完整的、具身化的心智观：

> 完全成熟的认知模式是由有着本质区别的基质产生的……（这些基质）并不像显化模式那样是认知的或心理的。这种产生过程是一个分化和固定的过程，在这个过程中，具有明确结构特性的模式是由缺乏这些特性的基质创造出来的……我把这一产生过程称为结晶，我认为这是人类认知系统的基本运作特征之一……（意识）结构并不是心理活动的基础，而是心理活动的产物。[7]

最后这句话更为正式地表达了我想要表达的观点的实质。班尼·香农的有意识的思想的“基质”就是我一直在谈论的意义、价值和意图的、身体的、情感的核心。这些躯体的激发与有意识的思想不同，就像蕨类植物的须根不同于繁茂纷乱的叶子一样。

手势和思想的涌现

> 万物如此，皆因其本。
>
> ——达西·汤普森

让我用一些证据来支持这个隐喻性的命题。如果关于“展现的蕨类植物”的观点是正确的，那么我们应该看到，在展现发生的过程中原始的种子被分化成了不同的“分支”。例如，我们最终说的话，以及伴随说话而做的所有非语言手势，很可能来自一个共同的胚胎关注，并传达出最初的意义或意图的不同方面。我们的“话语”更像整个蕨类植物，而不是一片特定的叶子。经过多年艰苦研究，芝加哥大学的心理语言学家戴维·麦克尼尔已经证明，这正是我们在试图交流时所发生的事情。

戴维·麦克尼尔主要研究我们所说的话与伴随话语而做的手势之间的关系。通过对录像带进行详细分析，戴维·麦克尼尔和他的合作者发现，语言和手势确实来自同一根源，并且具有我们想要传达的意义的互补性。例如，在描述一个场景时，一位观察者说：“西尔维斯特在鸟类观察者协会大楼里，崔弟在酒店里……”当她说到西尔维斯特时，她向右手边做了个手势；当她说到崔弟时，她向左手边做了手势，表明这两个位置是在街道的两侧。几秒钟后，她说：“然后他跑过了马路口。”她一边说一边向她右手边做了个手势，这表明过马路的是西尔维斯特，不是崔弟。语言和手势天衣无缝地——并且无意识地——交织在一起，这样就能解决代词“他”的潜在的歧义性问题。

我们可以想象——如果我们能把我们自身的体验，像电影的慢镜头一样，降到足够慢的程度——当交流的欲望开始在我们身体—大脑深处萌生时，我们可能会捕捉到它的萌发。这可能包括想要得到他人认同的需求，或者是想要给他人留下印象的欲望——在戴维·麦克尼尔的实验中，就是想要成为一个“好的受试者”——或者是想要表达看漫画时的投入和愉悦的感受，或者是更多意图。当我对妻子说“我觉得房前的草坪需要修剪了”的时候，这种随口说出的话可能源于我内心常有的惶恐，我可能担心会因自家草坪杂乱而不被一丝不苟的邻居喜欢。当妻子对我说："如果明天天气好，我们去散步好吗？"我想我能隐约感知到她对我的健康和我久坐不动的工作性质的焦虑。

这些交流欲望的宽泛结构是由塑造我们身体的遗传程序决定的。然而，这些遗传程序的实际表达由我们体验的偶然事件强有力地调节着。因此，展现意图萌生的细节在很大程度上依赖于体验。突触连接和全身的化学反应都会随着学习而改变，所以，意义展现的途径是个体的和可变的。我会冒着产生过度使用隐喻的风险，就此进行如下描述：就像水势汹涌的大潮汐是由先前成千上万的小潮汐一浪高过一浪地翻滚所形成的一样，全身各个机制的激活也是由先前其各自的机体活动的展现所形成的。

正如我们在前几章中所看到的那样，一些连锁反应会引起本能的、自发的后果：血压和心率可能会上升、呼吸可能更急促、体内消化过程可能会受到抑制、肾上腺素或皮质醇等激素可能会被释放到血液中。所有这些变化都将向大脑发出信号，改变唤醒的水平以及注意力的焦点（我们正在寻找的东西）并被纳入展现意义的记忆内容。大脑让肌肉群警觉起来，意识到可能需要采取行动，面部表情和身体紧张模式也随之改变。其中一些肌肉变化可能涉及喉咙、口腔和嘴唇的协调模式，肺部同步呼出气体，最终的结果就是说出一句话或发出一声叹息。更多的肌肉活动可能导致肩膀和手臂同时运动，由此产生的手势会消除歧义或增强话语的意义。

我们可以把上面讨论的这些称为体验，就像生长中的蕨类植物展现其不同的叶子一样，这些发展中的体验也展现了其四个主要分支。其中一个分支阐述了内感受的身体状态：涉及内脏、激素、免疫和神经。第二个分支是通过调节外感受知觉系统来改变传入感觉的方向和敏锐度。第三个分支是开始让肌肉群做好直接行动的准备。第四个分支可能会朝向语言和诸如手势等其他形式的符号输出发展。而且，就像蕨类植物的不同叶子连接在植物的中心一样，“体验”的这些分支在身体—大脑中的功能上环环相扣，密不可分。

假设你是戴维·麦克尼尔研究的一位参与者，想要复述卡通故事的欲望火种燃起了记忆和蕴藏其中的情感。这种欲望的萌生会使你声音变大，使你咯咯的笑声在胸腔形成，使你的嘴角上扬。同时，体内欲望的萌生开始激活适当的词汇模式，适当的肌肉被用来塑造你的声箱，呼出空气，发出正确的声音。你与聆听者建立眼神交流，以便判断你是否成功地传达了你想要表达的意思和感受。你的手臂和手开始做出手势，来传达你想要传达的感知意义的其他方面。你的整个身体状态从最初的冲动中展开，演变成一种复杂、短暂的神经、肌肉和激素活动模式。

研究表明，儿童的手臂动作实际上比他们的口头语言或书面文字（或者电子屏幕）更能表达他们整体的创造性理解。当孩子们说话的时候，他们会很自然地做手势，来传达他们想要表达的意思。认知发展的一个经典测试是儿童对所谓的“体积守恒”的理解。如果把一个又高又细的烧杯里的水小心翼翼地倒进一个又短又粗的烧杯里，水的外观会有所不同，但其体积会保持不变。但一些年幼的孩子看到这种表象，会说“水量”已经改变了。

当孩子们谈论这一现象时，你让他们坐着一动不动，他们似乎就会处于较低的理解水平。当他们被剥夺了做手势的权利时，他们理解能力的展现就会受到阻碍。进一步的研究分析表明，依据孩子们的口头语言解释来判断，那些没有达到较高理解水平的孩子会通过他们的手势表明他们实际上觉察到了体积守恒。（比如，他们可能会把手窝成杯状，从右向左移动，就好像是真的在转移水，而不改变“杯子”的大小。）这一研究发起人苏珊·戈尔丁·梅多认为，与保守的语言相比，手势更能表达创造性的见解。相比于我们所做的手势，人们对我们所说的话有着更苛刻的评判，所以手势利用了这个比较宽松的标准，来尝试用更新、更具试探性的方式看这个世界。[8]

语言和手势之间的这种密切联系也得到了大脑结构研究者的支持。正如我们之前所看到的那样，布罗卡语言区——一个与语言生成有很大关系的大脑区域——位于控制手部动作的大脑区域旁边，这表明口头语言本身利用了早期的手势交流系统。有一种观点认为，我们的祖先最先发展了一种手语，这种手语后来逐渐以特有的发声方式得到了扩展。随着声道的进化，我们对舌头、口腔、喉咙和呼吸系统的肌肉控制变得更加精细，语言开始领先于手势，并最终占据了主导地位。

篱架式整枝体验

当思想的萌芽演变成语言表达（书面语或者手语）时，就开始对各种句法和语义的考虑发挥作用。通过对身体—大脑整个循环进行激活，不断展现的思想开始选用一些词语和句法框架来传达想要表达的意义。但是可能没有现成的词语或句法框架能够准确地传达潜在的意图，因此，如果话语要继续传达下去，其所表达的意义上的某些细微差别和微妙之处可能会在转录中丢失，而最终的结果只是近似于——或粗略地近似于——预期的结果。园艺术语“篱架式整枝”指的是在植物（通常是果树）生长的过程中，通过选择性地修剪分枝并将其他新芽枝干系牢在框架上，框架的作用是指导植物的生长，从而将植物培育成特定的形状。就萌芽于身体—大脑的意义而言，语言起到了篱架式整枝的作用。

某一类“篱架式整枝培育”也普遍存在于意图萌生的过程中，但很少被人注意到。它涉及必须在语言中插入所指代的某种“自我”，这在许多语言中都存在。[9]不要只体验一个想法，例如，“卧室里有猫吗？”我们说“我想知道猫是不是在卧室里”。一个无缘无故感到好奇的人就会被添加到这个想法中，就像当我们说“天在下雨”时，“天”没有在做被称作“下雨”的事情。就像“天”一样，“我”也是一种语言常规。（或者“我”就像地图上的一条等高线，它是在现实世界中并不存在的一个符号。当你登山时，不必担心被等高线绊倒。[10]）

久而久之，当一个孩子学会正确而流利地使用虚设的词“我”的时候——不仅是“我摔倒了”或者“我吃了东西”，还有更令人费解的，“我看到了”“我尝试了”“我决定了”等——似乎“我”确实预示着某种无处不在的、幽灵般的观察者、煽动者、管理者、编辑者或叙述者正潜伏在表象的背后。我们习惯于在展现每一个意义的时候添加上这种幽灵般的“篱架式整枝”。对我们来说，不言而喻的是，当一些思想和体验出现在意识中或从意识中消失的时候，有一个（真实的，尽管是幽灵般的）观察者能够观察到它们的出现或消失，而且有一个真正的内在主体进行了所有的智能思考和决定。在笛卡儿的核心观点中，心智的中央执行系统被证明是一种常规的语言，而不是一种强大的力量。思维实际上是嵌在意识的展现过程中的，它具有整个动态的身体—大脑系统的功能，而不仅仅是具有神秘的大脑脂肪控制器的功能。

但是，“我”不仅是多余的（作为一个内在主体），而且会制造麻烦。在日常生活中，假设“我”指的是一个真实的内在实体，这会使自我批评的判断变得更加严肃和棘手。例如，在诸如“我尝试了，但是失败了”这样的语言结构中，显然会有判断所依附的某件事（或某个人），因此某件事（或某个人）不得不因为失败而受到责备。不必要的抑郁和焦虑可能随之而来。各种各样的治疗方法，比如正念减压法，都鼓励人们把“我是个失败者”这种想法的产生仅仅看作一种意识的涌现，而不是一个有效的判断。[11]

注意力的习惯

意识的涌现过程可能需要不同的时间。有时它只需要几分之一秒，在这种情况下，我们很难捕捉到意识的涌现。有时，将一个处于萌芽状态的想法发展成一个可交流的思路需要几秒钟、几分钟甚至更长时间。在我们等待恰当的字眼在大脑中涌现的时候，我们可能不得不发出“嗯”“呃”的声音。有时，当我们有了“健忘”迹象，想不起来一个好朋友的名字时，我们意识的展现就受到了阻碍。在许多关于创造性洞察力的故事中，一个问题的解决方案在几个月或几年的时间里会让我们摸不着头脑，直到正确的触发点恰好聚集在一起，答案才最终“被推进到意识中”。[12]

然而，在这些不同的时间尺度上，可能会有一些注意力的习惯，使我们或多或少地对意识内在展现的动态变化变得敏感。我们可能会养成一种普遍的习惯，不去注意早期阶段意识的展现，这样的话，无论它有什么样的内在时间进程，直到它发展的后期，我们才会有意识地觉察到它的涌现。我们习惯性地注意到体验的某些方面已经很好地形成和周密地发展了，但没有注意到它们模糊的前身。因此，我们并没有注意到一个思想或一种感觉逐渐变得清晰和分化，而是通过逐步地区分无意识的事物和有意识的事物，来体验我们的体验。它们似乎“突然出现”在我们的头脑中，甚至是以一种华丽的手法，从“内在的自我”的嘴里突然蹦出来的。因此——回顾先前关于意识的不同隐喻的讨论——看似是有意识和无意识之间结构上的分离，实际上是一种后天习得的认知习惯的反映。我们看到了一个明显的区别，但这只是因为我们没有注意到从无意识到有意识的梯度变化。

我们也可以利用身体—大脑的力量，养成加速意识的展现过程的习惯，并通过这一过程来预测意识自身的状态。我们知道，我们的具身系统能够在它的处理过程中记录规则，因此能够根据已经发生的心理状态，来（或多或少准确地和/或有信心地）预测将会出现什么样的心理状态。[13] 这种预测自己心理状态的能力使我们有可能在意识的展现过程中走捷径，并对当前状态下可能或通常发生的事情匆忙下结论。用我们前面那个例子来说，看见猫咪蒂米的尾巴在房子的拐角处消失，就会让我们想到，如果我们跑到拐角处去看，就会看到整只猫；但是如果我们很懒，或者觉得这没什么大不了的，我们就可以认为它是（整只）猫咪蒂米，而不必费心跑过去查看了。

当我们必须快速做出反应时，走这样的捷径可能是有利的，它甚至可以挽救人的性命。但是，如果匆忙下结论成了习惯，我们就可能会错过细节和新奇之处。我们不是基于当下前所未有的特殊情况，而是基于正常的和预期的情况，来构建自己的世界。因此，我们看到的是事物的模糊的、熟悉的刻板印象和概括，而不是其呈现出的生动的、复杂的个性。（我们看见了一个模糊的猫咪蒂米的替身。如果我们去查看一下，可能会发现，它其实是一只完全不同的猫，我们刚刚在当地报纸上看到，一位心急如焚的猫主人为了找回这只猫，提出给予丰厚报酬。）实际上，我们是在用活力和求知欲来换取常态和可预见性。

在这种节省劳力、自上而下的方向上走得太远，不仅会使生活更加乏味，还会带来风险和成本。我们可能会尝试着使世界符合我们的期望，坚持运用那些曾经奏效的思维和行动方法，但这些曾经行之有效的思维和行动方法在新的情况下不再适用或有效。（在谷歌，应聘者经常被问及他们在所从事的领域内是否有成功的履历记录。那些大胆说“有过”的人将不会被聘用，因为以往的经验告诉谷歌，这种自信往往会导致人们试图通过迫使新的困境适应旧的模式，来复制先前的成功；而谷歌感兴趣的是那些能够从头开始思考，并在面对全新挑战时能够“智慧地挣扎奋进”的人。[14]）

语言肯定会加剧这个问题。大量研究表明，语言标签通常会导致一种“功能固着”①，在这种“功能固着”中，看待或划分一个物体类别的其他方式会被这个语言标签所掩盖。在一项经典的研究中，研究人员向受试者展示了一些模糊的图片，这些图片带有两种暗示性语言的标签之一，如“哑铃”和“眼镜”。当受试者被要求根据记忆画出这些图形时，他们发现，这些标签明显地扭曲了他们自认为所看到的东西（见图7.1）。[15]这是因匆忙下结论而降低创造力的一种表现形式。创造力在其他方面也会受到影响。我们可能会对自己的暗示和直觉充耳不闻，而最近的研究表明，这些暗示和直觉是创造力的重要方面。能够了解和容忍一些研究人员所说的“低自我控制”或“低觉醒”心理状态——那些不确定的、临时的、模棱两可的或模糊的心理

① “功能固着”是指人们把某种功能赋予某种物体的倾向性。——译者注

状态——明显有利于创造性的洞察力的发展。这些模糊的体验还处于其意识展现的早期阶段，它们可能在传达未分化的，处于萌芽状态的新思想。急于展现意识，迫使朦胧的直觉朝着更熟悉的轨道发展，这很可能会牺牲潜在的洞察力。[16]

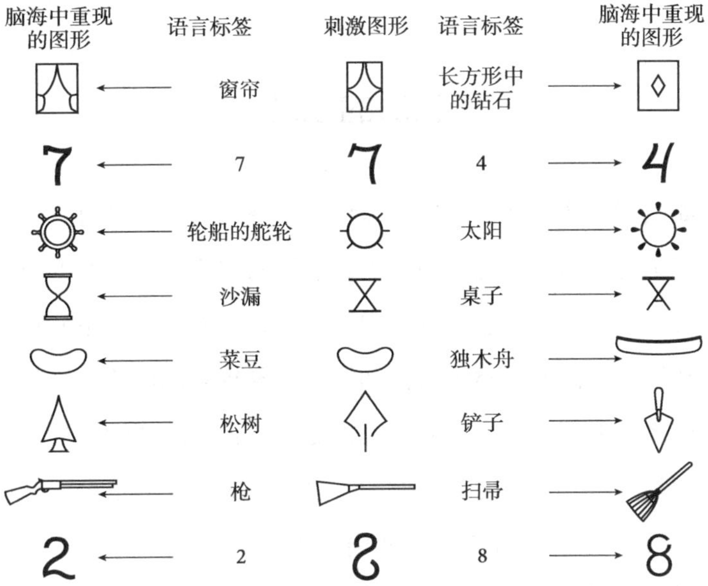

图 7.1　语言如何影响记忆，基于卡迈克尔、霍根和沃尔特 1937 年的实验

意识的展现过程可以减慢，也可以加快。正如我们前面所看到的，检查受试者动作或话语的准确性和完整性的过程可能受到那些抑制性额叶的策略性控制。我们可以让“意识流”流动，或者我们可以更仔细地对其予以监控和编辑。例如，当说一门外语时，有些人可能会跃跃欲试，“全力以赴”（特别是在热闹的场合或喝了一两杯酒后），而在其他场合（或他们生性谨慎小心），他们可能会进行自我监控，以至说不出话来。[17] 当一句可能要说的话正在接受检查时，生成这句话的动作程序就可能“离线”运行。也就是说，刚开始说话时肌肉运动可以用一种沉默的方式进行，这种沉默的方式产生的内在“思想版本”可以被检查和编辑。最终的语言表达可能会更准确，但也很可能只是对话在继续进行，经过精心推敲的评论将不再与之相关（或有趣）。

意识的出现

正如我所论述的那样，这些意识的出现最初并不是有意识的，或者不一定是有意识的。通常情况下，意识的主要展现涉及的只是不假思索的行为。但是，在意识的涌现过程中，可能会产生不同种类的躯体事件和模式，而这些躯体事件和模式会导致意识体验的发生。这样的体验以多种形式呈现，首先就是视觉、声音等的感知世界，我们把它解释为我们所有行为的全方位的背景。其次是或多或少清晰的身体感觉、感受、情感和情绪。有期望、预感、意图、准备或期待的感觉；还没来得及回想就记起了某事的感觉。有一系列的暗示、预感、提示和其他类型的直觉。有语言的或符号的思想，以及内部的感觉和肌肉的图像。还有“记忆”（被标记为对过去事件的回忆的图像）和“幻想”（被标记为可能或极可能发生的未来事件的图像）。

意识的变化不仅体现在内容上，而且体现在其呈现的质量上。如果涌现开始变得有意识，那么它不仅可以以不同的形式出现，而且可以以不同的清晰度和强度达到这种效果。有时可能只有微弱的知觉：最模糊、最微弱的理解。有时，我们甚至不确定自己是否有感觉。有时，我们知道我们有感觉，但并不能非常确定。有时，这些内在的正在进行的工作进一步展开，使原本模糊的东西开始呈现出更清晰、更加不同的形式。然而，有时洞察力、情感或者思想以最大的力量、精确性和/或确定性突然出现在意识中。正如我前面论述的那样，这些意识展现阶段可能会被我们注意力的习惯进一步搅乱。有些人可以感觉得到来自身体的最微弱的信号，而另一些人似乎感觉不到，即使在别人看来，这些明显是害怕或生气的信号。

*****

所有这些不同的意识体验构成了可被我们称为互补的“认知方式”。每一种方式都反映了大脑内部正在进行的运作过程，每一种方式都有用，但都存在欠缺。然而，在笛卡儿的模型中，只有经过“篱架式整枝”培育而成形的想法才能算作正确的“思想”，只有这种经过培育成形的思想结论，即逻辑上达到目的的结论，才能被称为知识。但我们都很清楚，逻辑是多么愚蠢。在英国女王伊丽莎白二世大声质疑经济学家为何没能预见金融危机后，一群杰出的经济学家给她发了一封信进行解释。他们写道：“总之，陛下，未能预见危机发生的时间、范围和严重程度，并且未能阻止危机发生，虽然有很多原因，但主要是在我们国家以及国际上，很多聪明人的集体想象力都未能认识到整个体系所面临的风险。”[18] 想象力不起作用了，因为可能发生的危机并不包含在他们所使用的经济逻辑中。逻辑一次只能处理一小部分定义明确的因素，因此要进行逻辑思考，我们必须缩小真实的、混乱的、令人困惑的世界，以便适应这种约束，然而在这样做的过程中，往往会失去其重要的丰富性和意义。不管你多么有逻辑，它都是无用的输入和输出。

如果逻辑既有优点也有缺点，那么其他的认知方式就具有了可以弥补它们自身不足的价值。例如，身体的提示和直觉并不总是可靠的，但有时它们可以让我们做出更好的决定。“拇指一戳，邪恶就来。”莎士比亚悲剧《麦克白》中的女巫吟诵道。我们现在知道，我们的知识宝库有时确实通过躯体与我们交流。国际金融投资家乔治·索罗斯在做金融决定时会考虑到他的下腰部疼痛。记住，在安东尼奥·达马西奥的艾奥瓦博弈任务中，皮肤的生理唤醒才是学习的最初信号。从获得诺贝尔科学奖到诗歌写作，再到准备参与精英体育运动，直觉和幻想在各种智能活动中都已被证明是有价值的和重要的。（杰克·尼克劳斯有句名言：“当我打高尔夫球时，打球的整个动作都会事先在我脑海中浮现一遍。”[19]）

意识出现的条件

有人正在深入调查身体的神经化学活动是如何最终发生在意识知觉中的。但现在我想关注的是一个更普遍的问题：什么时候这些深层、无声的内部活动——无论其最终形式如何——会与意识相关联？神经科学领域普遍认为，有意识的知觉——无论它是什么，无论它为了什么——是与我们人类这样的生物有机体的复杂神经化学状态同时出现的。[20]目前还没有人确切地知道这些特定状态的特征是什么，也没有人确切地知道身体—大脑的哪些部位对意识至关重要。然而，我们可以肯定的是，它们是复杂的、整体的和分布式的。人们怀疑它们涉及大脑的一些区域，比如前岛叶、前扣带回皮质和前额皮质区域，在这些区域中所有不同的神经化学回路聚集在一起，相互交流，但是几乎可以肯定的是，其他分布更广泛的回路也牵涉其中。

然而，总有些人分辨不清，所以我要抓住机会阐明自己的观点：粗略估计，当具备五个条件的某种组合出现时，意识似乎就产生了。

第一个条件是强度。意识的出现伴随着足够突然或强烈的外部事件。例如，突然响起的警钟、明亮的灯光或突如其来的刺痛。

第二个条件是持续性。强度似乎与刺激的持续性相互作用：如果强度较低的刺激持续时间超过半秒，通常就会产生意识。如果强度较温和的事件持续下去的话，它们就可以逐渐聚积成必要的意识活动水平。[21]（当然，如果持续时间较长的话，意识可能会通过习惯化再次消退。）

第三个条件是反响。持续性的出现可能不是因为外部事件的物理延续，而是因为大脑的内部状态能够使激活产生反响，例如，一个磨损的神经回路中的阻力很小，可以说，激活可以不断地重新点燃自己。例如，人们认为，我们可以很容易地记住一个合理的句子，因为它的各个元素被“组合在一起”，创造了这样一个反响回路，而一串随机的数字要想不“逐渐消失”或被遗忘，则需要不断地被默诵或更新。[22]

意识出现的第四个条件是意义。具有个人意义的体验似乎可以激起意识，这些体验可能对身体健康或生存，对财产或人们所认同的个人属性造成威胁。在下面的这些情况下，即使是身体强度微弱的事件也能产生意识：卧室的地板吱吱作响；坐在正面的观众的脸上露出不满的表情。安东尼奥·达马西奥、杰拉尔德·埃德尔曼、朱利奥·托诺尼等研究人员认为，与自我相关的事件之所以能够激起意识，是因为它们与大脑中持续活跃的“核心自我”表象相联系，从而成为巨大的反响回路中的一部分。这不是一个固定的结构回路，无论是哪方面的内部神经化学活动，如果恰好在那一刻被锁定在“核心自我”中，在功能上这个结构回路都能连接得上。因此，这个核心的自我回路系统的组成部分是不断变化的，例如，一些问题被处理掉了，新的问题又会出现。[23]

意识可能出现的第五个也是最后一个条件是检查。当活动正在内部被检查或抑制时，它经常产生有意识的体验。正如我们所看到的那样，前额叶皮质会对身体—大脑其他部位的活动施加各种各样的抑制控制。从内部神经化学的经济学角度来看，这是非常耗能的——它还会导致激活受阻，这就像“堰塞湖”一样，激活受阻可以累积到更高的强度。因此，在这些抑制控制之间，存在着一种强烈的（但不是一成不变的）联系，并由此出现了相关的意识体验。[24]例如，当我们正在阻止候选的行动路线时，就会产生对话以便对（社交）错误的代价加以评估，或者当我们“与诱惑作斗争”的时候，这种相关的意识体验就会发生。

严谨的思考行为往往会变得有意识，因为它们需要一个狭窄的激活通道来维持自身的存在，以控制竞争的可能性和存在的干扰。（这就是“工作记忆”与意识密切相关的原因：不是因为这是意识之光闪耀的地方，而是因为为了保持严格控制内部事件所需要的抑制努力创造了这种强烈的、被聚集起来的激活，这种激活与意识的出现有关。）很显然，当前无论什么与“核心自我”有关联，都可能受到更广泛的“安全检查”。（生性焦虑的人可能会不断小心地提防未来可能出现的威胁，因而变得有高度的自我意识，并且受到抑制。[25]）

最后值得强调的是，有意识的理性思考与感觉或见闻并没有什么不同。它不是来自不同时期的关注，而是植根于对身体—大脑的萌芽时期的关注。它的不同之处在于，当它出现时，根据所需要的神经化学约束的程度，它所激起的激活强度有所不同。就像情感、直觉和图像一样，理智和论证也是从身体—大脑的深层次区域涌现出来的。当存在潜在的、错综复杂的意图、功能可供性和机会时，当前行的方向不明确或存在冲突时，我们常常与自我进行沟通。这种困境使身体—大脑内在的解决问题和解决冲突的过程变得更加复杂，因此大量的神经化学兴奋和抑制聚集在了这种冲突周围。在这种生物环境下，行动将被减缓或完全被阻止，并出现一系列激起意识的活动，其中的一些以内在的语言——思想的形式出现。

总的来说——如果你能忍受另一种隐喻——我们可以说身体—大脑的功能就像弹球机一样运作。有时，一个事件发生了，特别是当它"落入"一个专门领域时，身体—大脑系统会快速并悄悄地做出响应。其他时候，在关于需求、行为和见闻的决定进行得不太顺畅时，或者估计需要付出很大代价时，在不同的可能性之间会有更多持续的活动，并且就像弹球机电子缓冲器使球不断地来回弹跳并伴随着闪烁的灯光和声音一样，大脑会让这些活动伴随着意识的出现持续进行。在这种情况下，这种实时的现场表现反映了这种复杂的活动，但却控制不住它。

"自我"的涌现

心智是装在玻璃盒子里的时钟，是时钟主人可以检查的一种机制（如果他有头脑去检查的话），这种观点给我们留下了怎样的内省？早期关于意识的隐喻确实需要这个神秘的媒介（坐在灯光明亮的办公桌前的首席执行官、举起聚光灯的人），而意识涌现的隐喻形象却不需要。内在的作者、煽动者或观察者的感觉不过是意识展现的另一个方面。在那一刻，"自我"和"思想"作为相同的意识涌现体验的两个方面出现。[26]无论什么“思想”或“自我”进入意识，正如班尼·香农所说的那样，它们都是这种复杂的意识展现的产物，而不是对它的直接检查。我们从来看不到自己内在的运作过程。身体—大脑的运作完全是深层次的，永远是静悄悄的。但有时，从禁止进入的工厂大门开出来的卡车会发出隆隆声，运载着的货物能被听得见也能被看得见。身体—大脑的运作也是如此！能够检查自我的感觉是“真实的”，就像突然涌现并呈现短暂意识形式的其他任何事物一样真实。但是，有一种想法是，这种感觉指的是透过表象看到我们内在自我的真正的能力——这只是另一种想法，并不一定是一个准确的想法，这是一只神秘莫测的独角兽。[27]

意识是“为了”某个独立的内在“自我”而存在的观点，在我们的文化中——当然也在心理学中——根深蒂固。引用一篇论文中的一个例子：“尽管直觉过程本身仍然是无意识的，但它们产生了直觉等结果，我们可以有意识地关注直觉……并将它们用在我们的判断中。”[28]这种观点非常熟悉，而且看起来无伤大雅，然而这个正在关注、被告知和做出判断的“我们”究竟是谁或者是什么？无论是日常的还是学术的讨论都在不断地引入幽灵媒介的概念——心智——它显然不是身体—大脑本身的运作。当身体—大脑发现自己处于某种难以控制的状态时，尤其是当我们开始交流时，思考以及大脑内部有人在“进行”思考的感觉就会同时出现。

*****

这种“自我”的观点也与大量研究结果相符合。正如弗吉尼亚大学的蒂莫西·威尔逊所指出的那样，我们“对自我是陌生人”。[29]事实证明，我们只有通过两种途径才能了解自我。第一种途径是通过观察自己的行为，并推断出做出这种行为确定或可能存在的内部原因是什么。有时，我们也会承认这种推理过程，“我不知道我是怎么了，我的压力肯定比我意识到的要大”，但大多数情况下，我们不会承认。研究表明，我们总是在为自己的行为编造理由，然后把它们当作来自内心的直接解读，但它们往往是错误的。让人们看一组一模一样的女性紧身裤袜，问她们喜欢哪一种（控制其他变量，比如灯光和人们站立的位置），你会发现大多数人会选择右边的那一双。如果你问她们为什么选择这一双，她们会给你各种各样的理由。没有人会说“我选择了右边这一双，因为我就是打算这么做的”。

事实证明，这种被推断出来的自我认识并不是很好。比较了解你的人会比你自己更能预测你的行为。例如，你对自己做慈善事业的慷慨程度的估计，是慷慨的。如果你想更好地了解自己，就去问问你的朋友。这是了解自我的第二种途径——相信别人所说的我们是什么样子的人。在成年时期，如果我们有相当要好的、聪明的朋友，那么他们对我们的评价很可能是相当准确的。但情况并不总是如此。在童年时期，别人会很热心地告诉我们，我们是谁，以及我们应该怎么做。他们可能会根据我们的性别、肤色甚至只是根据他们期望我们是可预测的、不麻烦的，来锁定我们的某些属性。但是，这些属性可能支持了我们的内在运作，也可能潜在地误导了我们的行为，并扭曲了我们的意识。

第八章

增强的身体

你的自我并不会止于你的肉体本身，而是会弥漫并融入这个世界，包括其他生命存在。

——桑德拉·布莱克斯利和马修·布莱克斯利[1]

我们逐渐扩展了对身体的理解：身体是什么？它有多么智能？我们已经从分子和微小电火花的“亚个人”层面，通过身体内相互交织的系统，上升到有意识的思想和更典型的人类智能形式（包括谈话、决策、问题解决和创造力）的“个人”层面。但是，也许你还记得，当我们在第二章讨论人类作为“复杂的自适应动态系统”的本质时，看到我们不仅是由子系统组成的，而且我们本身也是一系列嵌套的超级系统中的子系统。要正确地理解自己，还必须包含“超个人”层面。

皮肤的表皮层（以及我们进化出的所有特殊类型的触觉感受器，比如眼睛和耳朵）并不是边界或屏障，而是我们与世界相连的地方。理解一个孤立的身体，就像试图理解心脏而不去看它在整个生命中的位置一样，是没有意义的。放置在钢制盘子里的心脏与身体中原来位置上的同一颗心脏是完全不同的。我们看到，健康的心脏与所有其他器官和物质处于持续的共振状态，同样地，人类通过身体，与围绕着身体并作用于身体的能量、活动和信息的流动保持持续的共振状态。

事实上，这种交互作用大多是在无意识中发生的，这使它显得更加真实。但是，我们已经养成的一种文化习惯使我们倾向于高估自己那些有意识的、明确的方面，这使我们忽视了身体与周围环境的持续共振。其中一些交互作用是物理上的，而且通常非常明显。如果我们停止与外界交换气体，我们就会死亡。如果我们失去了触觉，无论是被爱抚时的舒适感，还是受伤时的疼痛感，我们都会因为无法感受而导致严重残疾。但是，其中许多交互作用是社交性的，而且通常更微妙。我们对他人眼中的表情做出反应，自己却对此并不知晓；我们对他人的气味很敏感，自己却对此没有觉察。在本章中，我们将探讨一系列我们的身体与环境的关联性。

我的空间

被人挠痒痒会让大多数人感到局促不安，但是假装挠痒痒而不接触皮肤也会让我们有同样的感觉。在孩子的身体附近摆动你的手指，威胁着要挠他们痒痒，可能会像真正的挠痒痒一样让他们感到局促不安，发出咯咯的笑声。这是因为在我们坚实的身体周围有一个看不见的透明泡状空间，科学家称之为个人周边空间。在这个空间里，你不需要改变自己在空间里的整体位置，如果有什么东西朝你的方向运动，你可以抓住它、击打它、用脚踢它，或者用屁股撞它。[2] 这个空间是与物质世界直接交互的区域：它是我们用四肢抓住自己想要的、感兴趣的东西，或击退、赶走有害的、有威胁的东西的主要场所。正如我们在第四章中看到的那样，大脑处理进入个人周边区域物体（比如给婴儿的拨浪鼓）的方式不同于处理个人周边区域之外物体的方式。例如，他们的抓握能力变成了更加显著的特征，大脑中负责抓握的运动区域会自动做好行动的准备。但是，当相同的物体出现在个人周边区域之外时，处理它而使用更多的是其自身特有的感官特征，而不是抓住它所需要做出的物理动作。

1994 年，普林斯顿大学的迈克尔·格拉齐亚诺和查理·格罗斯对猴子大脑中似乎存在对触觉和视觉都有反应的细胞的活动进行了研究。例如，当猴子的手背被抚摸时，这些细胞就会被激活；但是，他们发现，如果猴子看到实验者的手靠近它的手背但并没有实际触碰它时，相同的细胞依然会被显著激活。这看起来像是视觉线索足以让大脑期待某种触觉。实际上，猴子的触觉就像“光环”一样，从它的身体延伸开来。当然——不像某些超心理学对“光环”真实性的断言——只有当猴子能看到即将临近的刺激时，即当猴子“知道”有什么东西进入它的周边空间时，这种效应才会发生。在这种效应开始之前，刺激必须很近——以猴子为例，大约是 8 英寸[①]——当刺激越来越近时，细胞的反应会越来越强烈。有效的身体会延伸到我们通常称为身体的肉身之外。[3]

迈克尔·格拉齐亚诺和查理·格罗斯还发现，许多这样的细胞并不在传统观点所认为的位置上，传统观点认为它们隐藏在大脑顶叶的后部，在那里来自感官的信息汇聚在一起，并结合成多感官表征，但实际上这些细胞中的一些更靠前，位于大脑前运动皮质内。这里我们

① 1英寸等于2.54厘米。——编者注

有另一个关于大脑相互交织的感知运动观点的清晰例子，在第三章中已有讨论。能够预测有什么东西将要轻触你的手，其意义在于你能够调整你的手来抓住它、避开它或者只是让它轻触到你的手（这取决于你要做什么，以及你认为它是什么）。大脑被设计成对感知预测和行动准备几乎同时产生反应，这是明智之举。

然而，将我们的注意力锁定在手边的物体上——并且更快、更全面地处理它们——这种内在倾向确实会产生负面影响。我们很难把我们的注意力从这些物体转移到其他事情上。给人们一项任务，让他们看着计算机屏幕，迅速将焦点从屏幕上的一个光点切换到即将出现的另一个光点上。如果你告诉他们把手放在屏幕的两边，而不是放在膝盖上，他们的切换速度就会变慢。研究人员认为，“手边的物体很可能是物理操作的对象（如工具或食物）……在这种情况下，对手边物体的扩展分析可能有助于产生准确的动作”。但是，这会妨碍你处理干扰的能力。[4]

意大利神经病学家安娜·贝蒂报告了一个惊人的实验，这个实验展示了大脑处理个人周边区域之内和之外空间的不同方式。她的一个患者患有大脑功能障碍，这使她似乎对位于视线左侧的东西视而不见——但只是就那些触手可及范围内的东西而言。当她被要求指向她身边的一根横杆的中间位置时，她指向了右边的一端。但是，当横杆被移动得更远，她被要求用激光笔指示中间位置时，她竟然猜对了。[5]在日常语言中，我们通过谈论“这本书”（在触手可及的范围内）而不是“那本书”（在更远的地方）来标记这种转变。用英语说：“打扰一下，你能把这本书递给我吗？”这听起来很奇怪。

然而，身体周边的功能区域并不是固定的。当有需要的时候，你的大脑会根据你当时的穿着、驾驶的车辆或使用的东西，来调整个人周边空间的大小和形状。当我们用老套的恭维话对某人说“那顶帽子很适合你”时，我们说的是实话。在女性戴宽边大羽毛帽子的时代，她们的身体图式会迅速根据判断做出调整，这样她们就可以不假思索地在狭窄的门道和低矮的横梁间穿行，而不会发生任何事故。当时著名的神经学家亨利·海德爵士就曾经描述过“女性本地化的力量可能延伸到了她帽子上的羽毛”。更普遍的是，“任何参与我们身体的有意识运动的事物都被添加到我们自己的模式中，成为（身体图式的）一部分”。踩高跷的小丑所做的事情与此相同。有经验的大型铰接式卡车司机无须思考就能知道后轮的位置，可以精确到厘米。事实上，他们通常会说“我的后轮”，而不是“我开的那辆卡车的后轮”，就好像卡车真的融入了他们对自己身体的感觉中。依据我的空间内部或外部的事物对我的重要程度，我的空间区域会有弹性。相较于不受欢迎的或令人不愉快的物体，受欢迎的物体被认为更能延展到触手可及的空间的外部极限区域。也就是说，对于你喜爱的事物，你的个人周边空间会更大。[6]

就大脑而言，工具很快就会融入身体。当我使用铅笔或网球拍时，我的大脑会自动调整个人周边空间，将正在使用的工具包括进来。盲人的拐杖实际上已成为他们身体图式的一部分。当人们使用“抓物器”来捡垃圾时，他们会判断使用该工具的那只手臂的肘部和指尖之间的距离要比另一只手臂长。我们真的觉得自己的手臂被拉长了。有趣的是，当安娜·贝蒂的患者被要求用一根长棒而不是激光笔指向远处的那根横杆的中间位置时，她对空间的扭曲看法又出现了。使用这个触摸得到的指示棒，她的大脑把那根横杆“看作”在个人周边空间区域内，因此，与近距离空间相关的缺陷又出现了。

在一项关于这些身体图式延展性的详细研究中，日本东京理研大脑科学研究所的入来笃史教授训练猕猴学习如何使用小耙子把它们无法独立获取的葡萄干（它们最喜欢的一种食物）弄到手。为了观察大脑对这项新技能的反应，入来教授将微型电极植入手持耙子的猕猴的后顶叶皮质，并测量了它们使用耙子时单个细胞的感受野。感受野是能引起特定细胞反应的物理位置的范围。例如，如果没有耙子，细胞的感受野只能覆盖一只手和它周围的一小块空间。但当猕猴使用耙子时，同样的细胞就会将耙子本身以及可以用耙子触及的更广阔的区域包括进来。有趣的是，当猕猴只是被动地拿着耙子，而不是积极地使用耙子时，感受野就会很快缩小到更小的范围。对于我们这些熟练使用工具的人来说，当我们放下工具后，身体图式会持续更长的时间——大约 15 分钟。[7]

虚拟化身提供了一个有趣的工具，以探索这些身体图式的延展性有多大。早在 20 世纪 80 年代，虚拟现实（VR）的先驱杰伦·拉尼尔和他的同事就已开始使用大脑能够接受的虚拟现实化身。化身是你在虚拟现实环境中身体的样子。当你打量虚拟现实化身或者看虚拟镜像中的自己时，你所看到的就是自己的样子。你可以直接去，也可以精美装扮后再去。你四肢上的传感器将你的肌肉活动传递给计算机，这些信号就被用来驱动化身图像的运动。

过了一段时间，杰伦·拉尼尔的同事安·拉斯科开始对虚拟化身编程感到厌倦，因为她觉得把两条腿和两只手臂伸出人形躯干之外的虚拟化身编程枯燥乏味，所以，她在杰伦·拉尼尔的虚拟化身的胸部添加了六条大龙虾腿，看看他会怎么应对。他的大脑能够学会控制这些腿吗？事实上，她已经运用了一些非常复杂的规则进行编程，这些规则把杰伦·拉尼尔的真实身体反应与虚拟龙虾腿的动作联系在了一起。例如，左手腕、右膝盖和右肩膀角度的微妙组合会使左下角的龙虾腿以特定的方式弯曲。正如桑德拉·布莱克斯利和马修·布莱克斯利所说，在描述这个实验时，这些模式“太过复杂和微妙，他的理性头脑难以理解”。[8] 然而，置身于虚拟现实环境（作为虚拟化身龙虾侠）一段时间后，在不知道自己在做什么的情况下，杰伦·拉尼尔就能在很大程度上控制这些想象的腿了。“经过一段时间的练习，我可以四处活动，让多余的‘手臂’单独摆动，做出不同的动作。”他说，“实际上是我在控制它们。这种感觉非常有趣。”我打赌确实如此！

杰伦·拉尼尔和他的研究团队继续设计了一个从肚脐中伸出触须的虚拟化身，人们可以学着像扭动龙虾螯和腿那样扭动触须。但这一次，他们把这一妙招和另一个妙招结合了起来。如果你让人们戴上以某种方式振动的特殊手套，你就可以在他们的双手之间、在半空中制造出一种物理上的感觉。杰伦·拉尼尔说，这本身就是一种非常奇怪的体验。但是现在，如果你操纵得好，你就可以在空间中让这种虚幻的感觉与想象的触须的顶端相吻合——这种感觉就像你身体的一个真实部分在振动！

你甚至可以把别人身体的一部分转移到你自己身上。想象这样一个场景，你坐在桌子前，左臂置于身体前侧，但被一个遮蔽物遮住了。你可以看到，有人伸出的手臂就在你附近。第三个人用他的一只手轻抚、轻拍你的手臂——那只你看不到的手臂轻抚、轻拍的方式和节奏都很独特，与此同时，他用他的另一只手在另一个人的手臂上，也就是你能看到的那只手臂上，采取相同的轻抚、轻拍的方式和节奏。奇怪的是，你会觉得另一个人的手臂好像属于你的身体。你富有创造性的大脑试图从它所接收到的不同的感觉中创造出一个连贯的故事，它会认为你所感受到的刺激和你所看到的刺激必须是“相匹配的”，它们一定属于同一只手臂。因为视觉比触觉更有说服力，所以你能看到的手臂就变成了你自己“拥有”的手臂。因为这需要你的意识本身彻底停止怀疑，所以这种错觉是脆弱的，如果有更多的证据表明大脑的假设不可能是真的，那么这种错觉就会被打破。如果你看到的那只手臂的主人突然以一种不可预测的方式移动了他的手指——在没有任何必然的刺激或运动指令在你的身体里发生的情况下——那么你就不会再感觉你看到的那只手臂像是你的手臂了。[9]

如果人们的体型或外貌发生了变化，那么变化的不仅是“身体图式”，他们明显的个性也会随之改变，甚至连他们的想法也会不同。当人们做了整容手术，甚至仅仅是化妆打扮，他们的信心往往也会发生改变，随之而来的是整个社会行为举止的改变。他们可能会变得更外向、更有趣、更愿意冒险。仅仅是换件衣服——那些无处不在的，广泛传播我们的价值观和社会关系的工具——就能起到这样的作用。研究表明，穿黑色衣服的人比穿白色衣服的人表现得更有攻击性。当实验人员要求穿着护士制服的人电击别人时，后者会拒绝这么做，但是同样这些人若打扮成警察的模样，他们更有可能同意做他们被要求做的事情。即使是在虚拟现实的情境中，某人的虚拟化身形象也会影响他们的想法和行为。斯坦福大学的尼克·易和杰里米·拜伦森的研究表明，相较于那些虚拟化身比现实生活中身材高大的人，那些虚拟化身比现实生活中身材矮小的人会在谈判中表现得更不果断，也会勉强接受更糟糕的结果。被配置了更有吸引力的虚拟化身的人会变得更善于交际，并且更外向。[10]

分布式认知

人类进化故事的主线一直都是不断完善我们的技巧，将越来越复杂的各种各样的物理工具整合到我们越来越灵活的身体地图中。

——桑德拉·布莱克斯利和马修·布莱克斯利[11]

我们是进化的产物，可以使用各种各样的人工制品来增强我们内在的生理智能。我们人类来到这个世界的时候，就已经具备了一套能力——条件反射、简单的技能和感知敏感性，而这些都有其自身的限制：我们只能举起一定的重量，只能以一定的速度奔跑，只能听到一定距离之内的声音。因此，在保护这些能力的基础上尽可能增强这些能力，才符合我们的利益。我们可以通过实践来培养其中一些能力。我们都知道，走路和跑步的运动能力远比四肢爬行能力更有效率；舞蹈家和足球运动员培养了非凡的躯体活动能力；葡萄酒大师培养了辨识味道细微差别的能力。但我们还有另一种增强能力的方法——使用工具。实验中的那只猕猴通过使用耙子，增强了伸手够东西的能力。我用锤子来提高我的打击能力，用剪刀来提高我的撕裂能力，用配戴眼镜来弥补我内在的视力衰退，通过使用手机来大大地提高让别人远距离听我讲话的能力。我的车是一个神奇的装置，它能通过加满油来极大地增强我的出行能力。

英国工程师弗朗西斯·埃文斯曾提出，我们的技术倾向是由两种进化转变发展而来的。第一种技术倾向是摆弄我们找到的物质，让它显露出更多的功能可供性。如果你摆弄一根棍子，你可能会发现它有变成钓鱼竿的能力；如果你试着把某一块石头砸碎，你可能会从中分离出一些可用于切割的碎片。第二种技术倾向当然是学会如何直立行走、解放我们的双手来操纵和研究事物。

自由的双手极大地增强了我们成为机会主义事物使用者的能力，

同时增强了我们发展创造事物的能力。由于我们越来越熟练而巧妙地操纵物质，我们开始能够创造我们自己的世界，并创造出上千种节省劳力、扩大智能的设备，在某种程度上，甚至连类人猿都无法匹敌。如果你找到一根折断的树枝，它就可以助你一臂之力爬上陡峭的山坡。如果你找到一根笔直的树枝，在它的一端有一个V形的切口，稍加修剪，你就有了一根很好的手杖。如果你找到一根更长、更柔韧的树枝，你就能学会如何撑住它来跳过溪流。如果你发明了玻璃纤维，并学会了如何把它塑成一根坚固、轻盈的空心杆，你就可以通过撑住它来跳过6米高的横杆并赢得奥运会冠军。弗朗西斯·埃文斯认为，我们生来就善于利用物质，因此我们能够成倍地获得我们自身的自然能力，包括身体和精神的能力。有个典型的例子，他回忆说：

> 有一天，我站在沃特利上铁厂一个泥泞的水沟里，想清理掉一块石头上的泥土。我环顾四周，发现了一个树根——又直又结实的树根，可以用来刮泥土。我的头脑已经抽象出（所需要的）一些属性（笔直和坚硬），而这些属性与树根并无关联，树根只不过是树埋在地下的部分罢了。这种心理活动是无声地进行的，读者会理解在花园小屋四周找一个能用于刮泥土的废弃物是什么样的感觉。[12]

这是我们躯体本性的另一种表现，我们人类的深层倾向是将我们想要做什么、我们有能力做什么以及环境允许我们做什么的感觉综合在一起。当我们以一种有目的的、开放的和沉默的方式环视小屋时，我们的感知就会被我们想要做什么和我们有能力做什么这些活跃的感觉所渗透。智能表现在复杂的观察和巧妙的行动上。

个人＋其他[13]

我们塑造了工具，然后工具又塑造了我们。

——约翰·卡尔金

我们不仅仅是聪明地使用工具来增强自身的智能，更准确地说，智能是一种成就，它依赖于内部回路（就像从内脏到前岛叶的回路）与向外连接到物质世界的回路和过程之间的敏锐协调。简单地说，“我”之所以像“我”表现的一样聪明，是因为我被大量的智能材料所包围：书籍、眼镜、笔记、打印机、链接、日记、日历、地图、卫星导航屏幕、计算机程序、文件系统、网络电话、移动电话……我对所有这些都或多或少地知道该如何利用。我们人类继承了这些智能物品和仪器的巨大文化宝库，随着我们的成长，我们在校内外学到的大部分知识都是关于何时以及如何充分利用它们。

在接触这些大量有用的文化工具时，我们与动物有很大的差异，但并不是完全不同。从生态学的角度来看，所有的生物都被认为是在找到并创造生态位，这些生态位会影响它们的能力。这里有一些扩展系统的例子，其中整个系统的智能包括环境和动物。

寄居蟹找到一个壳，然后寄居在里面，直到它长得过大而不再适于寄居在这个壳里面，此时它没有了壳，并且易受攻击，于是它就会转移到一个更大的壳里。在种类上，“蟹＋壳”和“海龟＋壳”之间并没有真正意义上的区别，只是蟹壳是被发现和利用的，而海龟壳是与生俱来的，对吧？

蜘蛛先结网，然后“蜘蛛＋网”充当喂食蜘蛛的智能装置。蜘蛛网实际上是由蜘蛛自身的分泌物构成的——它是由蜘蛛身体构成的——而蜘蛛和蜘蛛网可以无缝地结合在一起。那么这里是有两个系统还是只有一个系统在起作用呢？

河狸筑起水坝，然后水坝形成池塘，池塘为河狸的生活提供了有利的栖息地。河狸创造了环境，然后环境又造就了河狸。理查德·道金斯在《表现型延伸》（*The Extended Phenotype*）一书中提出了一个很好的例子，他认为“河狸＋水坝＋池塘”如此紧密地结合，以至水坝和池塘实际上是河狸身体延伸的一部分。[14]

金枪鱼的身体虚弱程度是它外显状况的七倍左右，它无法完成它通常所做的水中绝技——火箭般地加速、在小范围的水面上旋转等。它之所以能做这些水中绝技，是因为它巧妙利用了水的自然涡流与其尾巴产生的额外水流。金枪鱼利用水的自然属性有效地通过“涡轮增压”的方式来加速自己的运动。在这里，是单独的金枪鱼还是“金枪鱼＋涡流和压力梯度”才是智能系统呢？[15]

现在，把这些延伸的生态动物与一位假想的已经严重失忆的人类阿尔茨海默病患者进行比较。人们通过部署一系列外部道具和辅助工具来帮助大部分患有这种疾病的人，设法使其在正常社区内维持高水平的运作。这些方式可能包括给他们周围的物体贴上标签，使用标有文字注释的家人和朋友照片的“纪念册”，记录日常任务和事件的日记，以及采用简单的策略，比如把他们可能需要的东西放在显眼的地方，这样他们就会很容易找到它们，以备不时之需。人们巧妙地利用环境，来抵消自身生物系统日益增长的局限性和脆弱性。在你自己的记事本上查找地址和在你的计算机存储器里查找地址有什么不同吗？“患者＋记忆设备”和“金枪鱼＋涡流和压力梯度”在他们变得智能方面有什么不同吗？

再举一个高科技的例子。想象一下，你正漫步在家乡的大街上，试试你的与谷歌智能眼镜相竞争的第三代智能眼镜，我们称它为记忆眼镜。记忆眼镜被无线连接到云端，云端包含人脸识别和导航软件，你的朋友和熟人的图像个人数据库连同他们的个人履历信息，比如他们的配偶和孩子的名字、你们最后一次见面的场合、他们最喜欢的食物等，都会被你上传并持续更新。当你走路时，软件会扫描人群中的面孔，当它识别出一个面孔时，就会在你的“自动提示”镜头上显示出他们的情况。社交上的尴尬将不复存在，与老熟人闲聊时你可以回忆起他们对海鲜的喜爱程度以及他们最后一个孙子的名字，这应该会给他们留下深刻的印象——除非他们也戴着记忆眼镜。你被增强的记忆循环将进入体外的世界，而不是局限于生物的身体—大脑，这个事实似乎无关紧要。这与试图通过使用“认知增强”药物来改善你的记忆，或者通过每天锻炼来保持那些小的灰细胞的良好状态并没有什么不同，不是吗？我们现在之所以“智能”，不就是因为我们是“个人+手持设备”吗？

最后，举一个科技含量非常低的例子。如果我想知道算式“8×7”的答案，我的大脑会毫不迟疑地想出答案来。我学习过这一算法，我的脑回路里记录了这一计算过程。但是对于算式“362×89”，我却不能立马给出答案，必须算一下才行。为了帮助我计算出答案（用老式的方法），我用一张纸和一支圆珠笔来记录和累积各个计算步骤的结果——这些步骤我都有现成的答案。由于无法一边计算一边记住所有步骤，我使用纸和笔来减少对记忆的需求。“认知过程”无缝地将内部过程和外部过程交织在一起，在我思考的同时，记忆与纸和笔互动。尽管哲学家因拘泥于细节而争论不休，但在我看来，把思想和行动、记忆和书写、大脑和纸的这种协调运作看作心智在起作用，似乎是完全合理的。我们通常通过明智地选择部分世界，并智慧地利用它们来增强我们的能力，来回避我们自身内在的智能缺陷。我们一直在寻找下一个思维软件的升级（正如安迪·克拉克所说的那样）。[16]

虽然最后这个例子很普通，但它突出了人类智能中最重要的一个外部增强作用：书写以及对我们大脑“正在进行的工作”进行各种稳定记录的能力。语言赋予了我们祖先协调行动和共享信息的增强能力，但标记工具的发现和发明，无论是在洞穴墙壁上的草图还是在纸莎草纸上的象形文字，都对我们智能的扩展来说意义重大。这有可能减少记忆需求，例如，书写购物清单。受益于这种记忆假体的不仅是阿尔茨海默病患者。

但更重要的是，我们开始反思自己的发展理念。试验性的想法可以被记录下来，然后以一种新的思维或新的视角被审视。绘制草图、模型和草稿使我们能够“定格”我们行动中的智能。书写和绘图让我们花时间来反思我们“正在进行的工作”，而这是实时的在线思考所做不到的，因此我们可以想出更好的产品和解决方案。它们极大地扩展了我们与自己对话的能力。当然，书写和绘图会使他人能接触到我们不断发展的观念，从而使更大范围内的——现在是世界范围内的——批评家、讨论协商意见的参谋和合作者为这些观念的发展做出贡献。学会转瞬即逝的思想的持久体现，使累积的、协同的智慧成为可能。[17]

上述例子说明了我们一直在做的事情。就像河狸一样，我们构建的世界充满了增强能力的工具。其中一些与身体直接相连，如心脏起搏器、人工耳蜗和假肢；其他的则是与身体分离开来，如智能手机、厨房搅拌机和曲棍球棒。有些工具帮助我们做一些实际的事情，用真空低温烹饪法烹调牛排，用仪器记录我们跑步的距离和速度；有些工具能够增强我们的感知和通信，如信号标、电视、扬声器；而其他工具则帮助我们学习和思考，其中包括信封背面的绘图、页边空白处的涂鸦、计算器、文件柜、图书馆、互联网以及书房地板上摆放在椅子周围的一堆堆有些杂乱的笔记和文章。如果有人能告诉我如何划分独立智能和辅助智能——“单独个人”和“个人＋其他”，我很乐意知道。

我们的工具“成为我们的一部分”，这一事实也可以解释为什么人们变得如此喜爱和依赖这些工具。厨师依赖他们的刀具，音乐家依赖他们的乐器，画家依赖他们的画笔，木匠依赖他们的凿子，数百万驾驶者依赖他们的汽车。工具在生理上和精神上都已成为我们的一部分，以至失去它们的感觉就像被截肢。如今，丢失智能手机和患上小中风在本质上几乎没有区别。如果有人残忍到去偷盲人的手杖，或者故意移除阿尔茨海默病患者苦心制作的以帮助他们身体功能正常运作的巧妙装置，那就不是对财产的盗窃犯罪，而是对人的暴力犯罪。[18]

社交共鸣

> 如果我想知道一个人有多聪明，有多愚蠢，有多善良，有多邪恶，或者他当时有怎样的想法时，我就会依据他的面部表情，尽可能准确地改变我的面部表情，然后等着看会有什么样的想法或情绪出现在我的脑海或内心中，好像是为了与这种表情相匹配或者相对应。
>
> ——埃德加·爱伦·坡

我们刚刚看到的一个回路能够把我的思维与一张纸和一些算术计算联系起来。我思考并写下一些数字，然后读这些数字，同时它们被反馈到我的计算中……纸在和我对话，我们在互动。但是，相较于将我与另一个人动态地联系在一起的共鸣速度和复杂性，这个回路看起来真的很慢、很笨拙。如果我们生来就要通过把物体变成工具和资源的方式来拓展自己，那么我们更是与生俱来就要与他人产生共鸣。

这在神经化学水平上是自动发生的。请记住，我们的大脑中布满了“规范”神经元和“镜像”神经元。“规范”神经元会自动激活与所看到的物体相关的行为，而“镜像”神经元也会在我们做某事的时候，以及在我们看到他人做同样的事情的时候，激活行为。所以，当我看到你拿起一个杯子时，我的大脑会自动准备好模仿你；当我看到你微笑时，我也已经准备好向你微笑了。（有时我的大脑会让我做一个与你的动作互补的动作，而不是完全相同的动作。）维托里奥·加莱塞是最早发现“镜像”神经元的人之一，他强烈主张，我们天生就倾向于观察周围的人在做什么，然后自动地将这些感知转换成各种各样的内部模仿。例如，我们倾向于模仿别人的手势和面部表情（或者是相互模仿，就像童年时玩躲猫猫游戏一样）。

通过这种内在的共鸣，我们的大脑系统也补充了发自内心的动机和关注，我们习惯性地将这些动机和关注与手势和感知联系在一起。然后，我们以这些为基础来理解我们周围的人在做什么，以及他们的感觉如何——正如埃德加·爱伦·坡所说的那样，对于他的建议，我们可以遵循，也可以不遵循，而有证据表明，模仿是我们的“默认模式”。只有随着额叶抑制控制的逐步发展，我们才能学会抑制和限制模仿冲动。[19] 当人们因为额叶损伤或额叶疾病而丧失抑制能力时，他们就会强迫性地模仿别人的动作和语言。在一种叫作“模仿言语”的疾病中，模仿甚至可能是由患者自己的语言或行为触发的，这使他们陷入持续时间长、让人逐步衰弱的自我模仿回路中。

因此，不管我们是否意识到，我们的身体与周围人的身体，或者我们可能正在回忆或想象的人的身体，都处于持续共鸣的状态。当你在和我讨论我们刚刚看过的电影时，我们的身体都在与对方的每一个动作和表情产生共鸣。如果我们并排坐在摇椅上，能够看到彼此，那么我们的两张摇椅就会同步摇摆，这并非刻意为之，即使其中一张摇椅有些重，需要加大力度摇动它。事实上，当我们在看电影的时候，我们的大脑很快就形成了一个逐点同步的过程。我们真的是同步的。[20]

良好的沟通依赖这种身体的同步。普林斯顿大学的一个研究小组进行了一项研究，他们将两组人分别置于相连的核磁共振成像（MRI）扫描仪中，让其中一组人向另一组人讲述一个未经排练的真实故事，就好像是在向朋友讲述一样。（在其中一个例子中，叙述者是一名大学生，她讲述了一个关于她高中毕业舞会上的尴尬故事。）他们发现，听者大脑的活动反映出了说话者的大脑活动，通常会延迟 1 秒左右。在神经影像记录中，你可以看到听者在自己的大脑中重建了叙述者故事的模型。然而，研究人员发现，在大脑的某些区域，听者大脑中的同步活动实际上先于说话者相应的话语。正如我们所预料的那样，听者大脑中位于前额叶皮质的较高层次的大脑正试图预测接下来将会发生什么。这些大脑区域与参与推断他人的信念和动机的大脑区域是相同的，正是这些大脑区域提供了构建故事发展的主要框架。两个大脑之间发生的情况的匹配性越高，就说明听者的理解能力越好。如果两个大脑不能同步，交流就会中断。[21]

要想成功交流，不仅大脑需要同步，身体也需要同步。瑞士研究人员费边·拉姆齐分析了大量心理治疗过程的录像，发现根据患者和治疗师相互模仿对方肢体语言的程度可以预测患者对治疗师的满意度，以及他们之间形成的联系的强度。这种镜像反应包括协调的身体动作和手势、姿势的一致性、对彼此面部表情的模仿，以及采用相似的音质。[22]

当我们说“我能感受到你的痛苦”（这是对加利福尼亚州人的一种拙劣的模仿）时，我们通常是指双方在情感层面上产生了共鸣。但英国的一项研究表明，当我们看到别人痛苦时，我们中许多人的体内都会产生类似的感觉。在这项研究中，研究人员向受试者展示了其他人疼痛时的电影片段或静态照片，其中约 1/3 的受试者报告了身体的感觉——总是对应着身体的适当部位。我们看到（和听到）别人痛苦时的反应强度取决于我们和他们的亲密程度。如果你看到护士给自己的孩子打针，你下意识的反应（毫不奇怪）会比看到护士给其他孩子打针强烈得多。我们与我们最关心的人有着最强烈的共鸣。[23]

这种社交共鸣大多是在我们没有意识到的情况下发生的。如果你快速地向人们闪现出恐惧的眼神，速度之快以至他们没有意识到，但他们的大脑仍然会做出反应（见图 8.1）。[24] 如果对不同的人脸照片中瞳孔的大小进行对比，观察者会对照片中人物的情绪和性格做出不同的判断，但他们没有意识到瞳孔的大小对他们的反应所产生的影响。观察者的瞳孔往往也会放大或缩小，以便与他们所看到的人相匹配，这同样是在他们没有意识到的情况下发生的。如果心理学教科书封面上的女性图片被修改过，人物的瞳孔被稍微放大，更多男大学生就会买被修改过的版本。[25]

在一项更真实的测试中，天普大学的李恩慧和诺拉·纽科姆给 9 岁和 10 岁孩子看和他们在同一所幼儿园上学的孩子们的照片，这些照片被与一些来自不同幼儿园的类似照片混在一起。年龄大一点的孩子很少能有意识地认出他们以前的幼儿园同学，然而，当他们看到老同学的脸时，他们的皮肤电导有明显的增强趋势，而当他们看其他人的脸时则没有。一直以来，我们似乎对周围的人都很敏感，反应也很灵敏，而我们的意识根本没有注意到这一点。我们彼此之间的联系就像手机：我们保持联系，无声地（有时可能听到声音）振动，以回应那些我们可能有意或无意接听的“来电”。

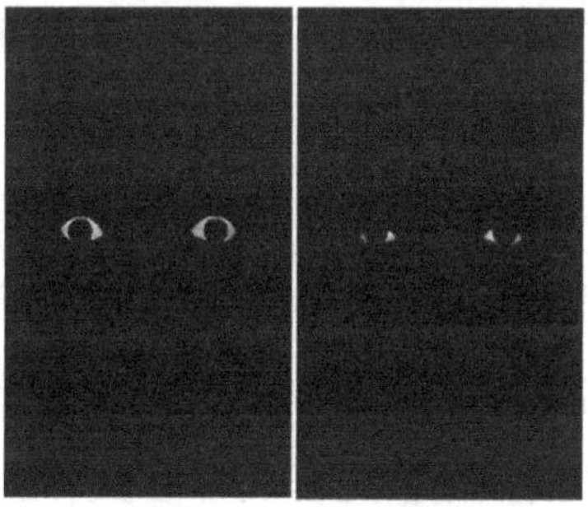

图 8.1　即使是下意识的恐惧眼神，也会激活杏仁核

这种即时的共鸣不仅让我们感到亲密无间，而且使我们能够更成功地与他人协调我们的行动。因为我们能够更好地预测出他们可能要做什么，所以我们也能够预测出他们可能对我们的行动做出何种反应。如果我能进入你的身体，感受到你的状态和意图，我就可以更好地帮助你。众所周知，彼此很熟悉的人基本都能揣摩出对方想说的话。而如果我们的关系并非如此，我比你更机智，那么我可以先鼓励你对我产生某种成见，接下来再做一些完全不同的事情，以此来利用你对我的预测倾向，目的是诱导你犯错误。公元前 6 世纪，孙武的传奇著作《孙子兵法》就告诫军事领袖“知彼知己，百战不殆……怒而挠之，卑而骄之……攻其无备，出其无意”[26]。像尼古拉斯·汉弗莱

这样的科学家甚至认为，这是社交智能的一种“军备竞赛”，它促使人们进行更微妙的预期合作与竞争尝试，而这种合作与竞争正是人类大脑进化突飞猛进的原因。[27]

共鸣的起源

不存在绝对纯洁的思想。思想与思想在相遇的地方融汇。

——埃里克·霍弗

当然，人们相互预测和协调的复杂能力起源于婴儿和母亲之间的互动。甚至在婴儿出生前，他的身体—大脑就已经开始适应母亲的节奏和习惯。在他出生后，他会更喜欢听他在子宫里时母亲唱过的歌，而不是其他的歌。在她的怀抱里，他学会适应她的气味、呼吸、姿势和动作。他很快就会知道哺乳时的仪式，并提前做好准备。这就好像母亲和婴儿是一对舞伴，互相学习对方的舞步，如此一来如果一切顺利，他们就不会踩到对方的脚趾。他们逐渐熟悉了彼此的自然舞步，并相应地做出调整。

每一对母亲—婴儿舞伴都有其自己的舞蹈，但是如果他们对彼此足够敏感，他们舞蹈的精确形式就不那么重要了，重要的是他们有自己的舞蹈。一方面，一项对父母双目失明而自身视力良好的婴儿进行的研究表明，他们的舞蹈形式明显不同于平常，可以说，他们学会了跳华尔兹，而大多数婴儿正在学习快步舞，但这个孩子的发育完全不受这种差异的影响。[28] 另一方面，母亲患有产后抑郁的孩子确实经常在社交、情感和心理发展方面表现迟缓，这是因为母亲专注于自己的麻烦，可能对婴儿的信号不太敏感，因此舞蹈——任何舞蹈——都无法得到发展。[29] 一般来说，抑郁对儿童和成人的影响之一就是抑制这种社交共鸣的产生，使患者感到与他人（以及他人与患者自己）在身体上是隔离的。[30]

我们长大以后，这种天生的社交共鸣倾向就会变得定制化：我们变得适应不同的个体，并根据我们过去的经验与他们产生不同的共鸣。通过反复的相互作用，我们辨别出他们的特征和习惯，并在我们的身体—大脑中建立一个神经模型，使我们能够预测出这些个体在各种环境下的行为。就像（我们在第六章中提到的）抽象概念“蒂米”变成了与邻居家的猫有关的一系列期望一样，“妈妈”“爸爸”“保姆”也成为指导与其他重要的人交流的模型。随着事件的发展，这些预测被证明是准确的或不准确的，这些模型可以变得更加合适和可靠。随着我们遇到的人越来越多——同学、父母、兄弟姐妹、老师以及文学和电影中的英雄和恶棍，这些模型会变得越来越多。在刻意的、有意识的模式下，尤其是在棘手的情况下，我们可能会有意识地问自己“海伦阿姨会怎么处理”甚至是“耶稣会怎么做”。但早在我们能够如此明确地表达出来之前，我们的身体—大脑就已忙于构建内在的能力了，它在含蓄地做着同样的事情。

因为我们的概念使感知、行动和关注（或需求、行动和观察，正如我之前所说的那样）交织在一起，这些熟悉的个体的模型使我们不仅能够预测他们在某些情况下会做什么，而且能够预测他们如何看待事物，以及他们有何种感受。因此，这些模型可以支撑孩子不断增长的同理心，越来越清楚地认识到“你”是什么样的人，从而对事件采取不同的观点。我越来越能够把自己从固有的、以自我为中心的习惯和关注中解脱出来，从别人的角度看世界。随着孩子采用“猎人”视角的能力不断增强，他会变得更善于隐藏；因为他意识到，并非每个人都跟他有相同的焦虑，所以他更善于安慰别人。这种采用其他观点的能力提升了他的社交能力；如果我和他都能从不同的角度看世界，那么我们就不太可能被束缚在自己的世界里，因此也就更容易找到双方的共同点。更普遍地说，（智能是通过从不同角度思考和想象情况进行拓展的）。[31] 正如英国神经学家克里斯·弗里斯极其正式指出的那样：

> 在大脑持有的所有表征中，以非自我中心坐标编码的表征将最接近于另一个人大脑中所持有的表征。正是这些表征能更好地使预测他人的行为成为可能。[32]

随着我的心智模型越来越复杂，我能够将你看待我的模型融入我看待你的模型中。我开始能够想象你眼中我的模样，以及你对我的看法。当我站在你的立场时，我能看到的东西之一就是我自己。我可以成为我自己看到的一个“对象”，有个性、有气质、有习惯、有外表。（镜子能让我看到你看着我时看到的那张面孔。我必须呈现出兴奋和期待的表情，并带有一丝焦虑，我们见面时我总是带着这种表情。）

无须太多的幻想，我们就可以想象到基于更高层次的抽象概念，这些个体的概念化可以产生更普通的其他种类的形象：那些让我难堪和感到内疚的人；有同情心和善解人意的人；令我害怕和迷惑的人；拯救和安慰我的人；当我遇到问题时能提供明智建议的人；有魅力但不值得信任的人，等等。这些高层次的、重要的对他人的分类开始看起来更像荣格的“原型”，一些作者已经开始研究这些原型的神话般的人物——大法官、智慧老人、女巫、救世主、骗子——是否可以被赋予身体上的支持。[33]

我很想从这些假定的原型中挑选一种来引起我们的注意，因为它将对我们有用，我称它为“善意的概括化的他人”：一个深入了解我们却不评判我们的人物形象。有时这种形象来自祖父母，或来自咨询师、心理治疗师或牧师；有时它具身于一个宗教人物，诸如基督或佛陀。它通常是几个来源的组合。不管它的来源是什么，如果一个人能学会在心理上“设身处地为他人着想”，就会为我们自己和他人的行为提供一个温暖、中立的观察点。这种专注的、易接受的观察点位于时下流行的所谓的“正念练习”的核心。

*****

从物质的角度来看，我们的身体看起来像是彼此不相连的。但在功能上，就我们的身体过程而言，我们的身体超出了我们皮肤轮廓的界限。每时每刻，外界都在不断地调节和推动着我们身体内部发生的一切，而我们的身体对来自外界的这些影响都非常敏感。通过身体，我们与世界紧密地、动态地相互联系。这不仅影响我们所做的事情，我们与他人的联系，而且影响我们生产的产品及其性能。在工艺上，当我们加工材料时，我们能强烈地感受到这种联系。关于这一点，我们将在下一章进行探讨。

第九章

工艺技能和专业知识

就像能够与他人谈论问题一样，能够用现有的材料即兴创造出有用的或装饰性的人工制品的能力可能就是智能的核心标志吧！哲学家普遍认为，这一现象没有什么值得特别研究的地方。

——安德鲁·哈里森[1]

我们的核心设计规范历经几十万年的发展，一直在寻找机会去做重要的事情。我们对整个身体以及所处的社会和生物环境展现出的高度关切和兴趣，将我们所有的子系统联系在了一起。在内心深处，我们是实干家和创造者，是实际问题的解决者，而不是思考者和空谈者。

思考和交流已经进化为这些具身动力和能力的强大附属物，它们不会独立存在，也不会取代身体的要求和成就。如果我们不从这个角度看待我们的智能功能，我们就无法正确地看待它们。构成我们身体的许多肌肉和器官与推理和理解几乎没有直接的关系——我们的小腿肌肉和腹腔神经丛在解决填字游戏的过程中几乎没有明显的作用。但是，我们是由所有这些功能组成的，并具备这些能力这一事实不仅深刻地影响着我们能做什么，而且也影响着我们可能想做什么。对身体中心地位的重新认识影响了我们对人们生活方式的思考：我们投入时间和精力来发展的技能，并从中获得满足感和成就感的项目。毫无疑问，其中的一些是有关智能的。人们学习演讲或写作的技能，并从阅读和辩论中获得了极大的乐趣。在数字世界里，人们投入大量时间来研究复杂的计算机游戏并浏览网页。

但同样真实的是，许多人自愿投入精力来发展身体技能和创造具体成就。我在一项不太科学的小调查中发现，大学副校长酷爱帆板运动；高级公务员通过种植玫瑰花感受生活的乐趣；成功的作家通过做一顿五道菜的大餐获得的满足感，绝不亚于一本书被提名获奖时的满足感；教育心理学家痴迷于马术；首席执行官（男性）的橱柜里装满了自制果酱；50 多岁的人仍然以音乐、舞蹈和晚宴等主要娱乐方式来欢度周末；电视节目主持人利用大量的空闲时间来钓鱼，或者躲在德文郡，用老式的、手工制造的脚踏车床制作漂亮的碗。我的一个朋友在伦敦艺术界拥有一份社会地位较高的工作，她的工作日程总是排满了重要会议和制作提交给受托人的意见书，周六她会在自家的花园里侍弄花草 8 个小时，如果有必要，她会风雨无阻，结果一天下来，搞得自己疲惫不堪，满身泥泞，但她脸上却洋溢着幸福的笑容。我现在还保留着一个床头柜和一个小五斗柜，那是 60 年前我读书的时候制作的，我对此深感自豪。政治经济学家弗朗西斯·福山为家里制作了餐桌，并为孩子们制作了床。他说："我创造的东西很少能像那些难以制造但对他人有用的、有形的东西那样，带给我这么多乐趣。"[2] 身体对我们娴熟地使用真实材料的参与是不会消失的，因为我们的身体具备这些特质。

正在形成的智能

我们很容易看到并欣赏到小提琴制造者或雕刻家的高超技能和敏锐情感，以及体操运动员或钢琴家的优雅气质和精湛技艺，但体力劳动者的躯体智能又如何呢？如果我们真的生来就是为了制造产品和做事情，那么我们除了必须在精英人物的成就中看到这些特质外，还必须在日常生活中也看到这些特质。以罗斯·罗斯为例，她一生中大部分时间都在洛杉矶做餐厅女服务员的工作，她原名叫罗斯·梅拉格利奥，20 世纪 40 年代她认识了汤米·罗斯，婚后育有一子，名叫迈克·罗斯。迈克·罗斯现在在加利福尼亚大学洛杉矶分校教育研究生院从事研究员工作。通过观察母亲工作时的表现，迈克·罗斯对她所展露的鲜为人知的智能产生了兴趣，这一兴趣逐渐发展成他的一个更广泛的研究项目，后来他还据此出版了《工作中的心智》（*The Mind at Work*）一书，书中的第一章就是关于他母亲的人种学研究。任何经常独自用餐的商务旅行者所做的观察，很可能与书中详细记录的那些观察结果极其相似。[3]

在餐厅就餐高峰时段，服务员会努力工作，他们中的许多人对自己的工作都非常精心和熟练。首先表现在他们学到的身体技能上。罗斯个子很小，但她能在右臂端着 7 个盘子的同时用左手端着 2 杯带咖啡托的咖啡，并在餐厅里快速地移动，穿过拥挤的空间，不洒一滴咖啡，也不让一滴食物汤汁溢出餐盘。这需要一定程度的力量、平衡、良好的运动控制力和全方位的感知能力，而她的这些能力都可以与体操运动员或舞蹈家相媲美。走路的时候，她必须以一种特殊的方式控制住自己的手臂、躯干和背部，尽量减少疲劳。罗斯·罗斯可以连续几个小时站着。另一位女服务员兼研究员林·罗伦斯解释说：“你学会了一种能够让你迅速到达目的地的走路方式，而它不会让人觉得你是在跑步……这就要求发展一种腰部以下参与行走，但腰部以上看起来相当放松的走路方式。”[4] 这些技能是罗斯在做服务员的最初几年里就有意识地练习的。

其次，表现在记忆上。像罗斯·罗斯这样的好服务员不需要借助笔记本，就能把复杂的点餐单从就餐人数很多的桌子边传到厨房，而且上菜时还记得谁要了不加生菜的汉堡，谁要了可乐和两根吸管。对服务员的研究表明，他们采用了一套复杂的记忆策略，这极大地扩展了他们“工作记忆”的正常范围。罗斯会利用顾客的显著特征、衣着等个人形象，并想象他们所点餐食的图像——有时是以滑稽或不可思议的方式记忆的。她可以编一个故事，记述不同的人在哪里就座，利用物理位置，例如，是谁把第五把椅子拉到（通常）四人就餐的餐桌旁。如果是女人点了牛排和啤酒，而男人点了沙拉和葡萄酒，她就会注意并利用这一点。她会很快地把装有枫糖浆的小容器拿回来放在那里，这样就能辨认出点华夫饼的人。如果有人对她友善或不友善，她也会利用这一点来帮助自己记住其所点的餐食。

对于罗斯来说，社交智能是最重要的，她想为顾客带来一种愉快的就餐体验，因为她的收入依赖于顾客给她的小费。她非常善于表现得友善和亲切，对每个人都很关心，不会喋喋不休地说些陈词滥调（“饭菜吃得还好吗？”“需要什么酱汁吗？”），同时又不会逗留太久让人生厌，也不会因此而影响工作效率。她会用眼角的余光观察被推迟点餐的顾客，通过他们的肢体语言，计划下一步穿过餐厅的路线，以便能从顾客的餐桌旁经过，并迅速说上一句表示同情的安抚话。她每一次穿行于餐馆中都着眼于和谐和效率。一位同事解释说："我认为这是一种……（在餐厅中）在一个完整的循环中组织好的可以完成活动的流程，有多少任务是可以一次完成的，而不是一趟又一趟地跑腿儿……"

一般来说，餐厅里的生活是复杂的，因此精心策划是必不可少的。罗斯·罗斯描述了这样一种典型的情况：当她正在点餐的时候，邻桌一个讨厌的常客用勺子敲着咖啡杯的杯边；厨师按铃表示另一份菜已经做好；经理在她刚清理完的两张桌子旁安排了两群新的食客；在她前往点餐桌的路上，一位顾客叫住她修改了自己的订单，另一位顾客示意要再来点咖啡，还有一位顾客要求换一把新的叉子来替换掉在地上的那一把。她评论道："你的大脑要快速思考先做什么事，先去哪里，怎么做最好，怎么做效率最高。"另一位女服务员说："每当你穿行于餐厅的时候，你不会只做一件事。你总是着眼于大局，一路做好许多事情。"这种情况可能会持续几个小时不得休息。

这种复杂性是真实情境下智能功能的典型特征。学者通常可以安静地坐在书房里，或多或少地专注于她为下周的讲座准备的 PPT（演示文稿）。参加智商测试或参加考试的人不会需要同时满足监考人员大量复杂的情感要求。但是，这种与世隔绝的状态在很多方面都与喧嚣的现实世界不同，在现实世界中，我们大多被要求采取行动。与罗斯·罗斯一样，我们经常同时应对注意力、身体需求、社交互动、情感刺激和内心激励，有时会承受巨大的时间压力，如果我们做错了，就会付出代价，并承担后果。有意识的思考和推理是在罗斯·罗斯身上体现出的心智的一部分，但它们只是心理学这个庞大的学科体系中经常被讨论的一个部分。她的智能需要心智与身体、行动与反思、感觉与认知的全面协调。

在《工作中的心智》的另一章中，迈克·罗斯使用了一个更传统的手工工艺和贸易的范例——木工手艺——来仔细研究积累专业知识和建立“工匠”身份所需要的各种学习。在杰里·德弗里斯的仔细观察下，一群学徒正在学习很多涉及身体和心智两方面的东西。他们正在学习材料鉴赏：不同种类的木材有什么好处？如何处理不同的纹理和疤？他们正在寻找橡树容易做什么，可以努力使它做什么，以及尝试做什么是不太明智的。他们正在培养自己的敏感性，用他们的手指“感觉”木材对他们所使用的工具的反应，例如，凿子为何容易卡在胡桃木上而在梧桐木上打滑。他们正在学习观察什么时候接缝处是紧的，什么时候边缘是被刨直的。他们正在学着领悟老木匠的格言“测量两次才动手”有多重要。

他们正在学习平衡力量的大小、速度和耐心：目的是听到钻头被推到接近极限的声音；知道多大的力将导致锯条扭曲。他们正在学习如何纠正不同类型的错误，以及当他们遇到罗伯特·皮尔西格在其经典著作《禅与摩托车维修艺术》（*Zen and the Art of Motorcycle Maintenance*）中所说的“进取心陷阱”时该怎么做：通常是你自己把事情弄得一团糟，这让你感到愚蠢和愤怒，如果你不小心应对，很可能会表现得更愚蠢，使事情变得更糟。他们正在学习识别何时需要寻求帮助。（在学习中心进行的一项小研究中，我们问了一组水管工他们最常使用的工具是什么，答案是他们的手机。）学徒正在他们的小组中学习如何将年轻人的玩笑与认真交流手头的工作信息交织在一起。

他们正在学习不同的工具可以被用来做什么，以及在必要时它们的其他用途。他们正在学习如何保养工具，学习上油和磨刀的仪式以及做这些工作的重要性。他们让自己的身体—大脑适应不同的工具，因此当他们拿起工具时，工具立即成为身体的附属的、流动的、有功能的组成部分（正如我们在前一章看到的那样）。他们正在学习如何测量和计算锯条的宽度。他们正在学习如何进行战略性规划和思考。罗斯·罗斯引用一位老前辈的话说，“你会有一种预期的感觉，即总是要超前思考，想象你将在哪里结束，你下一步需要做什么，然后再进行下一步工作”。视觉化或心智演练的发展作为一个重要的“工具”，将在工匠的心理过程中，以许多身体专业技能的形式得到认可。[5]

我们还应该注意到，可制作的材料有多种形式：黏土、食物、文字、木材。但是，唾手可得的材料当然是我们自己的身体。对许多人来说——不仅是年轻人——他们最复杂、最吸引人、最漫长的“工作项目”就是自己的外表。通过文身、在身体上打洞、整容手术、节食和时尚打扮，一个人可以把自己的身体打造成自我表达和自我形象的创造性形式。人们成为自己最精心制作的产品。这并没有什么错，但对某些人来说，对此的着迷，也许正是因为在学校和其他地方进行身体打造和活动的机会在减少。

工作知识

建筑工人和木匠需要学习很多数学知识，他们需要几何、测量、概率和比例以及算术方面的知识。他们需要在有压力的情况下——通常是在有其他人参与的、解决极其复杂的问题的环境中——依然能够利用这些知识。数学是与可用的时间、成本、社交和美学的考虑交织在一起的。经过实践检验的经验法则与更抽象的符号系统和谐共存，而后者并不普遍地优于前者。剑桥大学的数学天才阿兰·图灵花了两个月的时间才弄明白为什么当辐条、齿轮和链环罕见地被组合在一起时，他的自行车链条会掉落下来：一个能干的自行车修理工在2分钟内就能知道这是怎么回事，他所使用的启发式的方法远没有阿兰·图灵的研究那么强大，却实用得多。同样，我曾和一位美国数学教育教授一起去富勒姆的一家酒吧玩飞镖，他的得分很糟糕，这使我们很开心。当地人很快就能计算出501-（3×18）-5，而教授不得不找来纸和笔进行计算。

对工艺知识和专业知识的非理性诋毁可以追溯到古希腊时期。迈克·罗斯评论道：

> 柏拉图在他的《理想国》中，嘲笑那些追求基本原理的工匠，因为他们的灵魂因他们的作品而“扭曲、残缺”，这样的人“没有文化能力”。亚里士多德在《政治学》中写道：“在众多的工匠、商人和工薪阶层所从事的任何职业中，都没有美德的成分。”因为这些职业是“卑贱的，对美德不友善的”，亚里士多德进一步提出，这些职业的从业人员应该被剥夺公民身份。希腊历史学家普鲁塔克写道：“这并不一定意味着，如果一件作品因其优美而令人愉悦，那么其创作者就值得被重视。”[6]

我们从希腊人那里继承的一种不公正的倾向是，在数学变得实用并适用于具体情况的任何地方，数学应该被认为没有那么高的声望，而使用这些实用知识的人应该不需要那么高的智能。另一种强烈的倾向是，要在行动中恰当地运用知识，智力上的理解是充分的，而且往往是必要的。在柏拉图—笛卡儿的世界里，理解需要先于能力，而且它通常比能力更重要。在学校的数学学习中，这种观点导致了这样一种假设，即孩子们需要先“理解数字的概念”，然后才能真正开始做算术题。极力支持这种观点的人似乎没有想到，这种抽象的努力可能只是令某些孩子感兴趣，而不是让所有人都必须做这件事。

然而，从具身的角度来看，能够清楚地阐明自己在做什么以及为什么要做，可能是必要且有用的，也可能是不必要但有用的。许多音乐大师（在许多不同的流派和文化中）无法用学术术语领悟音乐或讨论音乐作品。许多获奖的园丁并没有因为不知道光合作用的化学方程式而受到消极影响。许多顶级的运动员和体育界人士对身体、肌肉承受力和营养需求的了解都是零零碎碎的，但这就足够了。然而，当这些专家想成为教练和导师时，他们很可能会发现，更丰富的词汇和更深入、更连贯的理解确实是必要的。你所需要的显性知识的数量和性质完全取决于工作本身，而这通常会令人不满。

*****

麻省理工学院教育学教授珍妮·班伯格曾在马萨诸塞州剑桥市为 6~14 岁的学生开设了一个“制造东西的实验室”，她向孩子们提出的一些挑战是制作各种各样的移动装置或者是设计并安装一道门。她发现，尽管有些孩子能够清楚地表述平衡的法则，却无法将这些知识转化成制作能真正平衡的移动装置或正确开关的门。他们中的许多人被证明是“天才”，但谈及动手能力，他们则恰恰相反。实际上，他们受到了“极大的挑战”“有严重的学习困难”“表现出特殊的教育需求”。

还有其他孩子的情况正好与此相反。他们通常对自己想要表达的目标有一种复杂的“感觉”，但很难用语言表述这种“感觉”。露丝被认为具有严重的语言困难（包括口语和阅读方面），但她制作的门确实复杂又巧妙。当她被要求解释自己的想法时，她的说话含糊不清，并很快就放弃了谈论，结果只说了一些“我不知道”“哦，忘了它吧”之类的话。但在一位好老师和一群有耐心的孩子的帮助下，她开始谈论起自己的想法。

事实证明露丝的制作技艺已经发展到了一种非常高的水平，具有工程师和建筑师的能力：她在智力方面能够感觉到正在制造的结构的属性，并预测出该结构的性能。尽管她的手势会给她头脑中复杂的关系系统提供更有力的线索，但她常常找不到合适的语言进行描述。在老师和同伴的鼓励下，她逐渐能够将自己身体的理解以文字的形式“呈现”出来。她还发现了两件事：第一，能够将体能和智能更紧密地结合在一起的价值；第二，能够与他人一起学习和向他人学习的价值。在实验室里工作了几年之后的一次综述会议上，露丝说：“对不同的方法进行比较很有趣，因为你以为你找到了正确答案，但实际上并没有，你只是找到了一个答案。并且当你谈论它时，你会从自己身上学到更多，因为当你谈论某事时，当你大声说出它时，你会用不同的方式思考它……并且当你解释它时，你会感觉很好……你能明白我的意思吗？”[7]

思考的方式有很多种，用口头或用笔记本计算机来思考只是其中的两种方式——固然是非常重要的方式。人们还用身体的感觉来思考、用心智来思考、用双手来思考（既可以通过手势，也可以在实际的制作过程中进行思考）。这并不是说心智会设想事物，然后双手会按照指令去做。两者的相互作用（回顾一下之前讨论中的类比）更像是一种舞蹈，有时是一个人领舞，有时是另一个人领舞。英国艺术家格雷森·佩里说：“当我创作素材时，就会迸发出灵感。”

小说家迈克尔·翁达杰在他的《英国病人》（*The English Patient*）一书中创造了“思考”一词，来表达手如何为心智提供想法（即可能的世界），这就像心智如何指导手照着指令做事（即现实的世界）一样。艺术家通过绘画来发展他们的思想；科学家通过建立化学反应模型来发展他们的思想；作者通过写作、起草和编辑过程来发展他们的思想。当我写这本书的时候，通过我的手指敲打出的文字呈现在计算机屏幕上，一些以前没有在我脑海里出现过的文字冒了出来，然后我可以看到我所写的文字，它们可能不是很优美，却迸发出思想的火花，然后我可以进行修改、润色。写作的身体过程是我思维过程中不可分割的一部分。当我坐下来写作时，我会具备一些想法和资源，但屏幕上出现的往往是一个惊喜，有时甚至是意外的发现。

迈克尔·法拉第和托马斯·爱迪生都是极具创造力的科学家和非凡的发明家，尽管他们几乎没有接受过正规的教育，但他们如饥似渴地读书。他们以技术学徒的身份开始自己的职业生涯。迈克尔·法拉第被汉弗莱·戴维爵士雇用为他的实验室技术员和贴身男仆，并很快成为与其共事的研究人员。据我们所知，迈克尔·法拉第一生中从未写过方程，但这并不妨碍他对法拉第定律的深入理解。米歇尔·鲁特－伯恩斯坦和罗伯特·鲁特－伯恩斯坦（这个故事摘自他们的博客）是这样阐述主要观点的：

> 对事物的具体操作，就像任何一种直接的个人体验，能产生各种各样的感觉意象，从而有可能产生思维。手动进行的修补会使头脑进行思考。与自然的身体接触相比科学书籍中任何文字或数字教给我们的知识都要多得多。实践产生的个人理解是符号无法达到的。[8]

智力的局限性

有时，理解力可能会干扰专业知识。我们早些时候看到，在面对压力时，那些脑子里满是有用想法和解释的高尔夫球新手相较于那些没有这种知识可依赖的人更容易崩溃。[9]其他研究表明，有理论指导的人在常规情况下可能比没有理论指导的人表现得更出色，但当事情变得不规律或违反直觉时，他们的理解就受到了阻碍。这样的人过于执着于一种行不通的心智模式，或者试图让这种心智模式适应新的情况。没有理论指导的人能够更好地面对新的情况，也能够更专心，因此他们能更快地注意到新模式，并从中提取出重要的信息。[10]

事实上，即使理论是恰当的，在专业知识的发展过程中，也会出现必须超越理论的时刻。美国哲学家休伯特·德雷福斯指出，一个人从某个特定领域的新手成长为专家，会经历五个艰难的阶段，每个阶段的思维方式各不相同。新手要记住并遵守规则。高级初学者仍然有规则要遵守，但这一阶段会变得更加微妙，并取决于实际情况。你必须思考："这是什么情况？"然后应用这些规则。当你有能力时，你不会根据类型对情况进行分类，你要考虑优先事项是什么，然后再运用自己已获得的技能和知识。当你变得熟练时，就不需要经常思考，因为此时你"读懂"情况的能力已变得更加直接并且直观，但你可能仍然需要通过查阅"规则手册"（在你的头脑中，而不是在字面上）来检查整个过程。[11]

最后，专家可能根本不需要思考或分析情况。他们的经验是如此丰富、多样和深入，就像顶级网球运动员一样，他们能够简单地凭直觉做出正确反应——至少在99%的情况下如此。他们在无意识的情况下就理解了一些微妙的暗示，而这些暗示也可能太过微妙以至无法在任何规则手册中被找到。他们可能正在使用这些暗示来指导自己的具身反应，即对“下一步最好做什么？”这个永恒的问题做出回答。另一位有影响力的哲学家迈克尔·波兰尼将这种知识称为“隐性知识”：这种知识是通过多年的经验积累而形成的，是由各种偶然的可能性构成的精细网络，它根本无法用语言表达出来。支撑你专业知识的神经化学回路和网络，要比那些专业的词汇复杂得多。你并不像露丝那样口齿不清，但知识本身是如此微妙，以至原则上是无法被表达出来的。[12]

这就意味着我们必须承认并重视那些无法被语言表达出来的认知方式，因为任何语言，就像地图上的符号一样，都会创造出在身体的神经化学区域中并不存在的区别。所有的图式（地图）都必须是粗略的表象，否则它们对我们找路将毫无用处。作为专家，我们做了正确的事情：我们是智能的，但我们无法解释我们如何或为什么这样做。从这一点来看，坚持有意识的清晰化和解释会阻碍学习。因此，坚持测试学生对显性知识的理解能力的教师或教育系统会限制学生的发展，使之停滞在能力的中等阶段或平庸水平。2008年，德雷福斯在伯明翰召开的一次研讨会上总结了这一点，我有幸出席了那次研讨会。他说：“如果你能解释它，就说明你没有真正理解它。”

然而，就像露丝一样，尽管最终注定要失败，但为了能更清楚地表达自己的隐性知识而进行的努力可能会很有成效。这么做会促使你思考，并让你与其他支持和批评的来源建立联系。任何语言创造的深层过程都必然会涉及对短语和意象的令人不安的探索，这些短语和意象试图在跨越图式惯例的领域中正确地表达某些“真实的”事物。正如卡明斯在他的“诗人对学生的忠告”中所说的那样：

> 每当你思考、相信
> 或知道某事的时候，你无异于其他很多人；
> 但每当你
> 感觉到某事的时候，你就不是其他人，而是你自己……
>
> （并且）用语言来表达你的不是其他人而是你自己，这意味着你所付出的努力只是比任何不是诗人的人所能想象到的要艰难些……[13]

学　习

我们如何训练自己的身体去做那么多复杂而恰当的事情呢？即使是走路、跳绳、投球和切菜，在协调性和控制力方面都要达到很高的程度，更不用说要赢得温布尔登网球锦标赛或年度青年音乐家奖了。我们首先要讨论的是，具身学习与学校学习是完全不同的，在具身学习中，你的发展能力才是最重要的。在足球队或合唱团中，你不会因为能够谈论或写下你正在做的事情而得到很高的分数。我记得在很多年以前，当我开办一个教师培训课程时，我经常目睹很多热切的新学员震惊地认识到糟糕的现实，当谈及学习如何控制 13 岁孩子的喧闹课堂时，有人表示：那些使学生在历史科目上赢得第一名或在化学科目上取得好成绩的学习策略是不起作用的。他们久经磨炼的辩论、分析和解释事情的能力不会让他们变得更出色。作为学生，他们并不知道自己缺少的是什么。

那么，让我们快速地看一看非智力学习是如何发生的。正如我们所期望的那样，专业知识有三个组成部分：有可靠、灵活和娴熟的行动可以利用；对行动的机会和正在处理的材料的功能可供性有敏锐的洞察力；把这两者联系起来，知道这样做会产生什么样有价值的结果。学习就是将这些要素中的每一个与其他要素协调发展。显然，如果你没有办法得到你想要的东西，即使知道你想要什么也是没有意义的；或者知道你能做什么，但不知道什么时候做是适当的或方便的，那也是没有意义的。为了便于描述，下面我对它们分别进行阐述。

从观察中学习。仅通过关注世界，神经化学系统就能捕捉到模式和规律。身体系统会自动进行自我调整来记录什么与什么同时发生、什么与什么相继发生。关注本身就是一种熟练的、多样化的能力。通常，当我们在寻找某样东西时，我们会找不到，或者无法有条不紊地寻找它。（我妻子冷冷地称之为“男孩就是这样子”。尽管这并不总是与性别有关：当板球消失在草丛中时，小时候的我永远找不到它，而我的父亲总是可以找到它。）葡萄酒大师、拍卖师，还有击球手，都学会了做出感官上的辨别，而我却做不到这一点。心理治疗师对患者的姿势或声音中流露出的微小线索具有敏锐的洞察力。罗斯·罗斯可以一边坐在后面的分隔用餐区与丈夫和儿子们聊天，一边非常精准地观察着餐厅里的就餐情况，几乎本能地知道谁的咖啡需要加满，谁已准备好要支付账单了。[14]

关注常常需要耐心和敏锐。卡尔·冯·弗里希是第一个描述蜜蜂用“摇摆舞”来告诉彼此哪里有花粉的人，他从数小时的耐心观察中得出了自己的结论。他写道：“我发现，一个耐心的观察者可能会看到神奇世界的面目，而那些偶然路过的人却什么也看不见。”这种关注生活的态度是可以被培养（或削弱）的。科学家、艺术家、设计师和厨师都可以学习成为像《冬天的故事》（*A Winter's Tale*）中的奥托吕科斯那样的“不重要的琐事的争夺者”。化学家兼作家普里莫·莱维说：“我很高兴使我的鼻子成为识别化合物的主要工具。”当与卡明斯在镇上闲逛的时候，一位同伴发现“他会不停地在纸上记下成组的单词或草图”。[15]

触觉教育在许多专业知识领域发挥着重要的作用。不仅仅是盲文的阅读者学会了用指尖“看”。纵观历史，金匠的试金化验依赖于他们丰富的经验，通过感觉和一致性来判断其性质。裁缝通过触感来了解布料的质地，而木工则用喜爱和认知的方式抚摸樱桃木的纹理，让想象力通过他的皮肤感知到木头的螺纹和疤。

值得自成一个类别的是模仿学习。对榜样的密切观察可以作为一个人试探性行动的模板。尽管“坐在内莉身边”这种传统的学徒制（观察内莉是如何做事的，并试图模仿她的做法）会受到很多人的嘲笑，但这是我们最强大的学习工具之一。正如我们在第八章中看到的那样，我们的大脑充满了“镜像”神经元，它们天生就倾向于让我们这样做。但是，与其他形式的关注一样，随着年龄的增长，我们可能会变得更敏锐，也可能变得更迟钝。

而我们痴迷于文字的文化往往会导致我们的观察—模仿能力相应地变得迟钝。加利福尼亚大学教授芭芭拉·罗格夫指出，墨西哥传统玛雅社区的儿童与美国儿童在这方面存在着显著的差异。在一项研究中，她让一位成年人询问两个 5 岁左右的孩子是否愿意学习如何做一个折纸魔术。两个孩子会欣然同意，但当他们被告知其中一个人必须在附近等候，由她先向另一个人解释如何做时，等待中的孩子的行为是研究的重点所在。玛雅社区的孩子安静地坐着，专注于另一个孩子和那位成年人之间发生的事情。在芭芭拉·罗格夫的演示中，她向我们展示了一段正在进行观察的玛雅社区孩子的 90 秒的视频，老实说，这看起来就像一张静止的照片。相比之下，美国孩子则很快就变得暴躁不安。一周后，玛雅社区的这个孩子自己就能很好地完成这个折纸魔术了；美国孩子几乎什么也没学会——因为他没有在观察。尽管美国孩子也许有更强的读写和计算能力，但在某些方面，他们牺牲了其他不那么智能但同样有价值的学习能力。[16]

观察中的连体双胞胎是在实践中学习的，如果感知不能成为熟练行动的指南，它就是没有用的。感知力和专业知识必须结合在一起。还记得那只可怜的小猫吧！它看到了周围世界的变化，但是如果它没有亲身参与其中，就不会从这段经历中受益。但在实践中学习具有不同的形式，涵盖了一系列的意图。在观察—模仿中，特别是当一个人的技能水平提高时，其目标并不真的是成为榜样的克隆体。学习的过程绝不是盲目的“模仿”。你所观察的身体与你的身体在各个方面——包括在年龄、肌肉组织甚至性别——都不同。观察会给你的身体—大脑提供一些想法和模板，但只有将它们付诸行动，你才能发现榜样适合你的地方和与你相冲突的地方。通过练习，模板变得定制化，并融入了一种不可避免地带有你个人印记的技巧中。[17]

观察也是在积极的心态下进行的。马歇尔・福克是圣路易斯公羊队的传奇跑锋。就像成千上万的其他名人一样，他在年轻的时候，也花了很多时间观看他所钦佩的英雄打球。正如马歇尔・福克所说，当他在观看比赛的时候，脑子里总是思考着一个迫切的问题：为什么？他为什么跑到那里？他为什么不跑到那里？为什么这支球队畏缩不前，只是被动防守，而不是积极出击？结果，他不仅提高了自己的球技，还培养了无与伦比的位置感。他的一位队友说：“马歇尔的橄榄球球商是我所接触过的位置球员中最高的。”[18] 在现实世界的学习中，智力学习和非智力学习之间没有区别——它们被无缝地交织在了一起。

在实践中学习旨在有效地、可靠地、自动地完成一个熟练的动作，而要做到这一点，数小时的身体练习是不可替代的。训练神经化学过程，以便根据需要自动、可靠地做出反应，需要花费一定的时间；身体能力的微调要在一定时间范围内进行，这与在课堂或商业研讨会上进行的学习是不同的。只是改变一个简单的习惯——如总是选择水果而不是奶油制品作为甜食，直到它成为第二天性——大约需要两个月的时间。[19] 从新手到专家的转变，大约需要 1 万个小时，这是被广泛引用的数字。但它只说对了事实的一半：有些人能更快地达到目标，有些人根本就达不到，不管他们投入了多少时间。其中的一个关键变量是他们在训练的时候用他们的大脑做了什么。有效的练习包括监控自己的进程、设定现实的目标、设计自己的训练方案、知道什么时候休息和什么时候坚持、挑出需要特别关注的“困难部分”、知道向谁寻求什么样的帮助以及应该把注意力放在哪里，等等。[20]

如果你的目标只是自动化，那么你变成一台机器人将毫不奇怪。熟练掌握专业知识需要判断力、灵活性、创造力和可靠性。因此，需要一些练习时间（和关注）来培养一种更有趣的态度：不仅是尽你所能地玩“游戏”（不管是网球、外科手术还是高级烹饪），而且要玩透它。（如果你想看一场既精湛又有趣的大师表演，你可以上网观看葡萄牙足球运动员克里斯蒂亚诺·罗纳尔多的表演。）在任何熟练的活动中，都有一个至关重要的角色，那就是“瞎折腾”，尝试新花样，看看当你迫使一些材料（丝绸、蛋清、足球）出现不同的反应时会发生什么。女工匠可以利用一些时间来改变技能和工具，看看会发生什么。这时她发现了有趣的新问题和新机会。必须把可靠性和创造性这两个目标结合起来。正如理查德·塞尼特所说："技术是在正确的做事方法和试错的意愿之间的辩证关系中发展起来的。双方不可分离。"[21]

修修补补和不断尝试激发通过想象进行的学习将会呈现出不同的特色。受控版本的想象通常被称为心智演练，包括在脑海中看到自己，在脑海中感受到自己，做一些你想做的、比你现在能做得更好的事情。有大量的研究表明，这种心理活动是身体进行自我练习的一种非常有效的辅助手段。就像情感一样，想象是身体和心智之间的中间地带，对笛卡儿主义者来说，这是一种尴尬，因为他们想要在这两者之间划出清晰的分界线，但对我们其他人来说，这清楚地表明它们是统一的。就像我们之前看到的那样，想象有更温和或"低自我控制"的版本，在这种版本中我们让事物以放松但警惕的幻想状态"来到我们身边"。我们可以更好地放慢我们的思考速度，并观察它们如何从具身的开端展现；我们会经常捕捉到有趣的、模糊的细微差别，随着这些思想发展成更充分的有意识的版本，这些细微的差别可能已经被淡化了。

在实践中，这些非智力的、更具身的学习和认知方式会与更理性的、更外显的思维方式结合在一起。但它们中没有哪一个（当然也包括推理能力）比其他的更高级。它们像经验丰富的爵士乐队一样合作，有时用独奏，有时和声或对位，有时相互配合，以形成每种乐器特有的音调。

实际上，到目前为止，有很多我认为是身体学习的学习策略也适用于智力学习。至少在学校里，智力学习似乎变得过于狭隘和枯燥。尤其在英国的中学里，似乎存在着一种普遍的看法：如果要认真对待学习，学习就一定会变得枯燥乏味。这个问题困扰着西摩·派珀特。他与其他人联合创立了世界著名的麻省理工学院机器人实验室，发明了 Logo 编程语言——一种简单而强大的儿童编程语言。在职业生涯的早期，他在马萨诸塞州一所初中教数学，他每天去数学教室都要经过美术室。有一天，他看见学生们正在用肥皂块制作雕塑，他们已持续做这项工作几个星期了。他驻足观看，并被深深地吸引（也受到很大启发），他从他们身上观察到一种深度的参与、思考、创造和协作，这是他在数学中从未见到过的。

他逐渐意识到，其中很大程度上的差异在于，学生们正在用自己的双手创造一些“真实的”东西，他们一边发展、改进这些东西，一边思考和讨论它们。他们不是在“盲目地”削肥皂；他们高度专注，将所有的学习方法交织在一起。他们用眼睛仔细地观察，用手指细致地摸索；一边尝试，一边修修补补；想象和思考新的可能性；同时要考虑周全并进行自我批判。如果仅把他们所做的事情称为“手工劳动”，那就完全忽略了他们学习的丰富性和复杂性，即认知的复杂性。

西摩·派珀特发现，他曾经的导师让·皮亚杰搞错了。随着孩子们的成长，他们并没有从身体学习转到想象学习再转到正式的或理性的学习，他们没有随着“年龄的增长”而抛弃早期的学习模式。相反，想象和推理被加入观察和尝试中，使实际学习变得越来越复杂和强大。孩子们并不是以线性的方式经历这些学习阶段；他们正在发展一种更丰富、更深入的学习体系，所有学习方式都在共同发挥作用。这就是那些学生在美术室里学习的东西，而在他看来，数学方面的学习体验与之相比就显得微不足道了。他满怀信心地下定决心要找到办法，让数学学习变得像走廊尽头的美术室里的活动一样丰富且可以“进行手工操作”。[22]

*****

只有当我们透过理智主义的有色眼镜来看待服务员和木匠时，他们才会显得简单或卑微，因为有色眼镜会阻止我们看到服务员或木匠工作的复杂性和智能。正如迈克·罗斯所说：

> 我们对智能概念的理解相当有限，基本上是通过学校和智商测试的特定语言和定量测量来确定的，因此我们低估了或者可能完全忽略了智能的大脑每天在我们眼前所做的许多事情。[23]

如果我们把那些有色眼镜摘下来，就会发现这些身体劳动者的细微决策过程是多么有趣和令人兴奋。如果从全新的角度来看，身体的许多成就，无论是平凡的还是深奥的，都充满了真正的智能。

第十章

如何与自己的身体对话

内省式的观察是我们必须首先并且始终依赖的方法。

——威廉·詹姆斯[1]

人类智能的具身化方法不是将理性置于首位，而是将感性置于首位。理性是一种很好的工具，就像外科医生的手术刀，适合某些特定的任务，但不适合所有的事情。不管理性这种工具打磨得多么完好，它并不总是适合某项工作，也不总是能被熟练地使用。（普遍的）感觉和感性必须被放在第一位。因此，从具身的观点来看，在做任何逻辑分析或“理性思维”的训练之前，必须先发展对自己身体过程的高度敏感性。如果在发展理性的过程中，感性已经丧失或减弱了，那么智能本身就会减弱，并需要恢复。在本章中，我们将会看到这种情况是如何发生的。但在开始之前，我需要重申第七章中的一个重要观点。

根据传统的心智观点，我们可以证明，增强我们的身体—意识是合理的，因为一些聪明的内心观察者通过观察这些内在的数据，可以得到更好的信息，从而做出更好的决定。但是，我所发展的关于意识的具身化观点是不同的。整个人类系统都是自组织的，没有“大脑中的小人”来承担繁重的认知任务：“去关注”、“做决定”和“计划行动”。当我们内在活动的各个方面与意识联系在一起时，通常是因为它们目前与高级“动态核心”联系在了一起，在“动态核心”中所有不同的神经化学激活回路被汇集在了一起。因此，“意识到”我们的直觉的好处是，当知觉真的出现时，躯体活动的潜在模式在所谓的“中央委员会”的“动态核心”中发挥作用，其信息就会被考虑。因此，发展更强的“内感受知觉”的好处是，我们更多发自内心的具身感受和价值观就“摆在桌面上被考虑了”。如果它们并不伴随着意识出现，这意味着，虽然它们可能很活跃，但目前还没有参与高层民主决策的进程。

内感受知觉

无论是在通常情况下，还是在特别专注的情况下，人们知觉自己身体活动的程度都因人而异。斯蒂芬·波吉斯设计了一份有关身体知觉的问卷，可以让你检查自己的知觉。[2] 例如，问卷中有如下问题：

> 你是否从未/偶尔/有时/通常/总是知觉到：
>
> 当你站在地板上时，你的身体在摇摆
>
> 地板对你双脚的作用力
>
> 你呼吸的速度和深度
>
> 吞咽
>
> 你心跳的强度
>
> 你面部的温度
>
> 你胃部的感觉

你脖子和肩膀的感觉

衣服在你皮肤上的感觉

你音质的变化

还有另一份问卷，即对内感受知觉的多维度评估，更详细地研究了身体知觉的社会和情感方面。[3] 内感受知觉的多维度评估问卷有下列题目：

我注意到我身体不舒服的时候

我分散自己对不舒服感觉的注意力

我注意到在生气时我的身体是如何变化的

我倾听身体告诉我该怎么做

人们回答这些问题的方式明显不同，这表明人们对待自己身体的方式有很大的差异。我们中有些人对皮肤下的变化和活动非常敏感并时刻关注，而其他人则知之甚少。这是有区别的。

我们已经看到身体知觉上的这些差异是如何影响高级心理过程的。例如，对心跳更敏感的人在艾奥瓦博弈任务中表现得更好。更高的身体敏锐度使他们能够更充分地记录以前体验过的本能知觉，因此这些信息可以被更准确地反馈到核心决策过程中，进而决定自己所做出的选择。然而，如果人们的内感受知觉减弱，他们似乎就很难做出决定。例如，患有临床抑郁症的人在监测自己的心跳方面的表现比一般人差，而且根据治疗师和精神病学家的调查，这些人在日常生活中也很难做出决定。对抑郁症患者来说，不仅生活变得暗淡无光，对内外部事物的注意力的分散也剥夺了他们一些重要的躯体标记，而这些躯体标记通常会促使和引导他们的选择和行动。[4]

患有厌食症、暴食症或“身体畸形恐惧症”（感觉身体的大小、重量和形状与实际情况不同）等饮食障碍的人也会遇到类似的困难。这类人通常对饥饿或饱腹的本能感觉很不敏感。当我们的饥饿感不是由正常的本能诱因支撑时，我们就会因为许多与营养无关的因素而面临更大的进食（或不进食）风险。因此，厌食症患者可能很难感觉到自己的体重减轻了，他们坚持认为自己的体重很重，而实际上他们的体重已经很轻了。

内感受知觉的增强和减弱可能有几个原因，而科学还没有确定这些可能的原因在何时何地起作用。可能因为内部系统有时确实会部分关闭，所以神经化学活动和肌肉活动本身不那么强烈，也不经常“交流”。例如，冥想者和其他能够进入深度平静状态的人似乎就是这种情况。你可能认为这样的人比一般人有更好的内感受知觉，但一项研究表明，当他们处于这种平静、安宁的状态时，他们的内省知觉并不比正常人好。这项研究的研究人员认为，这是因为他们的系统确实关闭了，所以他们没什么感觉。还有其他证据表明，当冥想者处于正常生活状态时，他们对自己的内感受活动确实比非冥想者的相应器官更敏感。[5]

但也有可能是因为当“正常”范围内的信号进入大脑，特别是进入我们所有感觉信息来源集聚的地方（扣带回皮质、岛叶和部分前额皮质）时，这些信号没有被妥善处理，所以身体的知觉会减弱。正如我们所看到的那样，大脑完全有能力抑制那些无论出于何种原因而认为具有威胁性或不恰当的感觉，因此信息在展现时就会被抑制或删除。知觉也可能因受到阻碍而无法达到使它变成意识的必要条件，特别是无法被连接到与当前活跃的自我相关的活动核心。在后一种情况下，直觉可能仍在全力发挥作用，但我们对此一无所知。

我们对身体的自我知觉的减弱，可能仅仅是因为中枢机制运转不正常。如果岛叶出了故障，知觉就会因为生理因素而不是心理因素而减弱。饮食失调研究协会主席布莱恩·拉斯科教授表示，在某些情况下，这是可能的原因。他的功能性磁共振成像研究显示，康复中的厌食症患者的岛叶中有异常的血液流动，这会使身体和大脑之间的交流变得缓慢、低效。这也可以解释为什么患有厌食症的女性往往很难将视觉的、触觉的和本能的身体信息来源联系起来。要完全康复，可能需要通过药物治疗和心理治疗，或以药物治疗代替心理治疗。[6]

也有可能是因为身体信息的处理进展顺利，但在其他系统中有太多的活动，以至知觉无法被听到。例如，患有慢性疼痛的人可能与患有抑郁症的人一样难以做出决定，但两者原因不同：疼痛带来的身体上和情感上的“喧嚣”淹没了其他可能不那么强烈或紧迫的本能的“声音”。事实上，当我们有意识的大声与自己争辩，以至我们再也感觉不到自己的身体时，我们可能都会有这种感觉。有时候，这个“大声喧哗的自我”会变得如此强势，以至我们身体上的感觉、价值观念和关切的“平静、微小的声音”会在很长一段时间被排除在核心决策过程之外。（虽然这样的交流曾是新时代的奇思妙想，但我认为，我们现在可以把它建立在一个更坚实的基础上。）

思考本身可能是导致这种功能失调的内部混乱的原因之一。在一个将智能与理性混为一谈的世界里，我们被说服必须进行太多的思考。在笛卡儿的世界里被重视和提倡的那种思维必然是有意识的，这意味着它在能量上是代价高昂的：它占用了大规模的潜在神经化学系统。因此，清晰的、有意识的、深思熟虑的思考很容易覆盖那些更安静或短暂的信息。我们之前看到，高尔夫球手在压力之下可能会激发出一系列发出“好建议”的内在声音，结果他们的具身表现——仅仅关注球、推杆和球洞——会因此失去流畅性和自发性。我们可能会因过度思考问题，而做出更糟糕的决定，结果导致创造力下降。那些努力思考问题，尤其是思考那些创造性问题的人，比那些报告说他们的大脑“出现一片空白”的人做得差。在一项研究中，研究人员让学生为自己的房间选择一张艺术海报，如果他们的选择是基于“直觉”，而不是基于明确的、正当的理由，那么他们会对自己的选择更加满意。当人们在权衡一个艰难决定时，例如，从众多选择中选租一套公寓时，如果他们在做出决定之前空出一段时间不去想它，那么可能会做出更好的决定。在上述每一种情况下，来自身体本能的感觉中心的作用都是至关重要的，如果这种作用被掩盖或淹没，智能就会下降。[7]麻木等同于愚笨。

那么，假设对我们复杂的身体内部的损害不是不可逆转的，我们能做些什么来使自己变得更聪明呢？在本章的其余部分，我将回顾已被证明是极其有效的四种方法。第一种方法是生物反馈，能够训练我们对自己的身体内部更加敏感，并予以更有力的控制。第二种方法是正念冥想，尤其是一种广泛使用的形式，叫作正念练习。第三种方法是一种被称为专注的治疗过程，它被专门用来提高我们所有主要器官所在的躯干区域的活动知觉。这既能直接提高内感受知觉，又能使大脑中相互竞争的嘈杂活动平静下来。第四种方法是锻炼和运动，其中的一些但不是全部，有助于提高智能。实际上，还有第五种形式的躯体疗法——改变我们对人类智能的认识，这样就会使我们的心智为我们的身体腾出一席之地。这就是本书的目的所在。

生物反馈

无论是否存在额外的衰减，生物信号通常都是微弱的、弥散的。我们的语言常常只反映一些模糊的特征：有时是反胃、急躁、心情不好、精神不佳、神经紧张，有时又是精力充沛。我们对整个身体状态的表达通常是笼统的，因此，如果我们能够适当提高这些微弱信号的音量和分辨率，以便至少能够更清楚地识别它们，那将是非常有用的。有许多机器能够比我们自己更精确地记录我们生理活动的不同方面，然后用更生动的方式把这些活动回放给我们看。例如，你可以看到你大脑的电活动被转换成彩虹的颜色，或者你皮肤的不同电导率被转换成上升和下降的音调。有了这些强化的信息，你通常在不知道该怎么做的情况下，就可以学会控制这些信号。这就是生物反馈。[8]

通过这种方法，你可以学到很多有用的东西。你可以学会让自己平静下来，重新控制小便、哮喘、缓解头痛和减少慢性疼痛。你也可以学会提高自身生物功能的连贯性。早些时候，我们讨论过心脏（在一定范围内）的不规则跳动是健康的表现，这样心脏就能与身体其他部位的活动产生共鸣。可以说，如果心脏“绷得太紧”，它就会变得僵硬，对周围其他“部位的活动”没有反应。事实证明，如果心率变异性在屏幕上显示为一条轨迹，人们就可以学会增加心率变异性——他们可以使心脏稍微“放松”，这样整个身体就会更好地运作。人们平均需要 4~10 次练习才能掌握这个窍门，然后这个窍门会变成一种习惯，不再需要通过机器监控心脏。重新调整和平衡内部系统可以改善健康状况，提高技能表现。在对几组篮球运动员和摔跤运动员进行了一些心率变异性训练后，研究人员将其与对照组相比发现，他们的运动速度和反应速度明显加快了，他们的注意力水平提高了，而且球员投篮次数也更多了。[9]

生物反馈也可以促进更多认知形式的智能。被诊断为患有注意缺陷多动症的儿童，其脑电图模式通常与对照组截然不同。通过神经反馈，他们可以学习改变这些模式，许多研究已经表明，这会对他们控制冲动和集中注意力的能力产生有益的影响。患有注意缺陷多动症的儿童在各种智力测试和其他认知能力测试中也有显著的进步。在一项研究中，接受过生物反馈训练的儿童智商提高了 22 分，并在 4 年多的各种后续测试中保持了这一成绩。神经影像学研究表明，他们的额叶抑制功能变得与那些非注意缺陷多动症儿童的更相像。

在老年人身上也发现了类似的益处。训练他们提高了在脑电图中被称为阿尔法峰值频率的一个特殊方面，提高了他们的心算速度，也增强了他们对坚持完成任务的控制能力。总的来说，很明显，生物反馈技术和训练可以帮助人们更好地控制身体机能的各个方面，而这些方面通常是知觉不到的，而且这种控制也给他们的心理带来了益处。

正念冥想

在不使用生物反馈机器的情况下，只要训练自己更充分、更稳定地关注自己的身体感觉，也可以带来同样的益处。注意力与肌肉一样，经过一段时间的训练就会变得更强大、更容易控制，显然，它可以像其他任何习惯一样加以培养。培养注意力控制的最著名的方法之一就是通过一种叫作正念练习的冥想训练来进行。在这种训练中，你静静地坐着，温柔地试图把自己的注意力集中在简单的身体感觉上，比如，你的胸部和腹部会随着自然呼吸而起伏。尽管有熟悉的背景声音和所谓的“散漫的思维”的干扰，但只要你拥有耐心和恒心，就有可能使内感受知觉变得更清晰、更稳定，它可以起到类似船锚的稳定作用，让你的知觉更强烈地专注于当下，减少思考过去和未来的时间。[10]

对正念练习者的研究表明，这种注意力习惯的转变促进了大脑功能的转变。多伦多大学的诺曼·法尔布和他的同事在大脑额叶中发现了两个互补的网络。其中一个涉及内侧前额叶皮质和语言中枢，这个网络密切关注着我们个人计划、兴趣和失望的整体组合。另一个涉及外侧前额叶皮质、岛叶和前扣带回皮质，这个网络专注于当下身体内外发生的事情。经验丰富的冥想者在内侧系统中表现出较少的活动，而在外侧系统表现出更多的活动。他们提高了自己的“镇定沉着”，缩短了为实现目标而焦虑地计划、审查和重写脚本的时间，也缩短了纠正他们（认为自己）遭受不公正对待的时间。[11]

总的来说，正念练习似乎提高了来自内部和外部的到达神经决策核心的信息的质量。一项研究表明，即使是像免疫系统这样的生理功能，也可以通过正念练习得到改善。[12] 冥想者的免疫系统对感染的反应比没有冥想的对照组更有效。冥想还能改善身体各个子系统之间以及子系统内部的沟通质量，提高这些来源相互交织在一起的效率和综合性。不同的回路在功能上得到了更好的整合——这导致了更好的决策，因此，从重要的意义上来讲，它产生了更大的智能。我得到的信息越多，信息整合得越充分，我的系统就越能更好地计算出“下一步最好做什么”。行为证据支持了我们对大脑活动的了解。冥想者在持续集中注意力方面做得更好，他们不太容易从“手头的任务”上分心。[13] 还有，他们的大脑似乎对快速变化的事件反应得更快、更充分。

例如，我们大多数人都有所谓的注意瞬脱，即看到一件事会降低我们注意到紧随其后发生的另一件事的可能性。冥想者表现出的注意瞬脱比其他人要少。[14]

关于正念的益处，一个显著的例子来自一项对一组长期冥想者的研究，他们参与了一项被称为终极游戏的活动。在两个人参与的这项活动中，第一个人可以选择从 20 美元的礼物中拿出多少钱来与第二个人分享。问题就是：如果第二个人拒绝了这个提议，他们两个人将什么都得不到。从理性上讲，如果你是第二个人，哪怕提议给你的份额很少，你也该接受，因为至少你有所收获，而不至于一无所获。这是冥想者倾向做的选择。你可能会说，冥想者的"感激之情"往往超过了他们对别人所获多于自己的愤怒情绪。然而，大多数人会拒绝低于 20% 的出价，这样就会"自讨苦吃"。我们无法抑制想要惩罚那些我们认为行为不公平的人的冲动，即使我们会因此蒙受损失。[15]

有趣的是，这项研究也监测到了参与者的大脑活动，并发现冥想者岛叶后部的活动相对增加。根据研究人员的说法，这可能意味着他们更能感受到自己的本能反应，但又不会让这些感觉控制他们的行为。这相当复杂地提高了我们的智能：我们能够充分地考虑自己的本能反应，但要在对我们自己和他人最大利益的更广泛考虑的情况下权衡它们。

因此，对所有信息，包括对我们自己的核心价值观念（对大多数人来说，核心价值观念包括利他主义或"做一个好人"）充分关注的能力增强了，就意味着不仅仅是抽象意义上的智能受益，我们更广泛的社会和个人幸福感也会提高。一位病患曾接受过一段时间的以身体为导向的心理治疗，学会了更密切地关注自己的身体感觉和反应，她非常清楚地总结了现实世界中这一不易被觉察的智能发生的巨大变化。她说这种训练：

能够帮助我在面对压力的时候保持平静，所以当压力出现的时候——当你到达机场时，你的飞机晚点了9个小时，没有航班，没有酒店，所有人都在尖叫——我再也不会加入他们的行列了。现在我会这样思考：“哦，我感觉有点不安……是时候开始深呼吸了！”同时意识到我有能力做出回应而不是反应，意识到我们所有人大多数时候在很大程度上都处于不假思索的状态。这就像，“不，在这里你有选择，你可以选择如何应对这种情况”。[16]

她在回应和反应之间做出的区分很重要，这将我们带回到系统一和系统二（见第四章）。她使用的“反应”这个术语，在很大程度上依赖于习惯和假设。例如，当前的情形很快被同化为一种主要的情绪模式——焦虑、愤怒或悲伤。而回应是身体—大脑的一种能力，它能抑制轻率下结论并以刻板的方式做出反应的倾向，能在选择开始行动之前，对情况的各个方面做出更全面、更细致的了解。

专 注

身体的知觉是由各种各样的感觉组成的——人们可能对一种感觉敏感，而对另一种感觉不敏感。正如我们所看到的那样，研究者发现，冥想者对皮肤触摸比一般人更敏感，但当他们处于非常安静和放松的状态时，他们对心率的判断并不比一般人好。运动员和舞蹈演员可以协调他们的肌肉身体，但不能协调他们的情感身体（娜塔莉·波特曼在电影《黑天鹅》中很好地将这种不协调戏剧性地表现了出来)。发展内感受是一项多方面的工作，不同领域的发展可能需要通过不同的训练。

对身体主要部位——喉咙、胸部和腹部——所发生的事情的敏感程度，是发展具身智能最重要的领域之一。这里值得一提的是一种叫作专注的特殊练习，可以用来训练我们的身体知觉。早在20世纪60年代，芝加哥大学的尤金·简德林和他的同事就试图找出心理咨询和心理疗法中的“神奇成分”，这种成分让一些患者觉得自己正在取得富有成效的进展，而其他患者则毫无进展。在分析了数百份治疗过程的磁带记录后，他们找到了答案。答案既不是心理治疗师的流派，也不是他们的个性或“对病人的态度”。在大多数情况下，不同之处在于患者是否会自发地以某种特定的方式谈论他们的问题。[17]

受困扰的患者(简单地说)往往能够流利而迅速地讲出他们的不幸经历。他们有精心排练过的故事——而且他们一直在坚持讲述这个故事。但令人惊讶的是，那些受益最大的人说话时更加犹豫不决。他们似乎在努力寻找恰当的词语来表达他们所处困境的复杂真相，并仔细倾听自己的表述，看看他们是否如实地表达了这个真相。此外，事实证明，这个真相的试金石不是一种认知反应，而是一种本能反应。患者没有理性地评价他们所说的话，而是让他们所说的话与他们身体的感觉产生共鸣，特别是在躯干部位，那里有主要的器官和内脏核心。

尤金·简德林把这种前言语的、具身的感觉称为感受到的感觉。患者成功地接触到了这种“感受到的感觉”，并检查以确保它在展现为文字的时候能够将其基本意义保留下来。他还发现，当他们这样做的时候，患者会体验到一种身体放松的感觉——“啊，是的，就是这样，正是这种感觉”。这种“感受到的感觉”接下来会发生改变，更深层次的理解、整合或和解会出现。尤金·简德林曾以一幅生动的画面将这一过程描述为好像是“在倾听你腹中孩子的声音”。当腹中的孩子感到有人在认真倾听和感受他时，他就会停止扭动和烦躁，并放松下来。这种感觉就像消化不良等身体不舒服的感觉已经被化解，释放出一种更充分、更完整的内在流动与和谐的感觉。

尤金·简德林的天才之处在于，他发现，几乎每个人都能学会这个诀窍。（我参加过几次专注力方面的研讨会，可以证明这一点。）你问自己一个很一般的问题——我的工作场所/我的母亲/我害怕一个人独处到底是怎么回事？——然后把你的注意力集中在躯干上，等着看那里会产生什么感觉。这可能会让你产生一种胃部下沉的感觉，一种无法呼吸的感觉，一种喉咙后部刺痛的感觉，或者是一种肩膀肌肉轻微紧张的感觉（或者上百种其他种类的感觉）。你学会了在展现的过程中慢下来的艺术——将这种深深的关注区分为更精确的文字、感觉或手势——这样它就不会走捷径，或迅速地用“正常的事物”取代实际的事物，而是随着它的逐渐涌现，保留“感受到的感觉”的真实性和复杂性。这个过程带来了洞察力和取得进展的感觉。尤金·简德林说：“在你的思想、记忆和熟悉的感觉之下，你会发现一个你可以进入并打开身体感觉的‘黑暗地带’。这是新步骤的来源。一旦被发现，它就会是一个可感知的存在。”[18]

不妨尝试一下。要有耐心，这很有效，特别是在与他人的交流中最为有效。我们在第八章中提到的人与人之间的身体共振，对于发展这种更大的整合感和展现感来说是一种非常有用的媒介。在2011年的一次电话研讨会上，尤金·简德林解释了其中的原因：

> 专注是一种接近你身体认知的方式。你的身体对对方的了解会比你意识到的多得多。你的身体展现出的自我也会比你预期的或你所能看见的多得多。别人通常会对这些做出反应，而不是对你有意识的信息做出反应。只要稍加训练，你就能感觉到你的身体知道正在发生的事情。[19]

当治疗师感应到患者的整体具身状态并与之产生共振时，患者就会在有意识的引导下学着做同样的事情。越来越多的研究正在追踪这些个人内部和个人之间共振的神经化学关联。毫不奇怪，前额叶皮质、岛叶和扣带回皮质都与此有关。[20]

你可能会说，心理疗法关注的是心理健康，而不是认知表现，然而在这种对现实世界智能的新观点中，此类区分显然是行不通的。例如，尤金·简德林最近发现，患者的内心关注对创造性思维过程有显著的作用。他已经开发了一种训练医疗方案，在这种方案中，针对人们最初并不知道如何很好地表达一个新想法的状况，一个人可以帮助另一个人接受对新想法的隐约感觉，并减缓其展现的速度，这样一来，对于这个新想法的真正令人满意的表达就可以逐渐演变而来，他称之为边缘思维。就像专注疗法一样，这个过程始于一个一般性的问题："在你的专业领域或你的生活中，有什么你'知道'却不能说，但想要说的事情吗？"然后，你的伙伴会用一种微妙而耐心的促成方式来引导你的感觉和思维，直到你开始发现新的文字（或其他符号）形式，即非常贴切的字眼，来"如实地表达"最初的隐约感觉。虽然这方面的研究还处于起步阶段，但在各种管理、学术和教育环境中，关于边缘思维的使用已经有一些积极的研究。[21]（事实上，撰写本书是一个漫长的过程，我试图找到将新的隐约感觉转化为文字的好方法。）

锻炼和运动

跑步！如果有什么活动比这更快乐、更令人兴奋、更能滋养人的想象力，我想不出它会是什么……语言的神秘活力似乎伴随着我们的脚步和手臂的摆动而在大脑中有节奏地跳动。

——乔伊斯·卡罗尔·欧茨

“健全的心智寓于健康的身体”这句话也许出处不明，但有没有证据表明体育锻炼真的能让我们变得更聪明呢？我们都知道，锻炼有益于我们的健康和幸福感的提升，但对我们的智能会产生怎样的影响呢？有证据表明，锻炼似乎确实有益于思考——尽管并非总是如此。仅仅是变得更强壮或者发展运动技能，不会对我们的智能产生任何直接影响。事实上，高度的心理和身体控制可以使人抑制或忽视痛苦或疲惫的感觉——就像电影《黑天鹅》中的芭蕾舞女演员尼娜（以及一些顶级运动员和表演者）一样。

然而，身体运动至少可以通过三种互补的方式对智能的提高做出积极贡献。第一种观点认为，锻炼可以通过增加大脑含氧血的供应，或者仅通过使器官更有效地工作，来提高身体—大脑的生理机能。[22]锻炼也会对智能产生更直接的影响。锻炼会影响大脑某些区域，如与学习和记忆密切相关的海马体。有规律的跑步会使这些区域生长出更多的神经元，并对人们学习的速度和效率产生有益的影响。一项研究表明，人们在剧烈运动后学习新单词的速度提高了 20%。运动对保护我们的大脑免受衰老的影响特别有效。随着年龄的增长，参与神经元再生的激素会减少，而锻炼可以抵消这种减少。同样，随着年龄的增长，大脑的连通性也会减弱，不同的回路会慢慢地彼此分离。锻炼可以抵消这种影响。[23]

锻炼也会影响年轻人的思维。有氧运动对计划、排序和确定优先顺序以及抵抗诱惑和干扰坚持当前目标等需要大脑额叶进行抑制控制的任务尤其有用。更具体地说，在让你感到疲劳的运动中，练习复杂的身体技能，如运球，似乎会进一步加速大脑额叶功能的发展。即使是在课堂上有规律地进行一些不太熟练的体育活动，也被证明能够提高学生在阅读、拼写和数学方面的成绩，因此，毫不奇怪，这会有助于提高学生的智商。[24]

锻炼也被认为是保持器官和子系统之间在最佳水平进行内部沟通的关键。身体是大量相互连接、相互联系、相互交流的子系统。就像在所有关系中一样，这些交流不仅在内容上不同，而且在质量上也不同。如果我和我的妻子不再交流，我们的婚姻就不复存在。我们不再以一种灵活的、不断发展的方式与对方产生共鸣并塑造对方。我们和世界进行良好的调适并保持良好的心态是智能的关键因素。如果我身体的某一部分变得太软弱无力，就无法捕获到它所感觉到的细节。如果它变得僵硬，情况也是一样。当我们变得铁石心肠，我们就会失去与这个世界，尤其是与周围人的共鸣。同理心的长期缺失等同于智能的缺失。[25]

如果我们久坐不动、肥胖或者患有某些心理疾病，很有可能实际上我们失去了一种对身体各部分的系统共振来说是很重要的身体弹性。到目前为止，这方面的研究还很少，更多的研究将会是非常有趣的。例如，在重要器官周围积聚的“硬脂肪”——就像“苹果型”肥胖那样，很可能会减少器官间的交流，并带来健康风险。脂肪可能导致感觉神经受压，流动的神经化学信使分子受限，或身体各系统共振减弱。人们可能还想知道他汀类药物、血压调节剂和减肥药等对人体内部交流产生的有效性影响。

另外，锻炼可以提高我们的内感受知觉（并不是所有的锻炼都会产生这样的效果）。太极拳是明确培养身体知觉的一个典型例子。它是一种古老的、起源于中国的锻炼方式，它是缓慢、流畅的身体运动，需要头部、眼睛、手臂、躯干、骨盆和腿部的精准协调。这些身体运动是非常精确的，但是一开始人们相当不熟悉，因此需要通过高度的专注和微妙的身体知觉来掌握。在一份关于太极拳累积效应的组织良好的评估综述中，哈佛医学院的彼得·韦恩（2013 年度全美科学家）和他的同事发现，太极拳显著提高了练习者的身体知觉，对心理和身体功能都有明显的益处。例如，练习太极拳的老年人不太可能摔倒，因为他们能更充分、更准确地感受到脚在地面上的感觉。而且因为他们更多关注于目前的状况，更少专注于担心摔倒（就像许多老年人一样），所以他们摔倒的次数更少。还有，他们内部系统的功能得到了明显的改善，这对记忆力和解决问题的能力都有实际的益处。这些益处明显大于那些不注重身体知觉培养的体育锻炼形式所带来的益处。[26]

哈他瑜伽也强调身体知觉，研究表明，它对我们思考和解决问题的方式有短期和长期的益处。伊利诺伊大学的妮哈·戈特和她的同事对仅仅 20 分钟的瑜伽练习和相同时间的（不强调知觉的）常规伸展锻炼的效果进行了比较。他们选择了没有瑜伽、太极拳或任何其他类似锻炼经验的女大学生作为研究对象。在一段时间的锻炼或瑜伽之后的 5 分钟，她们接受了一项关于专注于某一任务以及抗干扰能力的测试。在这些测试中，刚练习过瑜伽的被测试者的表现明显好于常规锻炼后的被测试者。因此，好消息是，你不必经过连续数月的训练才能体验到这些认知益处，仅仅 20 分钟就能奏效。[27]

舞蹈训练也需要舞者发展高度的身体知觉，尽管重点可能更多地在于肌肉以及身体在空间中的位置和外形，而不是在本能的内感受方面。因此，当我们去寻找舞蹈的认知益处时，我们可能会看到一个复杂的画面。例如，一些研究者将瑜伽与舞蹈课作为对照组，他们发现，与哈他瑜伽相比，舞蹈的认知益处微乎其微。然而，彼得·洛瓦特——一位专业舞者兼赫特福德大学的学术心理学家，发现舞蹈对人们思维方式有直接影响。彼得·洛瓦特和他的同事卡琳·刘易斯让新手舞者跳 15 分钟自由即兴舞或高度结构化的舞蹈，然后测试他们解决两种不同难题的能力。一种需要创造性的、有深刻见解的思考，另一种需要有逻辑的、分析性的思考。舞蹈对他们解决问题的影响是相当具体的。即兴舞者在需要有深刻见解的问题方面表现较好，但在分析性的问题方面表现较差，而结构化的舞者恰恰相反。尽管这是一项初步的研究，但有趣的是，它确实表明：如果心智和身体确实被认为是一枚硬币的两面，那么就像我们预期的那样，它们可以很快地反映对方的模式。[28]

*****

总的来说，很明显，我们确实可以改善不同器官之间的内部交流，从而相应地提高思维的敏捷性和表现力。我们学习、记忆、集中注意力、解决问题和与他人交流的能力都取决于复杂回路内部和彼此之间的交流质量。这种质量可以通过不同的锻炼和治疗来恢复和提高。那么，根据这些知识，我可能倾向于采取哪些不同的做法呢？

在非常肤浅的层面上，我可能会在参加面试前尝试摆出一些“有力量的姿势”，利用身体姿势来诱发一种必然的自信状态。我可能会进行更多锻炼，因为我相信“保持良好的身体状态”不仅有益于我的健康，延年益寿，也有益于我的心智。我并不认为我的目标是变得更健康或更坚定，而是认为它调整了我的身体系统，使我的系统得到了更好的调节，与自身和周围环境更协调。我的目标不是要跑得更快，也不是要对抗因衰老在脸上留下的皮肤松弛和皱纹等岁月痕迹，而是要在面对自己身体内部和外部的不断变化时，做出良好的反应和更智能的回应。我也可能练习缓慢的运动项目，甚至是静坐，为的是学会倾听，并更充分地感受这些变化，并不是为了让我们离身的心智能够获得更好的信息（因为我现在接受了这个虚无的控制者并不存在的事实），而是为了让肉体的各个部分都可以在智能出现的动态核心中更充分地发挥其特定的作用。我会练习注意自己的心跳、呼吸的起伏、眨眼、紧张、肌肉颤抖等微弱的背景噪声，这样一来，只要我能够进行控制，我身体的任何部分都不会被排除在整个身体运作的过程之外。

但是，具身化对我们的自我感觉有什么更深层次的影响呢？如果社会成员体验到自己是完全具身化的，那么这个社会需要如何改变呢？我们将在最后一章讨论这些问题。

第十一章

具身生活：自我、精神和社会

负责组织和整合多个特殊目的子系统活动的大脑中央执行系统消失了。思考者（无躯体的智能引擎）与思考者的世界之间的界限也消失了。我们面对的并不是这样一幅令人欣慰的画面，我们面对的是一种心智，它不受皮肤和颅骨的脆弱外壳限制。

——安迪·克拉克[1]

现在，我就是我的身体。我的身体与其说是一大块过于结实的肉体以及置于身体之上的心智，不如说是一股信息流旋涡。这些信息流既来自内部（如内脏），也来自外部（如眼睛），然而它们交织得如此之快、如此之彻底，以至不可能把它们分开，说出“我到底是谁”“真实世界是什么样子”“是谁创建的世界”。“我是谁”深受通过眼睛、耳朵、鼻子、舌头和皮肤所传递的信息的影响。通过身体，我被卷入错综复杂的环境中，包括物理环境和社会环境，而环境也融入了我的身体。在我看来，世界已经深受我自身的价值观念和历史的影响。我们生来就是善变的人，呈现出我们所处世界的不同色彩；我们生来就是装饰家，设计和诠释世界，然后对世界做出回应。

甚至谈到“拥有身体”“我的身体”里发生了什么或有什么事情

在“我的身体”中发生，都是对情况的歪曲；这是在身体和假想的身体拥有者或驾驭者之间，插入了最薄弱但最隐蔽的障碍物。即使就像我刚刚想要写“我周围的世界”或“我所处的环境”那样，也是假定我和我所居住的世界是分开的，或者至少是可分离的，这种观点是完全错误的。这就是具身科学向我们阐述的观点。无论这些二元论的习惯在我们的语言和思想中多么根深蒂固，它们都是粗糙的，而且常常误导性地接近我们的本性。我们对自我的直觉决断力不是单纯的或透明的。认同我们在笛卡儿镜像中看到的意象会产生一些后果，并不是所有的后果都是好的，甚至也不是中性的。

我是一个身体，有时会展现出类似心智的思想和各种各样的体验，也会展现出类似伸手拿盐或改变话题这样的身体动作。其中的一些体验被视为对我周围世界的（或多或少是可靠的）描述，另一些被视为对自己过去的回忆，或是对未来的憧憬或恐惧的意象。其中有些是弥漫性的，像身体不舒服的感觉，或忘记做某事的感觉。有些体现为结构良好的思路，或者绝妙的洞察力；另一些似乎潜藏在意识中：诸如隐约的感觉和预感等。我把意识的这些比较模糊的背景当作自我的某些方面：观看表演的感觉、打算采取行动的感觉、抗拒一种思想的感觉。有时意识的这些方面同时出现，然后我就有了自我思考、计划行动或排练动作的印象，好像意识的一个方面引发或控制了意识的另一个方面。但实际上，“我”与思想或行动本身一样，都是从身体内部涌现出来的。我是身体—心智—环境的集合体，不断变化，不断涌现。我想，你也一样。

如果我们尝试着更严肃地看待自我的这种不同观点，会发生什么？如果我们从理解它到接受它、同意它、相信它，再到使它具身化，又会发生什么？作为具身化和扩展化的系统是否不仅是一种想法或是对日常行动的刺激，而且也是一种生活体验？如果是的话，它会对我们感知、行动和思考的方式产生什么影响？除此之外，它会对社会及其机构和实践产生哪些影响？具身化的教育、具身化的法律、具身化的政治、具身化的宗教，甚至具身化的医学，会不同于我们所熟悉的学校、法院、参议院、教堂、清真寺和医院吗？要正确地回答这些问题，可能需要撰写另一本书，但在最后这一章中，我将稍微放松一下，尝试探讨一些可能性。

具身认知主导下的生活方式

身体的动态交流系统比有意识的心智所能捕捉到的要复杂得多，这可能会让我在思考自己的健康时采取一种更谦卑的态度。健康是整个具身系统和内嵌系统的功能，但我有意识的心智常常被一些肤浅的民间传说、迷信和媒体关于阿司匹林或他汀类药物的最新建议和“发现”的报道所占据。（意识常常包含杂乱的知识和观点，这些知识和观点只与感觉到的身体体验的真相有松散的关系，却可以向前发展，占据优先地位。）因此，我可能会决定，花点时间去聆听微妙的、迅速增强的身体感受和感觉的变化，而不是相信最新的秘方（无论是来自印度草药疗法大师还是肿瘤学教授），会是更明智的做法。

作为补充，我可能会更敏锐地意识到，有意识的、审慎的推理在何时何地是做这项任务的最佳工具，而在何时不是。我注意到清晰的思考和讨论要求我所思考和谈论的世界是非常简单和清晰的。理性的思考就像杂耍：你只能让这么多球保持在空中（而律师和教授所能应付的球并不比你通常状态下所能应付的多多少）。如果世界可以接受这样的简单化，那当然很好，但大多数情况下并不是这样，这样一来，应用审慎的推理就变成强求一致了：为了符合理性理解和论述的形式，许多复杂和相互交织在一起的部分必须被剔除或忽视。因此，难怪这样的辩论——就像我昨晚在电视上看到的有关苏格兰独立利弊的辩论一样——经常演变成看似聪明的人之间的口舌之战，这些聪明人会利用修辞书中的每一种技巧来阐述一个“有说服力的观点”。真相和对真相的追求是这种修辞性的唇枪舌剑的第一个牺牲品。正如维特根斯坦所言，当一个人不能清晰而有逻辑地进行表达时，他一定会结结巴巴、吞吞吐吐、词不达意，或者根本就不表达。

智能往往源于人们耐心地愿意说出“我不知道”，并忍受不确定性。所以，在面对一个重要但不紧急的决定时，我可能会试图学着慢下来，注意到我的腹部或喉咙中有种感觉在模糊地形成，看看我能否允许其以自己的节奏展现或涌现，所以我不会跳过重要的步骤或是过早地阻止意义的展现。一般来说，我可能越来越感兴趣于直觉：来源于我的内在，以身体提示、隐约感觉、预感和意象的形式出现的那些信号。我不必毫无疑问地“相信”它们，就像我不必相信由高性能计算机推理得出的经济预测一样，但我可能会发现它们比笛卡儿模型所允许的更有价值并且有效。

我可能会逐渐不再被那些涌现在意识中的明显怪异或无关紧要的东西所困扰，相信只要我的子系统能合理且很好地整合在一起，我就不会“发疯”；相信这些怪异或无关紧要的东西只是系统在自我清理和调整过程中产生的副产品，就像我的打印机在进行一项被称为“校准”的神秘操作，似乎会随机地发出一系列的咕哝声和叮当声一样。人们接受帕斯卡的这句格言：“人心自有其理，而理性对此一无所知。”（喉、肺和内脏也是如此。）

当我知道自己和周围的人会自动地成为超级系统的一部分时，我可能会在做出判断和归咎责任时会变得更温和、更犹豫不决。你我的行为都来自这个更大的动态系统，而不能仅归咎于我们中的任何一个人。所以，当你和我使这种理解具身化时，我们的争论呈现出不同的风格，并且我们既是参与者也是探索者，试图弄明白为什么这个由我们创造的、现在又创造了我们的复杂的超级系统，会以它刚刚的那种严厉的或显然适得其反的方式行事。[2] 如果把自我看成一个幽灵般的心智，很容易就会觉得自己是一个被孤立的、独立的个体：一个具有局部意识的个体。但如果我是一个身体，那么首先我已经是一个深深地被连接在一起的整体。一旦我真正弄懂心智是身体的有意识的组成部分，而不是为了控制身体，我就不可避免地把自己看作更广泛的社会和政治团体的一个方面。[3] 正如细胞之于肉体，人类也之于他们所属的更大的“团体”。具身意味着嵌入。

当我从一个环境移动到另一个环境中时，我通常会更加坦率地面对自己的可变性，不会对其感到惊讶。笛卡儿的模型向我灌输了一种坚定的核心意识，我认为那才是真正的我，我必须生活在其中，并达到那个标准范畴。无论“自我身份”这个迷人的范畴内写着什么，那不仅是“我是谁”，而且是“我必须成为谁”，因此，各种形式的僵化问题必然随之而来。如果（就像硬化的心脏一样）我坚持按照自己的节奏行进，而不是随着我所在的这个超级系统的运作进行适时调整，那就不是聪明，而是愚蠢。当我发现自己“行为异常”时，没有必要与自己争吵。如果我的行为和体验每时每刻都来自支撑我的整个身体—心智的环境，那么在某些情况下，我将表现得与“平常”不同，我又何必惊慌呢？当我发现自己处于一个新的环境中时，我一定会给自己一个惊喜。这是非常自然的。

如果我人格的本质不仅仅是逻辑思维和抽象表达，那么我的自我意识也会改变。推理和冷静的辩论是相对新鲜的文化事物，它们产生于更深层、更古老的智能形式，这些智能形式与身体的能力、需求和感觉密切相关，也与物质世界的挑战和功能可共性密切相关。也许我会逐渐感受到更多的流动的统一，而不那么认同我头脑中的那些相互竞争的不和谐的声音。

最后，如果我深深感到自己是更大系统中的一个具身化的系统，一个汇合了许多未知的和 / 或不受自我控制的力量的短暂表现，而不是那个孤独的自我存在，那么死亡可能会变得更容易接受。我幻想着天空下有那么一个快乐的猎场，我可以在那里永远平静地玩耍。如果我放弃这个幻想，我可能会像神秘主义者所说的那样，不再害怕仅仅成为一滴回归海洋的露珠，没有什么比回归故里受到热烈欢迎更令人欣慰的了。

这就是作为一个具身化的、嵌入的、存在的个体的体验。那么公共生活会怎么样呢？

教育

如果用统一的身体—心智—环境观来取代对立的笛卡儿二元论，那么整个教育就必须被改变。（许多女权主义作家指出，离身的智力非常偏重男性化。）正如我之前所说的，学校教育是基于笛卡儿的意志观。在学校里，掌握诸如“介词”“抛物线”和“牛顿运动定律”等抽象的、柏拉图式的概念的能力，要比让一台旧发动机顺畅地运转或把房子装饰得漂亮更重要。因此，数学、英语和物理被称为“难学的科目”，需要多下功夫学习，它们在孩子的简历中比家政学和金属加工学更重要。尽管人们在不断地力求平衡，但仍然普遍认为，如果你不够聪明，无法在英语、数学或科学上取得好成绩，那么你就应该接受“职业”或“技术”教育。就像超市里注水的鸡会体积增大一样，试图通过给美发或运动机械学注入浅显的理论来提高人们对其的重视程度是无效的，也是具有严重误导性的，因为它们强化了一个需要被挑战的假设，即心智这东西——书本知识——必然比身体这东西更难且更好。对触觉、嗅觉、本能的知觉和微妙的抓握感的教育，并不是学校课程的主要内容。如果一位老师问她的学生是否知觉到自己的心跳，以及他们是否会从更多的知觉中受益，她会被认为非常奇怪。

时任伦敦皇家艺术学院院长的克里斯托弗·弗赖林爵士声称，在英国摄政时期，最初的“3 Rs”教育是阅读、计算和制造东西，但是大约在 1807 年，威廉·柯蒂斯爵士抛弃了制造东西，把写作提升到“3 Rs”教育中，从而进一步削弱了手工的和实践的教育。[4] 同样来自伦敦皇家艺术学院的布鲁斯·阿彻教授在评论这一倒退时指出：“现代英语没有等同于读写和计算能力的单词，这意味着理解、欣赏和重视那些通过制造和行动媒介所表达的思想的能力。我们没有等同于科学或人文的单词，其意为物质文化的集体体验。”然而，许多科学家高度重视这种物理的和物质的敏感性。我曾经聆听过令人敬佩的科学家和生物工程师海因兹·沃尔夫谈论他的工作方法。他当时讨论了老式钢件组合玩具在他成为科学家的过程中所起的重要作用，并带着强烈的激情——以及浓重的德国口音——提出：“对年轻人来说，学会操作和善于表达同样重要。”所以，也许我们可以期待一个开明的社会，在这个社会里，操作与读写和计算能力可以相提并论，同样受到重视。

这种尊重的等级制度不能从效用的角度来证明其合理性。能够背诵语法规则和类别并不会使你成为一名更好的作家，学习如何解联立方程也不会使你成为更全面的思考者和问题解决者。而且，除了基本的算术、统计学和概率论，更复杂的数学知识只有在你需要的时候才能学得最好（就像我和其他许多人所做的那样）。把三角学强加给每个人是没有实际理由的。少数年轻人喜欢它，而且它完全符合柏拉图式的模式，这些事实并不能成为普及它的充分理由。这种尊重的等级制度之所以存在，是因为心智—身体的分裂，以及尊重的不平等依然存在。不仅存在不平等，而且存在不公正。因为在笛卡儿那个时代，他无法理解身体和大脑的聪明之处，而我们至今仍然遵循着他的模型，所以尽管有成千上万的年轻人的手和脚都很灵巧，但是他们没有学好方程式，致使他们认为自己的才能和兴趣是二流的，只能参加需要努力的工作和实践，而不需要太多智能。[5]

政治和法律

笛卡儿式的教育在年轻人中引起了变化，这些变化贯穿于他们的工作生活，从而影响了我们公共机构的运作方式。让我举一个英国的（有点争议的）例子。心理治疗师尼克·达菲尔在他的《如何造就他们》（*The Making of Them*）和《受伤的领导者》（*Wounded Leaders*）两本书中，详细阐述了寄宿学校对儿童的本能和同理心方面产生的心理影响的研究案例，尤其是对那些年仅七八岁就被送到寄宿学校的孩子。把男孩（和一些女孩）送到寄宿学校上学是英国的一个传统，这个传统一直延续至今，他们中的许多人成了媒体、司法、军队、城市尤其是政府中的文化领袖。英国前首相戴维·卡梅伦成为寄宿生时年仅 7 岁，他的内阁中大约 2/3 的人都有类似的背景。

他们所受到的公开教育是具有高度智能化和分析性的。磨炼理解和批判知识的技能，以及在论文和辩论中构建令人信服的论点的技能，需要花费数年的时间。在大学的研讨会和辅导课上，这些技能将得到进一步完善。这种对理性礼仪的集中学徒制产生了法国人所说的“职业变形”：不仅是一套技能，也是一种依赖于这些技能并赋予这些技能特权的生活态度。[6] 尼克·达菲尔认为，在许多寄宿生身上，这种偏见伴随着严重的内感受抑制。他说：“孩子们通过切断自己的情感和建立一个防御严密的自我，在寄宿学校中生存下来，这严重限制了他们以后的生活。”年幼的寄宿生的压力（就像我一样）可能要求他们学会如何令人信服地和持续地假装自己不难过、不害怕或者不想家，不假装这样做可能会让他们看起来辜负了父母，因为父母花费大笔金钱供他们接受这种特权教育，同时也会让他们的同伴觉得他们很“幼稚”，那些人会急切地攻击表现出这种弱点的人。我仍然羞愧地记得，当时眼睁睁看着一群 10 岁大的孩子晚上在那个被称为“矮子”（我们叫他“傻瓜赖特”）的可怜男孩的床上撒尿，他们是在他躺在床上时往床上撒尿的，我却没有采取任何行动来阻止这种行为。我们中的许多人都太害怕了，吓得一言不发，怕接下来会轮到我们。正如许多关于欺骗的研究所表明的，对别人撒谎的最好方法就是对自己撒谎；自我欺骗——否认那些暴露出弱点的感觉体验——是需要学习的技巧。

就智能的发展而言，这样的学校对体育的重视可能是双向的。坚韧、刚毅、勤奋和实践，以及友爱和团队合作，这些态度是不言而喻的宝贵资源。然而，正如芭蕾舞剧女演员尼娜一样，这种决心可能取决于忽视来自身体的“不方便”信息，无论是肌肉紧张或疲劳，还是其他竞争性的价值观或需求。本能过程（正如我们在第五章中看到的那样）可以通过肌肉张力的作用而被抑制，并在神经化学方面与将感觉、行动和知觉结合在一起的中枢躯体过程相分离。对身体过程的习惯性削弱会对社交智能、情绪智能和认知能力产生巨大的负面影响。作为领导者，我们一直在接受那些因经过系统训练而变得缺乏深层智能的人，这种说法似乎有些夸张。然而，最近一封由许多顶尖精神病学家、心理治疗师和神经科学家联名签署的致《观察家报》的信，恰恰表达了这种担忧。[7]

*****

笛卡儿模式塑造了人的性格，随着时间的推移，也塑造了职业实践本身。那些法官和政府官员声称在法律和政治诉讼程序中只尊重基于客观证据的理性论证——尽管他们承认通常会使用与理性无关的各种修辞技巧。在贵宾席上和在政府的、法律的辩论会上，决策在很大程度上取决于谁能提出最有说服力的（或最不易被驳倒的）论点，或谁能最成功地压制住同僚，而不是取决于谁能使我们最接近真理或进行明智的判断。坦率地说，在诉讼过程中，使用大量的相关经验，以恰当的方式说出真相从而打动人们，使他们了解更深层次的价值，一直都不是诉讼的主流方式，而这令人非常尴尬。

在法庭上，那些仪式化的修辞战只能暴露巧言令色的人的愚蠢。他们每个人都假装不太会说话，人们的直觉和多年的经验都是无关紧要的，而擅于诡辩的人则试图哄骗陪审员做出他们喜欢的决定。当经验丰富的专家被狡猾的问题难住时，那些擅于诡辩的人就占了上风。

那些从具身的角度来看毫无意义的决定——如某人是否“精神正常”，或者是否“知道自己在做什么”——会被以一种滑稽的严肃态度对待，而如今已经过时的司法程序也没有受到重视。

在其他不那么沉迷于冷静理性的社会中，处理重要决定的方式就不同了。在传统的毛利人文化中，当谈及某事时，人们的看法是否受到重视在很大程度上取决于他们的威望，这反映了这些人的经验、声誉以及他们一贯的个人行为。具有更高威望的人说话诚实，这种诚实似乎是从更深层次、更具身化的认知中心发出的，而不仅仅来自能言善辩方面的能力。在毛利人文化中有这样一种信念，即集会可以通过一个人的言辞，而不是通过巧妙的唇枪舌剑，来更有效地帮助他们达成一种明智的、人道的和包容的解决问题的办法。对抗性司法制度的频繁出错以及政治辩论同样频繁表现出愚蠢和肤浅，无疑使我和许多人有理由怀疑我们所继承的笛卡儿模式。

终究，明智的判断与擅长诡辩和编造谎言的律师艺术是大相径庭的，因此，我们认为管理者必须进行改变。正如马基雅维利所言，这些改变显然会遭到那些在旧体制下做得很好的人的抵制。那些（像我一样）擅长阅读、写作和推理的人，将会因为由他们的才智、社会声望所带来的高收入被剥夺而感到惊慌失措。

如果推理能力不再被视为智能的象征，那么管理和激励人们的方式将截然不同。在当代社会，一个不容置疑的价值观是社会流动性。改善自我的愿望、超越父母的愿望、支撑着教育和经济。但是“改善”的吸引力通常来自脑力劳动，而不是体力劳动。在世界各地，人们渴望从事的工作和薪水丰厚的工作，往往是那些似乎需要脑力而非体力的技能性的工作。在破旧的政府办公室里，穿着干净的衬衫摆弄着文件，被认为是一种比在家庭农场里工作或照顾年幼、年老亲戚更体面、更智能的谋生方式。正如《工匠哲学》（*The Case for Working with Your Hands*）一书的作者马修·克劳福德所说：“这是一种特殊的理想主义，它坚持引导人们从事最可怕的工作。”[8]也有一些地区，整个社会都以将诸如煮咖啡、建造摩天大楼等形式的体力劳动外包给移民工人为自豪，在这些地区，“成功”的标志是穿着精致的白衬衫从事脑力劳动方面的工作，这表明了你的生活非常高级。在这样的社会中，具身智能的概念可能是彻底的、危险的革命性概念。

医 学

医学也开始把身体视为可以单独治疗的各个组成部分或症状的集合，就像人们修补或替换机器的各个零件一样。随着年龄的增长，我可能开始服用降压药、降胆固醇药、头痛药、收缩前列腺药、抵御痛风药和止咳药。我暗自怀疑，这些症状可能是相互关联的，需要更系统的治疗方法，而这不是我的家庭医生能够解决的问题。医疗和制药行业几乎没有能力理解我服用的所有不同药物是如何相互作用的。他们谈论副作用，就好像这些是他们还没有成功解决的某种技术问题，而不把身体当作一个统一的整体来看待；身体不顾一切地试图应对它无法从生理学上识别的复杂的药物冲击，而且它也没有进化出任何武器来应对这种复杂的药物冲击。传统医学几乎还没有开始探索所谓的“多药并用”。即使是“多病”——同时患有多种疾病——这个可怕的术语也暴露了医学界不能系统地思考身体这一问题。许多上了年纪的人可能只患有一种疾病，即衰老，这种常见的疾病有多种症状。尽管当代西方医生都很精明，但他们不知道如何概括这些症状，只是将其视为单独的疾病的集合，每一种药物只治疗一种疾病。在英国，衰老并不是可接受的死亡原因，医生必须从几十种相互关联的变化中锁定一种特定的疾病，比如我父亲患了帕金森病，为的是使死亡符合这种支离破碎的医疗模式。[9]

甚至连医生都认为身体是无关紧要的。他有自己的知识和技术资源，他还想要什么呢？笛卡儿式的医学方法无法整合老式的“临床判断”，也无法承认其他不依赖于数字和机器的、更身体化的认知方式。在一个人们倾向于打官司的世界里，如果出了什么问题，你最好还是用一份计算机打印出来的实验室测试结果，而不是用“30 年的经验”为自己辩护。研究结果很清楚：经验表现为直觉，具有真实的有效性，但它也可能是错误的——就像对电子表格的理性分析会给出一个愚蠢的答案一样。“直觉”的不可靠性是不能忽视它们的一个理由，但要谨慎行事，并试图更好地理解谁的直觉在什么时候以及为什么更有可能是有效的。但是，你不可能在一个学期的课程中教授临床直觉，或者用多项选择测试来评估它。

顺便说一下，即使是在这个简单的讨论中，我们也可以看到笛卡儿式的医学、教育和法律世界是如何被结合在一起，形成一个能够验证理性但忽视身体的自我强化系统的。一个具体的例子是有关助产士的，由于上述原因，他们越来越不愿意按照自己的直觉行事。一位经验丰富的助产士很可能对什么时候在家分娩会很顺利有准确的直觉，尽管有困难，但是现在的她会继续下去，并且会判断是否以及什么时候需要叫救护车，然而她可能会逐渐忽视自己认为一切都会进展顺利的直觉，叫来救护车“以防万一”。有证据表明，在助产士的帮助下，在家分娩至少和在医院分娩一样安全，而且往往比在医院分娩更安全。尽管出现了各种先进的设备，但在过去的 30 年里，分娩结果并没有得到全面改善。例如，在分娩过程中广泛使用胎儿心脏监护仪，只会导致更多的剖宫产手术，而不会带来更好的结果。《柳叶刀》杂志上的一篇权威评论总结道：

> 对于低风险的产妇来说，有很好的理由回归传统的间歇性听诊方法（用听诊器听产妇身体内部的声音），其假阳性率较低，干预发生率较低，并且产妇护理人员与产妇之间有更多的接触机会。[10]

在一个具身的世界里，由经验产生的直觉将会有它应有的地位，医学院的学生会学到更多关于自身直觉优缺点的知识：什么时候注意到它，以及随着时间的推移如何提高它的质量。他们还将在检查、倾听，并且最重要的是在触摸（“触诊”）和闻病人的身体及其生成物等传统方面得到更有效的训练。通过仔细倾听婴儿的哭声或老人吱吱作响的膝盖的声音质量，通过闻病人的呼吸，或通过检查某人的尿液或粪便的稠度和颜色，可以了解到很多东西。[11] 有人认为，与病人如此亲密是令人反感的，更糟的是，他们认为这样做是不可靠的，而这种想法是一种现代的失常现象，医学界应该努力克服它。机器当然会告诉你有用的东西，但它们只是提供了一种信息来源或一种信息类型，还有其他更多躯体的信息来源或类型需要了解，忽视这些信息显然是愚蠢的。

智能设备的屏幕和身体

如果我们忽视自己的身体，我们的情绪智能和社交智能就会受到影响。数字交流固然很好，也很有趣，但如果我们不能触摸到与我们在一起的人，不能闻到他们的气味，就会失去很多交流的价值。一项研究表明，美国大学生的同理心已经不如几年前了。他们不太可能同意这样的说法，比如“我经常对那些没有我幸运的人怀有温柔和关心的情感”和“我有时试图从朋友的角度去想象事情会是怎样的，来更好地理解他们”。发表这项研究结果的几位作者指出，可能存在以下几种原因。很多数字媒体内容，从网络色情到色情短信，都带有攻击性和贬损性。如果你逐渐变得麻木不仁，如果你看不到他人的身体语言中流露出的被伤害，或听不到他人声音中的颤抖，那么你就更难感受到他们的痛苦，也更难受到他们痛苦的影响。这个项目的研究者之一爱德华·奥布莱恩这样说：“当用户不想处理他人的问题和情绪时，他们很容易不理会与网络‘朋友’之间的随意关系。随着这些社交媒体关系消耗了我们越来越多的时间，这种网络行为很容易渗透到我们的日常生活中。”[12] 也有可能是我们的手持设备促使我们倾向于快速反应，从而限制了我们的身体参与。安东尼奥·达马西奥发现，我们更高级的情绪，如同理心或同情心，需要缓慢的生物过程。这样的情绪在我们体内萌芽和展现，需要几秒而不是几毫秒的时间。因此，长期的急躁会以破坏性的方式减少我们的情绪感受范围。[13]

仅仅添加表情符号并不能解决问题，我们还没有进化到对“☺”或者“ ;-(”这样的表情符号，像对看到真人微笑和哭泣的照片那样，具有相同的本能反应。聪明的设计师正在竭尽全力地将我们的智能手机与我们的身体连接起来。你可以买一件带蓝牙功能的拥抱衬衫，它会通过收紧拥抱衬衫给你一个友好的拥抱，来提示你手机上的某些信息。但是——如果我的话听起来很老土，请原谅我——我认为它还是没有什么作用……

许多公司现在不得不禁止在会议中使用智能手机，因为手机会对他们所谓的“持续性局部注意力”造成破坏性的影响。智能设备的出现对我们来说有利有弊，它们可以增强我们的智能，也可以让我们变得更愚笨。我们花在屏幕上的时间越多，就越不可能看到现实生活中其他人以微妙的方式对周围的世界做出的实时反应，并逐渐学会将自己的共振调整到这些频率上。正如埃默里大学英语教授马克·鲍瑞林所说：“数字原住民（也称‘数码族’）提高了他们使用键盘的熟练程度，但当涉及‘解读’他人行为的能力时，他们就显得笨手笨脚。”[14]

当前人们对数字技术的痴迷引发了许多这样的担忧，这些担忧如此之多、如此之快地向我们袭来，以至研究人员无法记录下哪些是真正的问题，哪些是对年轻人衰落的长期抱怨的新形式。屏幕生活必然会引起久坐不动。是的，你可以用任天堂发售的 Wii 电子游戏机进行体育锻炼或打虚拟高尔夫球，但绝大多数的屏幕生活只需要调动指尖和眼部肌肉。人体庞大的肌肉组织只是零星地参与其中。屏幕生活从感官上看是贫乏的，它提供了视觉和听觉，但是——除了敲击键盘（和蓝牙拥抱衬衫）——它提供不了现实生活中那样坚实的、散发着气味的、让喉咙发痒的和美味的东西。计算机使我们越来越多地把注意力集中在视觉和听觉这两种进化较晚的感官上，而把注意力从其他感官上转移开来。我们是否被自己发明的机器弄得既麻木又迟钝？而且，当如此多的信息可以通过点击鼠标来获取和存储时，减轻记忆负担的机会会对我们的思维方式和所产生的想法的质量产生影响吗？屏幕生活是否在冒险地鼓励我们仅仅是消息灵通而不是具有创造力的智能？时间会证明一切，但有足够的证据表明，这些都是严肃的问题，不应将其视为上了年纪的人怀旧时期的下意识反应，而轻易忽视它。[15]

一种新的唯物主义

对屏幕生活不满的症状之一是对身体追求和成就追求的兴趣重新高涨。我觉得，现在出现了一种新的唯物主义：它不是关于购物和炫耀性消费，而是关于从缝被子的劳作到玩滑板的运动的乐趣，以及介于两者之间的许多乐趣。事实上，对我们许多人来说，似乎对数字世界掌控得越牢固，从虚拟回到现实、从符号回到具体、从心智回到身体的反应就越强烈。

据说，斯坦福大学为建筑学、工程学和医学专业的新生开设了一门必修课，要求他们拆卸并重新安装一辆自行车，或者从头开始制作一个飞机模型。当然，斯坦福大学的所有学生入学时都取得了令人印象深刻的成绩，但人们发现，这些成绩往往掩盖了他们动手解决问题的能力和常识方面的严重不足。智力上的成就并不能保证实践的智能。与此类似，麻省理工学院最受欢迎的课程之一是MAS.863，它被称为“如何制作（几乎）任何东西”。下面是对这一课程的描述。

> 本课程提供了设计和制造（事物）的实际操作介绍：机械加工、3D打印（三维打印）、注塑、激光切割；PCB（印制电路板）布局与制作；传感器和执行器……有线和无线通信。本课程也强调学习如何使用这些工具以及了解它们是如何工作的。

显然，美国最聪明的学生有一种极其迫切的愿望，就是利用物理材料制作出真正有用的东西。

从广泛意义上来说，创客运动风靡世界上许多国家，那些想要制作从鸟笼到跳舞机器人等任何东西的人可以自由进入传统和数字工作室（被称为“创客空间”或“微观装配实验室”）。从美国的拉斐特到意大利的米兰，再到中国的上海，世界各地的城市都有微观装配实验室。创客也在向制造商施加压力，让它们制造一些更容易修理的东西。老爷车先生是洛杉矶一位创客大师的笔名，他已经制定了一项“创客权利法案”。它包括：

- 每件物品都应包括有意义的和具体的零件清单；
- 如果它可以“啪”一声关上，它就应该能够“啪”一声打开；
- 只有在有非常充分理由的情况下，才被允许使用特殊工具；
- 单个零件，而不是整个组件，应该是可更换的；
- 易于修理应该是设计理念，而不是事后产生的想法。

创客喜欢引用玛姬·皮尔西富有感染力的诗《有用》（*To be of use*）。它包括以下诗句：

世上的工作平凡得如同泥巴，
搞砸了，会弄脏手，碎成尘土。
但值得做好的东西，
会成就令人满意的结果……
水罐渴望有盛满的水让人来提，
人们渴望有真正的工作来做。

吉弗·图利的“东敲西打学校”是美国的一个夏令营。他向焦虑的父母保证，虽然他们的孩子回家时身上会有淤青和擦伤，但他们不必担心。他备受关注的题目为“你应该让孩子做的五件危险的事情”的 TED 演讲，提到的五件危险的事情包括玩火、拥有和使用小刀、制作和投掷长矛。吉弗·图利认为，如果我们不让孩子做这些事情，他们在成长过程中就不了解自己的身体，当危险降临时，他们就不会对危险产生明智的认识。他展示了因纽特人的学步儿童使用锋利的刀切鲸脂的幻灯片，这些孩子已经学会了一些重要的安全准则，如“永远朝远离你的方向切”和“不要太用力”。现在，他在圣何塞的奥多比公司总部为软件设计师开设了类似的工作坊，以帮助他们进一步了解客户的实际操作体验。奥多比公司的设计副总裁迈克尔·高夫在看到了“东敲西打学校”对自己孩子的影响后邀请吉弗·图利开设了这个工作坊。斯坦福大学产品设计课程执行主任比尔·伯内特说：“很多人都迷失在计算机模拟的世界里。但你不可能模拟一切……你的智能并不都在你的大脑里。你可以通过双手来学习。”[16]

尽管数字世界的功能可供性令人兴奋不已，但我们不能忘记它仍有局限性。是的，你可以通过将 X 光扫描的解读工作外包给印度人来节省开支，但是有很多需要技术的、令人满意的、必要的工作是不能通过电线或卫星来完成的，因为这需要熟练的手工操作和精细的敏感性。当你在候机室候机回家时，你也许可以使用智能手机录下电视节目，但如果你在英国伦敦家中的水槽堵塞了，中国北京的水管工人无法帮你疏通下水道，澳大利亚墨尔本的发型师无法给你理发，柬埔寨金边的保育员无法照看你的孩子。虽然许多工作可以自动化或外包，但人们对体力和智能手工操作的需求不会消失。[17]

受害者？毫无疑问，自动化正在剥夺许多人烤一条面包或手工组装一辆汽车时获得的本能的满足感。社会学家理查德·塞尼特对波士顿一家面包店的命运变化进行了研究。在20世纪70年代，烘焙面包的工作很辛苦，面包师必须早起，有可能被烫伤，但是他们对美味可口的意大利芙卡夏面包有一种集体自豪感。其中包含着手艺，而面粉的质地各不相同，所以经验丰富的面包师在用手感觉面粉的时候，会调整添加的油量或烘焙的时间。到20世纪90年代末，出现了很多互不相识的兼职工人，还有计算机控制的机器，他们只需在适当的图标闪烁时，给机器提供袋装“牛角面包”原料。现在的环境更安全了，但它对手艺人来说是不友好的，因为人类的手工艺已不被需要，也将不再被需要，所以也就没有自豪感可言了。所有的智能都被一台机器取代了。但是如果机器出了故障，几乎没有人知道应该怎么做面包。一位意大利老人对塞尼特说：“如果我回到家我会烤面包，我是面包师。但在这里，我只是按按钮的人。”他的研究有力地证明了，这种对工艺知识的自豪感的丧失以及对技术娴熟团体令人满意的归属感的丧失，是个人悲剧，也是一个明显的社会问题，甚至是一个全球性的问题。对工作价值的贬低，以及对能够直接接触的真实材料的疏远，都带来了显而易见的代价。更高的“生产力”是要付出高昂的代价的，尽管这不是一个可以轻易在电子表格中考虑的因素。[18]

回到我开始写这本书时的观点：这种代价在很大程度上是不被承认的，因为笛卡儿的世界不承认手工劳动中蕴含的复杂智能。马修·克劳福德在《工匠哲学》一书中指出了这一点，他说：“这些行业声望低，我认为这是由一个简单的错误造成的。因为工作肮脏，所以许多人认为这是一份愚蠢的工作。”[19]“体力因素越多，智能水平越低”这一观点至今仍普遍存在于公众意识中。但是，智能—非智能和知识—实践这两个维度并不是简单地相互对应的。

体力劳动需要最高的智能，不仅仅（正如我们在第十章中所看到的那样）是在受人尊敬的职业（如医生、工程师或建筑师）中。彼得·金是科罗拉多州的一名手艺课教师兼执业汽车修理工，也是美国教育家阿特·科斯塔的朋友。科斯塔在发掘他所谓的“心智习惯”方面做了出色的工作，“心智习惯”是许多不同领域的智能的基础。彼得·金很喜欢做修理工的工作，但他也感觉相当羞怯。他认识到科斯塔所谈论的所有心智习惯——解决问题、检查准确性、面对困难时要坚持不懈、创造性思维等——都存在于他的工作中。然而，他仍然发现自己把“修理工”笼统地归类为不聪明的人。他在给科斯塔的信中写道：

> 当我自己就是修理工的时候，我却认为修理工是愚蠢的，我是多么虚伪啊！我的爱好是修理我的车，让它跑得更快，运转得更好。那么我怎么可能会对修理工产生不好的想法呢？嗯，这就是所谓的“同伴压力”。我的父母、朋友和大多数人都看不起修车的人，所以我也看不起自己。我把我的爱好隐藏起来，感觉自己就像个罪犯一样见不得人。
>
> 人们没有意识到，收拾别人的烂摊子需要很强的解决问题的能力。不要误解我的意思，肯定有糟糕的修理工，所以我自己修车。但你谈论的所有那些心智习惯——那些智能行为的特征——都存在于我所做的事情中。
>
> 在某种程度上，我们都是“修理工”，只是我们中的一些人会把手弄得脏兮兮、油腻腻的。[20]

相反，这个世界充满了平庸的心智工作。马修·克劳福德描述了他的一段亲身经历，那时他受雇撰写学术论文的简短摘要，他对这些论文的主题大都知之甚少——涵盖从古典文献学到微生物学的主题。他原以为自己是在动脑子，但事实证明，他使用的公式意味着他不需要理解他所读的内容。一年后，他的配额是每天完成 28 篇文章，每篇文章用时 14 分钟。他是做“知识工作”的帮工，年薪 2.3 万美元。英国记者贾尔斯·科伦最近描述了他所从事的类似工作：“我只是坐下来在谷歌上搜索，这太可怕了。我真希望我是一名消防员。”[21]

现实世界的智能

> 如果你想教计算机下国际象棋，或者你想设计一款搜索引擎，旧的模式是可以的。但如果你对理解真正的智能感兴趣，你就必须与身体打交道。
>
> ——罗尔夫·普法伊费尔[22]

最后，让我重新回到我的指导词——智能。这是一个晦涩难懂的词，因为它部分是假设的实体，部分是价值判断，部分是激烈辩论的历史记录。关于最后一点，我在这里就不提了，因为历史已经被很好地领会和预演过了。[23] 它留给人们的是对智能的普遍看法，这种看法过于狭隘、过于理智、过于专注并且过于敬畏哲学教授所采取的那种解决问题的方式，反过来却对每天发生在摩托车修理店、医院病房和餐馆里错综复杂的、随机应变的思维方式不屑一顾。抽象推理是智能的一个有用元素，但它不是智能的全部，而要想在繁忙的咖啡馆或混乱无序的商店中明智地运用这种推理能力，恐怕是教授所做不到的。

智商测试通常无法预测人们在现实生活中的智能表现，而在可以使用抽象推理的情况下，人们通常会发现，利用“诀窍”而不是根据基本原理来解决问题更优雅、更可靠。[24]我们还应该记住，在不同的社会环境中，人们对智能的概念界定有很大的不同。例如，在一个社会环境中，智能与善良和社交礼仪密不可分，而在另一个社会环境中，智能则包括记住并能准确无误地复述这些复杂的神话的能力。[25]

让我将此作为具身智能科学发展的起点。智能就是完成对你重要的事情，在你的关切、你的能力和你的环境这三组因素中找到好的解决方案。要做到这一点，你需要你的身体，需要对那种产生意识知觉的信息进行广泛而具体的整合。在日常生活中，我们完全正确地依赖习惯和先例。大多数早晨，当我准备去上班时，我都能正常地进行相关活动，这是智能的。智能使我们能够与世界进行有效、简练、优雅和适当的互动。积累大量这样的惯例是智能的。

而且，能够觉察到各种情况的细微差别，从而判断这些情况是否合乎常规，也是智能的。人们经常会“猜错”，会按习惯行事，然后发现习惯性的反应是不适当的，人们需要一些更有创造性或个性定制的东西。通常情况下，需求、行为和见闻的瞬间结合并不适合所有熟悉的模式，然而有效的行动需要一种被称为“思维敏捷”或“智慧地挣扎”的智能。这不同于智商。我们之前看到，谷歌公司对人们的成功经验不以为然，对高智商也持怀疑态度。谷歌人力运营部高级副总裁、人力资源部主管拉斯洛·博克说：“对于每一份工作，我们最看重的是一般的认知能力，而不是智商。它是学习敏捷性，是快速处理问题的能力。”他所说的“智能上的谦逊”隐藏在快速学习能力的背后。你必须能够放弃你认为能够帮助自己渡过难关的知识和专业技能，并以全新的眼光看待问题。高智商的人通常很难做到这一点。他们在容忍不确定性或接受全新观点方面，当然不比一般人强。[26]

尤其是在紧急、混乱或看似混乱的情况下，学习敏捷性依赖于找到一种方法来解决似乎棘手的问题。它包括整合和协调所有不同的冲突，这需要大脑额叶中那些专门处理确定优先级、排序、继续执行任务以及处理冲突和故障的区域的精心安排。在棘手的情况下，许多过程必须相互关联和自我组织，调节大脑和身体其他部分的活动，尽可能找到最佳的解决方案。次要的关切和活动被抑制或推迟，一个特定功能的可供性子集被突显，可能有用的行动已经被激活并准备就绪，注意力被转向可能相关的区域，被判断为相关的部分记忆网络——例如，可能的先例和资源——已被启动。

这种自我触发的抑制和调节网络在心理学中通常被称为中央执行系统或工作记忆，但是，正如我们之前所探讨的，它并不涉及一种位于身体—大脑其他部分之外的独立的智能；它只是（主要）在所有信息循环汇集的连接处起作用。这些过程并没有在大脑中占据一个单独的"位置"，在那里，事物的信息被"发送"以引起特别的注意。事实上，智能并不存在于任何单一的认知能力中——当然也不存在于被称为"有意识的、训练有素的推理"的专门工具中。它存在于包括解决、共鸣、整合和平衡的系统过程中。智能是对一整套影响的协调和指挥，这些影响主要包括身体的影响，以及通过身体而受到的外部世界的影响。如果把所有这些过程归类到被称为系统一和系统二的两个系统里，那么我们就走不了太远。[27]

*****

在过去的20年里，关于不同类型的智能已有很多论述，包括情绪智能、实践智能、“身体—动觉”智能以及其他许多智能。[28]其中的许多内容与本书的论述有重叠之处，但它们有一个关键的区别：这些“智能”通常表现为一个更大的、可分离的心理能力组合的一部分。这些系统中最著名的是霍华德·加德纳的多元智能理论（简称MI理论），他提出了八种不同的智能，身体智能和情绪智能是其中的两种。这些智能被呈现为不同的、互补的和有同等价值的形式，可以根据人们的能力和偏好，在所提供的智能范围内对它们进行描述。这种改进是对作为智商基础的智能的整体概念的重大改进。

然而，从新的具身科学的观点来看，这些智能并不相同，也不具有同等价值。这并不是说有些人有很强的“音乐智能”，而另一些人有很强的“逻辑—数学智能”，这些造就了一个丰富多样的世界。我的主张比这更激进。实践的、具身的智能是所有智能中最深刻、最古老、最基本和最重要的，而其他智能是这个基本的躯体能力的侧面或延伸。情绪智能是身体智能的一个方面，数学智能是身体智能的发展。认为“身体—动觉智能”仅仅与顶级体操运动员和手艺人所拥有的东西密切相关，就会忽略这样一个事实：在更深的层次上，这种实践的、具身的智能实际上是所有其他智能所依赖的根本系统。我不想将把纯数学置于最上而把木工手艺置于最下的尊重的等级制度转变为它们彼此不分上下，我想把这种尊重的等级制度倒转过来。重新理解身体—心智之间的关系绝对对智能本身的发展来说至关重要。

结　语

我认为，现在应该从抽象的离身符号和命题、逻辑论证和严格推理的角度来重新定义智能的概念，并宣布它与日常生活的挑战和复杂性有着更广泛的相关性。要想很好地满足生活需求，需要一个完整的身体，不仅是因为我们要四处走动和采取行动，而且是因为一个完整的、协调的、高度共振的身体本身就是智能的器官。大脑在这一整合中扮演着重要的角色，允许来自皮肤和脾脏、手和心脏、内脏和食道的信息回路在富有成效的对话中汇集在一起。但是，如果没有所有这些传递着关于"什么是可能的"和"什么是可取的"快速变化的信息回路，没有身体各个部位之间不断的广泛交流，大脑就根本谈不上智能。大脑的好坏取决于它所接收到的智能。我的身体以及我知觉身体有嗡嗡作响、闪烁微光的活动的状况，在不断地调节着我变得聪明的能力。

通过身体，我们与周围的世界紧密相连，反过来周围的世界塑造了我们。我们所使用的工具和资源实际上已融入身体对自身可行性的定义中。我们的身体实际上是共振的，因此，个体的信息开始融入一个叫作"我们"的更大的共振系统中。具身认知让我们注意到，我们比笛卡儿主义所引导我们相信的更具有生态性和社会性。

当然，人类身体的一些相似的形象的关联性和智能能力已经伴随了我们上千年。你可以在历代诗人、圣人和医生的作品中找到这种情感，但是直到现在它们才得到科学的认可，这一点在尊重科学知识的全球文化中很重要。我不希望本书对懒惰的新时代思维有任何帮助，因为这种思维方式将许多真理与大量的迷信和神话混为一谈。我一直在煞费苦心地指出，直觉具有重要的效用，但它们和预言家的声明一样，也不能免于被审问。但是，如果本书有助于加深和丰富关于"我们是什么""我们是谁"的理解，有助于我们对智能更多地与实践智慧而不是与智力上的聪明相关联的深入理解，我将感到无比欣慰。

注　释

引　言

1. Richard Rorty, *Philosophy and the Mirror of Nature*, Wiley-Blackwell: Oxford, 1981, p. 239.
2. 请不要以为我是想要站在道德的制高点上才这么说。写书是非常辛苦的脑力劳动，需要非常艰苦的伏案工作。我确实每天都将“骑自行车了吗？”记录在了日程中。我将会在本书的最后一章讨论：为什么我们明白了道理，却并不一定会付诸实践。
3. 芭蕾舞演员、钢琴演奏家以及其他“高层次文化”的实践者并不包含在这一概念范畴之内，尽管在学校里，从受尊敬的程度来看，舞蹈、戏剧和音乐仅略高于体育。至少，芭蕾舞女演员也不应该看起来大汗淋漓、精疲力尽。
4. 顺便说一下，其实我们是想把事情模糊化处理了。
5. Andy Clark, *Being There: Putting Brain, Body and World Together Again*, 1997, Bradford/MIT Press: Cambridge, MA, p.180.

第一章　与身体对抗的历史

1. John Bannister Tabb, ‘Brother Ass and St Francis of Assisi’, in

Truth, Tate Publishing: London, 2014.

2. For a much richer treatment, see Roy Porter, *Flesh in the Age of Reason*, Allen Lane: London, 2004.
3. 这可能给剧作家汤姆·斯托帕德创作《跳高运动员》(*Jumper*)带来了灵感，该剧塑造了一群哲学家，他们同时也是业余体操运动员。
4. David Young, '*Mens sana in corpore sano,* Body and mind in Ancient Greece is the source of this and the following quotations.' *International Journal of History of Sport*, 2005, 22 (1), 22–41.
5. E. R. Dodds, *The Greeks and the Irrational*, University of California Press: Berkeley, 1951.
6. Paul's first Letter to the Corinthians: I Cor. 9: 27.
7. William James, *Some Problems of Philosophy*, Harvard University Press: Cambridge, MA, 1979, p.34.
8. 暂时我将不考虑如下事实：如果它们无法修复，它们就会破裂……
9. Quoted in F. Summers, 'Dualism in Descartes: the logical ground', in M. Hooker (ed.), *Descartes*, Johns Hopkins University Press: Baltimore, MD, 1978. 我知道，最近的一些哲学思潮质疑笛卡儿是否真的如他被认为的那样是笛卡儿二元论者。如果我对笛卡儿有任何冒犯之处，我表示十分抱歉，但是他本人是或者不是二元论者，在此并不十分重要。For the arguments, see Gordon Baker and Katherine Morris, *Descartes' Dualism*, Routledge: London, 1995. 感谢乔纳森·罗森。
10. See http://www.bje.org.au/learning/judaism/ethics/bioethics/body.html.
11. René Descartes, *Discourse on Method*, ed. F. E. Sutcliffe, Penguin:

London, 1968.

12. George Lakoff and Mark Johnson, *Philosophy in the Flesh: The Embodied Mind and its Challenge to Western Thought*, Basic Books: New York, 1999.
13. 正如肯·罗宾逊先生在他的收视率非常高的，题目为“学校是否扼杀创造性？”的 TED 演讲里所说的那样，参见 http://www.youtube.com/watch?v=iG9CE55wbtY。
14. Roy D'Andrade, *An Introduction to Cognitive Anthropology*, Cambridge University Press: Cambridge, 1995.
15. Jerry Fodar, *The Language of Thought*, Harvard University Press: Cambridge, MA, 1979.
16. Peter Medawar, 'Is the scientific paper a fraud ? ', in *Induction and Intuition in Scientific Thought*, Methuen: London, 1969. Paul Feyerabend, *Against Method*, Verso: London, 2010.

第二章　身体是由什么构成的

1. Antonio Damasio, *Self Comes to Mind*, Heinemann: London, 2010, p.36.
2. Jeffrey Deaver, *The Roadside Crosses*, Simon and Schuster: New York, 2009.
3. Daniel Wolpert, '*A moving story*', *CAM Magazine*, 2013, 66, 35–37. For a more daborate version of the same argument, see Rodolfo Llinás, *I of the Vortex: From Neurons to Self*, MIT Press: Cambridge, MA, 2002, Chapter 1.
4. Rodney Brooks, Foreword to Rolf Pfeifer and Josh Bongard, *How*

the Body Shapes the Way We Think: A New View of Intelligence, MIT Press: Cambridge, MA, 2007, p. xv.

5. Steve Collins, Andy Ruina, Russ Tedrake and Martijn Wisse, ‘Efficient bipedal robots based on passive-dynamic walkers’, *Science*, 2005, 307, 1082–1085.
6. Pfeifer and Bongard, op. cit.
7. 机器人 BigDog 是波士顿动力公司研发的产品，最初附属于麻省理工学院，现在归谷歌公司所有。关于机器人 BigDog 的论文，请访问 http://www. bostondynamics.com/img/BigDog_IFAC_Apr-8–2008.pdf。
8. Pfeifer and Bongard, op. cit., p. 20.
9. Raymond Tallis, *The Hand*, Edinburgh University Press: Edinburgh, 2003. 在这一部分中，我大量引用了塔利斯的观点。
10. A. Hernandez Arieta, R. Katok, H. Yokoi and W. Yu, ‘Development of a multi-DOF electromyography prosthetic system using the adaptive joint mechanism’, *Applied Bionics and Biomechanics*, 2006, 3, 101–112.
11. Llinás, op. cit.
12. 我在阐释达马西奥的观点，Damasio（2010）, op. cit., p.41。
13. Ary Goldberger, ‘Is the normal heartbeat chaotic or homeostatic?’, *News in Physiological Science*, 1991, 6, 88–91. 我非常感谢斯蒂芬·哈丁博士为我提供了这一参考书目，也非常感谢他（和我）在舒马赫学院的已故同事布赖恩·古德温教授。关于这种身体系统观的背景的详细讨论，参见古德温的书籍 *How the Leopard Changed its Spots*, Weidenfeld and Nicolson: London, 1994。
14. J. Andrew Armour, ‘The little brain on the heart’, *Cleveland Clinical*

Journal of Medicine, 2007, 74 (1), 48–51.

15. Francisco Varela and Antonio Coutinho, 'Immune networks: getting on to the real thing', *Research in Immunology*, 1990, 140, 837–846.
16. E.g. Candace Pert, *Molecules of Emotion*, Scribner: New York, 1997.
17. Michael Gerson, *The Second Brain*, Harper: New York, 1998.
18. For a great overview of systems thinking, see Fritjof Capra and Pier Luisi, *The Systems View of Life: A Unifying Vision*, Cambridge University Press: Cambridge, 2014.
19. 我在此借用了安迪·克拉克的两本精彩著作的内容：Andy Clark (1997), op. cit. and Andy Clark, *Natural Born Cyborgs*, Oxford University Press: Oxford, 2003。

第三章　为什么身体需要大脑

1. Ambrose Bierce, *The Enlarged Devil's Dictionary*, Penguin: Harmondsworth, 2001.
2. Oliver Sacks, *The Man Who Mistook His Wife for a Hat*, Summit: New York, 1985.
3. 感觉神经元是一种向大脑发送信息的神经。运动神经由大脑向外、向下延伸。
4. M. Björnsdottir, I. Morrison and H. Olausson, 'Feeling good: on the role of C fiber touch in interoception', *Experimental Brain Research*, 2010, 207, 149–155.
5. Kevin O'Regan and Alva Noe, 'A sensorimotor account of vision and visual consciousness', *Behavioral and Brain Sciences*, 2001, 24 (5), 939–1031.

6. Ira Hyman, Matthew Boss, Breanne Wise, Kira McKenzie and Jenna Caggiano, '"Did you see the unicycling clown?" Inattentional blindness while walking and talking on a cell phone', *Applied Cognitive Psychology*, 24 (5): 597–607; Arien Mack and Irvin Rock, *Inattentional Blindness*, MIT Press: Cambridge, MA, 2000. 如果你还没有看到这些研究，请登录网址：www.invisiblegorilla.com 观看演示。
7. Hugo Critchley, 'Electrodermal responses: what happens in the brain', *The Neuroscientist*, 2002, 8 (2), 132–142.
8. Anthony Bechara, Hanna Damasio, Ralph Adolphs and Antonio Damasio, 'Deciding advantageously before knowing the advantageous strategy', *Science*, 1997, 275, 1293–1295.
9. R. Held and A. Hein, 'Movement-produced stimulation in the development of visually guided behavior', *Journal of Comparative and Physiological Psychology*, 1963, 56 (5), 872–876.
10. 关于这个问题，在过去的 20 年里出现了大量的技术性文献，我可能无法一一提及。主要的资源包括：Susan Hurley, *Consciousness in Action*, Harvard University Press: Cambridge, MA, 2002；Dave Ward, 'An action-space theory of conscious vision', PhD thesis, University of Edinburgh, 2008。
11. Bernhard Hommel, 'Action control according to the Theory of Event Coding', *Psychological Research*, 2009, 73, 512–526.
12. Wolfgang Richter and nine others, 'Motor area activity during mental rotation studied by time-resolved single-trial fMRI', *Journal of Cognitive Neuroscience*, 2000, 12 (2), 310–320；Rob Ellis and Mike Tucker, 'Micro-affordance: the potentiation of components of

action by seen objects', *British Journal of Psychology*, 2000, 91 (4), 451–471.

13. Richard Abrams, Chris Davoli, Feng Du, William Knapp and Daniel Paull, 'Altered vision near the hands', *Cognition*, 2008, 107 (3), 1035–1047.
14. Dennis Proffitt, 'Embodied perception and the economy of action', Perspectives on *Psychological Science*, 2006, 1 (2), 110–121. 似乎只有当动机因素是进化的起源时，这种效应才成立。一些经典的研究表明，贫穷的孩子认为硬币更大，这已经被证明是不可信的。
15. Emily Balcetis and David Dunning, 'Wishful seeing: desirable objects are seen as closer', *Psychological Science*, 2010, 21, 147–152.
16. Marcel Kinsbourne and Scott Jordan, 'Embodied anticipation: a neuro-developmental interpretation', *Discourse Processes*, 2009, 46, 103–126, p. 103.
17. 对预测编码的争论和证据方面很好的总结，参见 Andy Clark, 'Whatever next? Predictive brains, situated agents and the future of cognitive science', *Behavioral and Brain Sciences*, 2013, 36, 181–253。
18. E.g. Karl Friston, 'The free-energy principle: a unified brain theory? ', *Nature Reviews: Neuroscience*, 2010, 11, 127–138.
19. Guy Claxton, 'Why can't we tickle ourselves? On the psycho-physiology of sensation attenuation', *Perceptual and Motor Skills*, 1975, 41, 335–338. 有些读者可能会想：如果我们不能胳肢自己，为什么手淫不是一种吃力不讨好的尝试呢？虽然没有经过实证检验，但我怀疑大脑的性系统一定会觉得与挠痒痒相比，要把它抵消掉会更困

难。这可能需要进一步的研究，也可能不需要。

第四章 大脑和身体是如何交流的

1. Iain MacGilchrist, *The Master and his Emissary*, Yale University Press: London, 2010.
2. 回路的概念在达马西奥的著作中有详尽的表述。参见 Damasio（2010）, op. cit。
3. M. Lockey, G. Poots and B. Williams, 'Theoretical aspects of the attenuation of pressure pulses within cerebrospinal fluid pathways', *Medical and Biological Engineering*, 1975, 14, 861–869；Robert Provine, *Curious Behavior*, Belknap Press: Cambridge, MA, 2012.
4. William Tyler, 'The mechanobiology of brain function', *Nature Reviews: Neuroscience*, 2012, 13, 867–878.
5. Ana Fernandez and Ignacio Torres-Alemán, 'The many faces of insulinlike peptide signalling in the brain', *Nature Reviews: Neuroscience*, 2012, 13, 225–239.
6. John Cryan and Timothy Dinan, 'Mind-altering micro-organisms: the impact of the gut microbiota on brain and behaviour', *Nature Reviews: Neuroscience*, 2012, 13, 701–712.
7. Stephen Collins, Michael Surette and Premysl Bercik, 'The interplay between the intestinal microbiota and the brain', *Nature Reviews: Microbiology*, 2012, 10（11）, 735–742.
8. Hugo Critchley and Neil Harrison, 'Visceral influences on brain and behavior', *Neuron*, 2013, 7, 624–368.
9. Llinás, op. cit. Damasio（2010）, op. cit., 有人称地图为“图像”,

但我发现这为我们引入了意识的各种可疑和无益的内涵，所以我在这里坚持使用“地图”一词。

10. Antonio Damasio, Paul Eslinger, Hanna Damasio, Gary van Hoesen and Steve Cornell, 'Multimodal amnesic syndrome following bilateral temporal and basal forebrain damage', *Archives of Neurology*, 1985, 42(3), 252–259.
11. 关于这些地图及其制作方法的简单介绍，参见 Sandra Blakeslee and Matthew Blakeslee, *The Body Has a Mind of its Own*, Random House: New York, 2008。
12. Hugo Critchley, 'Psychophysiology of neural, cognitive and affective integration: fMRI and autonomic indicants', *International Journal of Psychophysiology*, 2009, 73, 88–94.
13. 在接下来的几段中，我将着重介绍巴德·克雷格的作品。他在一些细节上受到了质疑，但我相信他的建议要旨一定是正确的。see A. D. Craig, 'How do you feel ? Interoception: the sense of the physiological condition of the body', *Nature Reviews: Neuroscience*, 2002, 3, 655–666 ; A. D. Craig, 'How do you feel-now? The anterior insula and human awareness', *Nature Reviews: Neuroscience*, 2009a, 10, 59–70 ; A. D. Craig, 'Emotional moments across time: a possible neural basis for time perception in the anterior insula', *Philosophical Transactions of the Royal Society*, *Series B*, 2009 b, 364, 1933–1942.
14. 意思是：我觉得自己充满活力，十分乐观，就像一箱刚出生的小鸡或小鸭子一样。
15. Blakeslee and Blakeslee, op. cit., pp.115–116.

16. Craig（2009 b），op. cit.，p.1934.

17. Anil Seth，Keisuke Suzuki and Hugo Critchley，'An interoceptive predictive coding model of conscious presence'，*Frontiers in Psychology*，2012，2，1–16.

18. Rodney Brooks，'Intelligence without representation'，*Artificial Intelligence*，1991，47，p.142.

19. Marcel Kinsbourne，'Awareness of one's own body: an attentional theory of its nature'，in Jose Luis Bermudez（ed.），*The Body and the Self*，Cambridge，MA: MIT Press，1995；Alva Noë，*Out of Our Heads: Why You Are Not Your Brain, And Other Lessons from the Biology of Consciousness*，Hill and Wang: New York，2009；Chris Frith，*Making Up the Mind*，Blackwell: Oxford，2007.

20. Herman Hesse，*The Glass Bead Game*，Holt，Rinehart and Winston: London，1943；1968 edn.

21. Salvatore Aglioti，Joseph DeSouza and Melvyn Goodale，'Size-contrast illusions deceive the eye but not the hand'，*Current Biology*，1995，5，679–685.

22. L.F. arrett and Moshe Bar，'See it with feeling: affective predictions during object perception'，*Philosophical Transactions of the Royal Society, Series B*，2009，364，1325–1334.

23. 关于这种所谓的大脑"执行功能"已经有了很多研究。Good syntheses can be found in Marie Banrch 'Executive function: the search for an integrated account'，*Current Directions in Psychological Science*，2009，18（2），89–94；and Elkhonon Goldberg，*The Executive Brain*，Oxford University Press: New York，2002.

第五章　情绪和情感

1. Mark Johnson, *The Meaning of the Body*, University of Chicago Press: Chicago, 2007, p. 66.
2. 丹尼尔·戈尔曼的畅销书《情商》(*Emotional Intelligence*)就是这两者的结合。霍华德·加德纳著名的多元智能理论清楚地表明，情绪智能是一种独立的智能。See Daniel Goleman, *Emotional Intelligence*, Bantam Doubleday: New York, 1996 ; Howard Gardner, *Frames of Mind*, Heinemann: New York, 1984.
3. Giovanna Colombetti and Evan Thompson, 'The feeling body: toward an enactive approach to emotion', in W. Overton, U. Muller and J. Newman (eds), *Body in Mind: Mind in Body: Developmental Perspectives on Embodiment and Consciousness*, Erlbaum: Mahwah, NJ, 2007.
4. 这种观点得到情感神经科学领域主要人物的广泛认同。See Antonio Damasio, *The Feeling of What Happens: Body, Emotion and the Making of Consciousness*, Vintage: New York, 2000 ; Joseph LeDoux, *Synaptic Self*, Viking: New York, 2002 ; Keith Oatley, *Best Laid Schemes*, Cambridge University Press: Cambridge, 1992 ; Jaak Panksepp, *Affective Neuroscience*, Oxford University Press: Oxford, 1998 ; Paul Ekman and Richard Davidson (eds), *The Nature of Emotion*, Oxford University Press: Oxford, 1995. 最近一篇关于基本情绪争论的评论，参见 Andrea Scarantino and Paul Griffiths, 'Don't give up on basic emotions', 2011, *Emotion Review*, 3 (4), 444–454。这些研究大多依赖人们对静态面部图像的情绪表达的判断。但在现实生活中，我们往往依赖动态的变化——对表情变化所包

含的信息进行判断。最近的一篇论文考虑到了这一点，它提出有证据表明，只有四种基本的情绪表达：快乐、悲伤、恐惧/惊讶和愤怒/厌恶。当这些研究随着时间的推移而展开时，进一步的细微差别和区别就会被添加进来。See Rachael Jack，Oliver Garrod and Philippe Schyns，'Dynamic facial expressions of emotion transmit an evolving hierarchy of signals over time'，*Current Biology*，2014，24，187–192.

5. See Joel Benington and Craig Heller，'Restoration of brain energy metabolism as the function of sleep'，*Progress in Neurobiology*，1995，45，347–360；Marcus Dworak et al.，'Sleep and brain energy levels: ATP changes during sleep'，*Journal of Neuroscience*，2010，30（26），9007–9016.
6. Silvan Tomkins，*Affect, Imagery*，*Consciousness*，Springer: New York，2008.
7. Panksepp，op. cit.，Chapter 8.
8. Gregory Bateson，Don D. Jackson，Jay Haley and John Weakland，'Toward a theory of schizophrenia'，*Behavioral Science*，1956，1（4），251–254.
9. Mihaly Czikszentmihalyi，Flow: *The Psychology of Optimal Experience*，Harper & Row: London，1990.
10. Barbara Frederickson，'The role of positive emotions in positive psychology: the broaden-and-build theory of positive emotions'，*American Psychologist*，2001，56，218–226.
11. 关于这项研究的一个很好的总结，参见 Patricia Churchland，*Braintrust: What Neuroscience Tells Us about Morality*，Princeton Univer-

sity Press: Princeton, NJ, 2011。

12. Tom Peters, *Thriving on Chaos: Handbook for a Management Revolution*, Macmillan: London, 1989.
13. Elisabeth Kübler-Ross, *On Death and Dying*, Scribner: New York, 1997.
14. D. Dutton and A. Aron, 'Some evidence for heightened sexual attraction under conditions of high anxiety', *Journal of Personality and Social Psychology*, 1974, 30, 510–517 ; D. Zillman, 'Attribution and misattribution of excitatory reaction', in J. Harvey, W. Ickes and R. Kidd (eds), *New Directions in Attribution Research*, *Vol.* 2, 1978, Erlbaum: Hillsdale, NJ.
15. Kristen Linquist, Tor Wager, Hedy Knober, Eliza Bliss-Moreau and Lisa Barrett, 'The brain basis of emotion: a meta-analytic review', *Behavioral and Brain Sciences*, 2012, 35 (3), 121–143.
16. Keith Oatley and Jennifer Jenkins, *Understanding Emotions*, Blackwell: Oxford, 1996.
17. Mary Immordino-Yang, Andrea NcColl, Hanna Damasio and Antonio Damasio, 'Neural correlates of admiration and compassion', *Proceedings of the National Academy of Sciences*, 2009, 106 (19), 8021–8026.
18. Paul Griffiths and Andrea Scarantino, 'Emotions in the wild: the situated perspective on emotion', in Philip Robbins and Murat Aydede (eds), *The Cambridge Handbook of Situated Cognition*, Cambridge University Press: Cambridge, 2008.
19. Aristotle, *Nicomachean Ethics*, J.M. Dent: London, 1984.

20. Terrie Moffitt et al.,'A gradient of childhood self-control predicts health, wealth and social safety', 2011, www.pnas.org/cgi/doi/10.1073/ pnas.1010076108.

21. Paula Niedenthal, Piotr Winkielman, Laurie Mondillon and Nicolas Vermeulen,'Embodiment of emotion concepts', *Journal of Personality and Social Psychology*, 2009, 96 (6), 1120–1136.

22. Harald Traue and James Pennebaker (eds), *Emotion Inhibition and Health*, Hogrefe and Huber: Seattle, 1993 ; James Pennebaker (ed.), *Emotion, Disclosure and Health*, American Psychological Association: Washington, DC, 1995. 慢性肌肉紧张的负面影响，旨在抑制情绪，有时被称为“身体防御”，这一术语是由有争议的心理治疗师威廉·赖希提出的。不论赖希作为江湖骗子的名声是否名副其实，他在身体防御方面的工作都在很大程度上被后来的研究证明是正确的。

23. Penelope Brown and Stephen Levinson, *Politeness: Some Universals in Language Usage*, Cambridge University Press: Cambridge, 1987.

24. Martina Ardizzi, Francesca Martini, Maria Umilta, Mariateresa Sestito, Roberto Ravera and Vittorio Gallese,'When early experiences build a wall to others' emotions: an electrophysiological and autonomic study', PLOS ONE, 2013, 8 (4) : e61004. doi:10.1371/journal.pone.0061004.

25. David Neal and Tanya Chartrand,'Embodied emotion perception: amplifying and dampening facial feedback modulates emotional perception accuracy', *Social Cognition and Personality Science*, 2011, 2 (6), 673–678. Andreas Hennenlotter, Christian Dresel,

Florian Castrop, Andres Baumann, Afra Wohlschläger and Bernhard Haslinger, 'The link between facial feedback and neural activity within central circuits of emotion: new insights from botulinum toxin-induced denervation of frown muscles', *Cerebral Cortex*, 2009, 19, 537–542.

26. Paula Niedenthal, 'Embodying emotion', *Science*, 2007, 316, 1002–1005.

27. Jane Richards, 'The cognitive consequences of concealing feelings', *Current Directions in Psychological Science*, 2004, 13（4), 131–134.

28. 参见 Roy Baumeister and John Tierney, *Willpower: Rediscovering Our Greatest Strength*, Allen Lane: London, 2011。关于漱口的研究，参见 M. Hagger and N. Chatzisarantis, 'The sweet taste of success: the presence of glucose in the oral cavity moderates the depletion of self-control resources', *Personality and Social Psychology Bulletin*, 2012, doi: 10.1177/0146167212459912；以及 M. Sanders, S. Shirk, C. Burgin and L. Martin, 'The gargle effect: rinsing the mouth with glucose enhances self-control', *Psychological Science*, 2012, doi: 10.1177/0956797612450034。

29. Michael Trimble, *Why Humans Like to Cry: Tragedy, Evolution and the Brain*, Oxford University Press: Oxford, 2012.

30. 这与威廉·弗雷的分析相似。See William Frey, *Crying: The Mystery of Tears*, Winston Press: Minneapolis, MN, 1985.

31. Shani Gelstein, Yaara Yeshurun, Liron Rozenkrantz, Sagit Shushan, Idan Frumin, Yehudah Roth and Noam Sobel, 'Human tears

contain a chemosignal', *Science*, 6 January 2011, doi: 10.1126/science.1198331. Ad Vingerhoets, *Why Only Humans Weep*, Oxford University Press: Oxford, 2013.

32. Jonathan Haidt, *The Righteous Mind*, Allen Lane: London, 2012.
33. 关于这一研究的评论，参见 Joseph Forgas and Eric Eich, 'Affective influences on cognition', in A. Healy and R. Proctor (eds), *Handbook of Psychology*, *Vol. 4: Experimental Psychology*, Wiley: New York, 2014。
34. Isabelle Blanchette and Serge Caparos, 'When emotions improve reasoning: the possible roles of relevance and utility', *Thinking and Reasoning*, 2013, 19 (3), 399–413.
35. Eveline Crone, Riek Somsen, Bert van Beek and Mauritz van der Molem, 'Heart rate and skin conductance analysis of antecedents and consequences of decision-making', *Psychophysiology*, 2004, 41, 531–540.
36. Natalie Werner, Katharina Jung, Stefan Duschek and Rainer Schandry, 'Enhanced cardiac perception is associated with benefits in decision- making', *Psychophysiology*, 2009, 46, 1123–1129.

第六章　具身心智

1. 我在这里要描绘的总体情况借鉴了许多类似的研究方法：Antonio Damasio (2010), op. cit. ; Michael Arbib, Brad Gasser and Victor Barrès, 'Language is handy but is it embodied?', *Neuropsychologia*, 2014, 55, 57–70 ; Friedemann Pulvermüller and Luciano Fadiga, 'Active perception: sensorimotor circuits as a cortical basis for

language', *Nature Reviews Neuroscience*, 2010, 11, 351–360; Rolf Zwaan, 'Embodiment and language comprehension: reframing the discussion', *Trends in Cognitive Sciences*, 2014, 18 (5), 229–234; Arthur Glenberg and Vittorio Gallese, 'Action-based language: a theory of language acquisition, comprehension and production', *Cortex*, 2012, 48 (7), 905–922。

2. Michael Masson, Daniel Bub and Meaghan Newton-Taylor, 'Language-based access to gestural components of conceptual knowledge', *Quarterly Journal of Experimental Psychology*, 2008, 61 (6), 869–882.

3. 关于金融衍生品交易员如何运作以及他们决策背后的激素影响的精彩描述，参见 John Coates, *The Hour between Dog and Wolf: Risk Taking, Gut Feelings and the Biology of Boom and Bust*, Penguin: London, 2012。

4. 在新西兰的西南角有一个非常美丽的峡湾，叫作怀疑湾。我相信在那里你能发出适当的声音……

5. Johnson, op. cit, 有一章厚颜无耻地被命名为"感受威廉·詹姆斯的'但是'"。詹姆斯在下面的权威著作中对怀疑的具身情感进行了著名的讨论：William James, *Principles of Psychology*, Dover: New York, 1890/1950。

6. Geoffrey Willans and Ronald Searle, *How to Be Topp*, Max Parrish: London, 1955.

7. See Gabriella Vigliocco, Stavroula-Thaleia Kousta, Pasquale della Rosa, David Vinson, Marco Tettamanti, Joseph Devlin and Stefano Cappa, 'The neural representation of abstract words: the role of emotion',

Cerebral Cortex, 13 February 2013, doi:10.1093/cercor/bht025.

8. William James, *Some Problems of Philosophy*, Harvard University Press: Cambridge, MA, 1911/1979, 32–33.
9. Lakoff and Johnson, op. cit., pp. 43, 17.
10. Michael Masson et al., op. cit.
11. John Bargh, Mark Chen and Lara Burrows, 'Automaticity of social behaviour: direct effects of trait construct and stereotype activation on action', *Journal of Personality and Social Psychology*, 1996, 71(2), 230–244. 我们应该注意到，许多重复这项研究的实验都失败了，但约翰·巴奇坚决捍卫他的实验的有效性。
12. Arthur Glenberg, Marc Sato, Luigi Cattaneo, Lucia Riggio, Daniele Palumbo and Giovanni Buccino, 'Processing abstract language modulates motor system activity', *Quarterly Journal of Experimental Psychology*, 2008, http://dx.doi.org/10.1080/17470210701625550; and Veronique Boulenger, Olaf Hauk and Friedemann Pulvermüller, 'Grasping ideas with the motor system: semantic somatotopy in idiom comprehension', *Cerebral Cortex*, 2009, 19, 1905–1914.
13. Glenberg et al., op. cit., p.13.
14. Pulvermüller and Fadiga, op. cit.
15. U. Tan, M. Okuyan and A. Akgun, 'Sex differences in verbal and spatial ability reconsidered in relation to body size, lung volume and sex hormones', *Journal of Perceptual and Motor Skills*, 1996, 3(2), 1347–1360.
16. Mirjam Tuk, Debra Trampe and Luk Warlop, 'Inhibitory spillover: increased urination urgency facilitates impulse control in unrelated

domains', *Psychological Science*, 2011, 22, 627–633.

17. Dana Carney, Amy Cuddy and Andy Yap, 'Power posing: brief nonverbal displays affect neuro-endocrine levels and risk tolerance', *Psychological Science*, 2010, 21 (10), 1363–1368. 同时参见 John Coates, op. cit。本节中的一些例子借鉴于：Mark Johnson (2007) op. cit，在此表示十分感激。
18. Pablo Brinol and Richard Petty, 'Embodied persuasion: fundamental processes by which bodily processes can impact attitudes', in Gün Semin and Eliot Smith (eds), *Embodiment Grounding: Social, Cognitive, Affective and Neuroscientific Approaches*, Cambridge University Press: Cambridge, 2008.
19. Lawrence Williams and John Bargh, 'Experiencing physical warmth promotes interpersonal warmth', *Science*, 2008, 322, 606–607.
20. Harry Harlow and Robert Zimmermann, 'The development of affective responsiveness in infant monkeys', *Proceedings of the American Philosophical Society*, 1958, 102, 501–509.
21. 在这里，我大量引用了下列著作：George Lakoff and Rafael Núñez, *Where Mathematics Comes From: How the Embodied Mind Brings Mathematics into Being*, Basic Books: New York, 2000，还有 Paul Lockhart, *A Mathematician's Lament*, http://www.maa.org/sites/default/ files/pdf/devlin/LockhartsLament.pdf。
22. 这是一个论点非常凝练的讨论，选自 Rafael Núñez, Laurie Edwards and João Matos, 'Embodied cognition as grounding for situatedness and context in mathematics education', *Educational Studies in Mathematics*, 1999, 39, 45–65。

23. G. Yue and K. Cole，'Strength increases from the motor program: comparison of training with maximal voluntary and imagined muscle contractions'，*Journal of Neurophysiology*，1992，67，1114–1123.

24. Jean Decety and Jennifer Stevens，'Action representation and its role in social interaction'，in Keith Markman et al.（eds），*Handbook of Imagination and Mental Simulation*，Psychology Press: New York，2009.

25. Jacques Hadamard，*The Psychology of Invention in the Mathematical Field*，Princeton University Press: Princeton，NJ，1945，pp. 142–143.

26. John Allpress，personal communication ；Gillian Lynne，choreographer of *Cats*，as told to Ken Robinson in *The Element: How Finding Your Passion Changes Everything*，Allen Lane: London，2009.

27. Daniel Aiello，Andrew Jarosz，Patrick Cushen and Jennifer Wiley，'Firing the executive: when an analytic approach does and does not help problem solving'，*The Journal of Problem Solving*，2012，4（2），116–127. 顺便说一下，答案是"figure"。①

28. Don Tucker，*Mind from Body: Experience from Neural Structure*，Oxford University Press: Oxford，2007，p. 59.

第七章　意识的涌现

1. 本章的部分内容是基于 Guy Claxton，'How conscious experience comes about，and why meditation is helpful'，in Michael West（ed.），

---

① *figure*有"数字""图形"等意思。"8"是数字；"条形物"是图形；"*figure skate*"构成一个合成词，意为"花样滑冰鞋"。所以与"8"（*eight*）、"条形物"（*stick*）和"滑冰"（*skate*）有关的第四个单词是"*figure*"。——译者注

The Psychology of Meditation, 2nd edition, Oxford University Press: Oxford, 2015。

2. Alan Baddeley, *Working Memory, Thought and Action*, Oxford University Press : Oxford, 2007.
3. Bernard Barrs, 'Global workspace theory of consciousness: toward a cognitive neuroscience of human experience', *Progress in Brain Research*, 2005, 150, 45–53.
4. Benny Shanon, 'Against the spotlight model of consciousness', *New Ideas in Psychology*, 2001, 19, 77–84.
5. Heinz Werner, 'Microgenesis and aphasia', *Journal of Abnormal Social Psychology*, 1956, 52, 347–353.
6. 纽约大学神经学教授杰森·布朗进一步发展了微观发生的概念，并探索了微观发生与各种传统佛教教义中的意识形象的相似性。参见 Jason Brown, 'Microgenesis and Buddhism: the concept of momentariness', *Philosophy East and West*, 1999, 49 (3), 261–277 ; 同时参见 Jason Brown, *Self and Process: Brain States and the Conscious Present*, Springer-Verlag: New York, 1991。
7. Shanon, op. cit., p. 81.
8. Susan Goldin-Meadow and Susan Wagner, 'How our hands help us learn', *Trends in Cognitive Science*, 9 (5), 2005, 234–241 ; Andy Clark, *Supersizing the Mind*, Oxford University Press: Oxford, 2008.
9. 传统上，像霍皮语这样的美洲土著语言不需要这种自我的插入。参 见 John Carroll (ed.), *Language, Thought and Reality: Selected Writings of Benjamin Lee Whorf*, MIT Press: Boston, MA, 1956。
10. 关于西方哲学版的这一论点，参见 Derek Parfit, *Reasons and*

Persons, Oxford University Press: Oxford, 1986；或者，关于佛教徒对同一论点的处理，参见 David Kalupahana, *The Principles of Buddhist Psychology*, SUNY Press：Albany, NY, 1987。这一论点在“一般语义学”流派中也很常见，参见 Alfred Korzybski, *Science and Sanity*, Institute of General Semantics: Brooklyn, NY, 1944。

11. 了解认知行为疗法或当代佛教解读的读者会知道，我在这里略过了一些非常复杂的领域。想了解更多细节，参见 Mark Williams, John Teasdale, Zindel Segal and Jon Kabat-Zinn, *The Mindful Way through Depression*, Guilford Press: London, 2007；以及 Stephen Batchelor, *Buddhism without Beliefs*, Riverhead Press: New York, 1997。
12. 有这样一个故事讲的是，法国数学家亨利·庞加莱把自己一直苦苦思索的问题搁在一边，和朋友一起乘公共汽车旅行。他回忆说！“当我的脚踩在（汽车）踏板上的一刹那间，我突然萌生了一种想法，即我用来定义富克斯函数的变换与非欧几里德几何的变换是相同的，我以前的想法似乎没有任何东西为之起了铺垫作用。”参见 Jacques Hadamard, *An Essay on the Psychology of Invention in the Mathematical Field*, Dover Publications: New York, 1954。
13. Andy Clark, ‘Whatever next ？ Predictive brains, situated agents and the future of cognitive science’, *Behavioral and Brain Sciences*, 2013, 36（3）, 181–204.
14. T. L. Friedman, ‘How to get a job at Google’, *New York Times*, 22 February 2014.
15. L. Carmichael, H. P. Hogan and A. A. Walter, ‘An experimental

study of the effect of language on the reproduction of visually perceived form', *Journal of Experimental Psychology*, 1932, 15, 73–86.

16. Colin Martindale, 'Creativity and connectionism', in S. Smith, T. Ward and R. Finke (eds), *The Creative Cognition Approach*, MIT Press: Cambridge, MA, 1995.
17. Stephen Krashen, *Principles and Practice in Second Language Acquisition*, Pergamon Press: Oxford, 1982.
18. Heather Stewart, 'This is how we let the credit crunch happen, Ma'am', *The Guardian*, 26 July 2009.
19. Peter Fensham and Ference Marton, 'What has happened to intuition in science education ? ', *Research in Science Education*, 1992, 22, 114–122 ; Jacques Maritain, *Creative Intuition in Art and Poetry*, Princeton University Press: Princeton NJ, 1977.
20. Marcel Kinsbourne, 'What qualifies a representation for a role in consciousness ? ', in Jonathan Cohen and Jonathan Schooler (eds), *Scientific Approaches to Consciousness*, Erlbaum: Mahwah NJ, 1997, 335–355.
21. Benjamin Libet, 'Brain stimulation in the study of neuronal functions for conscious sensory experience', *Human Neurobiology*, 1982, 1, 235–242.
22. S. Johnson, J. Marro and J. J. Torres, 'Robust short-term memory without synaptic learning', *PLoS ONE*, 2013, 8 (1), e50276, doi:10.1371/journal. pone.0050276.
23. Gerald Edelman and Giulio Tononi, *Consciousness: How Matter*

Becomes Imagination, Allen Lane: London, 2000 ; also Damasio (2010), op. cit., and Llinás, op. cit.

24. Justin Hepler and Dolores Albarracin, 'Complete unconscious control: using (in) action primes to demonstrate completely unconscious activation of inhibitory control mechanisms', *Cognition*, 2013, 128 (3), 271–279.
25. Adrian Wells, *Metacognitive Therapy for Anxiety and Depression*, Guilford Press: London, 2008.
26. Guy Claxton, 'Mindfulness, learning and the brain', *Journal of Rational-Emotive and Cognitive-Behavioral Therapy*, 2006, 23 (4), 301–314.
27. Peter Carruthers, 'How we know our own minds: the relationship between mind-reading and metacognition', *Behavioral and Brain Sciences*, 2009, 32 (2), 121–138.
28. Carina Remmers, Sandra Topolinski and Johannes Michalak, 'Mindful intuition: does mindfulness influence the access to intuitive processes?', *Journal of Positive Psychology*, 2014, doi: 10.1080/17439760.2014.950179, emphasis added.
29. Timothy Wilson, *Strangers to Ourselves: Discovering the Adaptive Unconscious*, Belknap Press: Cambridge, MA, 2002.

第八章　增强的身体

1. Blakeslee and Blakeslee, op. cit., p. 3. 在本章的第一部分，我大量引用了这本书的内容。
2. 个人周边空间与我们在第五章中讨论的“自我中心观点”密切

相关。

3. Michael Graziano and Charles Gross, 'Vision, movement and the monkey brain', in A. Mikami (ed.), *The Association Cortex: Structure and Function*, Amsterdam: Overseas Publishers Association, 1997.
4. Richard Abrams, Christopher Davoli, Feng Du, William Knapp and Daniel Paull, 'Altered vision near the hands', *Cognition*, 2008, 107 (3), 1035–1047.
5. Anna Berti and Francesca Frassinetti, 'When far becomes near: remapping of space by tool-use', *Trends in Neurosciences*, 2000, 20, 560–564.
6. Berenice Valdés-Conroy, Francisco Román, Jose Hinojosa and Paul Shorkey, 'So far so good: emotion in the peripersonal/extrapersonal space', *PLOS One*, 2012, 7 (11), e49162.
7. Angelo Maravita and Atsushi Iriki, 'Tools for the body (schema)', *Trends in Cognitive Science*, 2004, 8 (2), 79–86 ; Lucilla Cardinali, Francesca Frassinetti, Claudio Brozzoli, Christian Urquizar, Alice Roy and Alessandro Farné, 'Tool-use induces morphological updating of the body schema', *Current Biology*, 2009, 19 (12), 478–479.
8. Blakeslee and Blakeslee, op. cit., p. 151.
9. Ibid., p. 206. 关于这项研究的最新评论，参见 Henrik Ehrsson, 'The concept of body ownership and its relation to multisensory integration', in B. Stein (ed.), *The New Handbook of Multisensory Processes*, MIT Press: Cambridge, MA, 2012。登录网址 http://www.youtube.com/watch?v=sxwn1w7MJvk，观看橡胶手的错觉。

10. Nick Yee and Jeremy Bailenson，'The difference between being and seeing: the relative contribution of self-perception and priming to behavioral changes via digital self-representation'，*Media Psychology*，2009，12，195–209.
11. Blakeslee and Blakeslee，op. cit.，p. 147.
12. Francis Evans，'Two legs，think using and talking: the origins of the creative engineering mind'，未出版的手稿，可以登录网址 http://www. timhunkin.com/a119_francis_evans.htm 进行查看。
13. 我借用的"个人 +"短语来自 David Perkins，'Person plus: a distributed view of thinking and learning'，in Gavriel Salomon（ed.），*Distributed Cognitions: Psychological and Educational Considerations*，Cambridge University Press: Cambridge，1996。
14. Richard Dawkins，*The Extended Phenotype*，Oxford University Press: Oxford，1982.
15. 就像这一章中的大部分思想（实际上也是这本书的全部精髓）一样，这些例子借鉴了苏格兰哲学家安迪·克拉克极其精彩绝妙的著作，尤其参见他的著作：*Being There*，*Natural-Born Cyborgs* 和 *Supersizing the Mind*。
16. 关于这一讨论，参见 Clark（2008），op. cit. And，for example，Fred Adams and Ken Aizawa，'Why the mind is still in the head'，in M. Aydede and P. Robbins（eds），*Cambridge Handbook of Situated Cognition*，Cambridge University Press: Cambridge，2008。
17. Steven Mithen，'Comments of natural born cyborgs by Andy Clark'，*Metascience*，2004，13（7），163–169.
18. 有一个古老的谜题：一天早晨，一个人醒来，看到床边的一根杆子，发出一声绝望的号叫，然后自杀了。屋子外面，另一个人听到了枪声，暗自发笑。为了解开疑惑，你必须找出第二个人的职业。最终，如果你能坚持质疑下去，你会发现这个人是世界上第二矮小的人，同时得知，在夜里他把世界上最矮小的人每天早晨使用，以确保自己仍然配得上“世界上最矮小的人”头衔的测量杆的末端锯掉了一小块……通过改变测量杆的长度，这个嫉妒的矮人变成了一个狡猾的刺客。

19. Vittorio Gallese，‘Embodied simulation: from neurons to phenomenal experience’，*Phenomenology and the Cognitive Sciences*，2005，4，23–48. 在过去的 10 年里，在流行的神经科学文献中有很多关于“镜像”神经元的文章，所以我只做些简短的讨论。仍然有人不相信对猴子的研究已经充分地在人类身上进行了复制，但现在大多数的人接受我在这里所表达的观点。

20. Yuri Hasson，Nuval Nir，Ifat Levy，Galit Fuhrmann and Raphael Malach，‘Intersubject synchronization of cortical activity during natural vision’，*Science*，2004，303（12），1634–1640；Michael Richardson，Kerry Marsh，Robert Isenhower，Justin Goodman and Richard Schmidt，‘Rocking together: dynamics of intentional and unintentional interpersonal coordination’，*Human Movement Science*，2007，26，867–891.

21. Greg Stephens，Lauren Silbert and Uri Hasson，‘Speaker-listener neural coupling underlies successful communication’，*PNAS*，2010，107（32），14425–14450.

22. Fabian Ramseyer，‘Non-verbal synchrony in psychotherapy: embodiment at the level of the dyad’，in Wolfgang Tschacher and Claudia Bergomi

(eds), *The Implications of Embodiment: Cognition and Communication*, Imprint Academic: Exeter, 2011.

23. Jody Osborn and Stuart Derbyshire, 'Pain sensation evoked by observing injury in others', *Pain*, 2010, 148, 268–274.
24. Mark Williams, Adam Morris, Frances McGlone, David Abbott and Jason Mattingley, 'Amygdala responses to fearful and happy facial expressions under conditions of binocular suppression', *Journal of Neuroscience*, 2004, 24 (12), 2898–2904.
25. Richard Wiseman and Caroline Watt, 'Judging a book by its cover: the unconscious influence of pupil size on consumer choice', *Perception*, 2010, 39, 1417–1419.
26. Sun Tzu, *The Art of War*, Penguin: London, 2008 edn.
27. Nicholas Humphrey, 'The social function of intellect', in Patrick Bateson and Robert Hinde (eds), *Growing Points in Ethology*, Cambridge University Press: Cambridge, 1976.
28. Lauren Adamson, Heidelise Als, Edward Tronick and Berry Brazelton, 'The development of social reciprocity between a sighted infant and her blind parents: a case study', *Journal of the American Academy of Child Psychiatry*, 1977, 16 (2), 194–207.
29. Lynne Murray and Peter Cooper, 'Intergenerational transmission of affective and cognitive processes associated with depression: infancy and the preschool years', in I. Goodyer (ed.), *Unipolar Depression: A Lifespan Perspective*, Oxford University Press: Oxford, 2003.
30. Thomas Fuchs, 'Depression, intercorporeality and interaffectivity', *Journal of Consciousness Studies*, 2013, 20 (7–8), 219–238.

31. 参见 Colombetti and Thompson，op. cit。在这里我还引用了 Kinsbourne and Jordan，op. cit。

32. Chris Frith，'Consciousness is for other people'，*Behavioral and Brain Sciences*，1995，18，682–683.

33. Bruce MacLennan，'Evolutionary neuro-theology and the varieties of religious experience'，in R. Joseph（ed.），*Neuro-theology: Brain*，*Science*，*Spirituality*，*Religious Experience*，University Press: San Francisco，CA，2002；Jean Knox，*Self-Agency in Psychotherapy*，W. W. Norton: New York，2011.

第九章 工艺技能和专业知识

1. Andrew Harrison，*Making and Thinking: A Study of Intelligent Activities*，Hassocks: Harvester，1978，p. 1.

2. Francis Fukuyama，'Making things work: review of Matthew Crawford's *Shop Class as Soul Craft*'，*New York Times*，7 June 2009.

3. Mike Rose，*The Mind at Work: Valuing the Intelligence of the American Worker*，Allen Lane: New York，2004；also Mike Rose，'The working life of a waitress'，*Mind*，*Culture and Activity*，2001，8（1），3–27.

4. Quoted in Rose（2001），op. cit.

5. See Keith Markham，William Klein and Julie Suhr（eds），*Handbook of Imaginational and Mental Simulation*，Psychology Press: Hove，2009。

6. Rose（2004），op. cit.，pp. 100–101.

7. Jeanne Bamberger，'The laboratory for making things: developing

multiple representations of knowledge', in D. A. Schon (ed.), *The Reflective Turn: Case Studies in and on Educational Practice*, Teachers College Press: New York, 1991.

8. Michele Root-Bernstein and Robert Root- Bernstein, 'Thinkering', *The Creativity Post*, 18 February 2012: http://www.creativitypost.com/psychology/thinkering. 同时参见他们的书籍 *Sparks of Genius*, Houghton Mifflin: Boston, 1999。
9. Chen-Bo Zhong, Ap Dijksterhuis and Adam Galinsky, 'The merits of unconscious thought in creativity', *Psychological Science*, 2008, 19 (9), 912–918 ; Kristin Flegal and Michael Anderson, 'Overthinking skilled motor performance: or why those who teach can't do', *Psychonomic Bulletin and Review*, 2008, 15 (5), 927–932.
10. Dianne Berry and Donald Broadbent, 'On the relationship between task performance and associated verbalizable knowledge', *Quarterly Journal of Experimental Psychology*, 1984, 36 (A), 209–231.
11. Hubert and Stuart Dreyfus, *Mind over Machine: The Power of Human Intuition and Expertise in the Era of the Computer*, Free Press: New York, 1986.
12. Michael Polanyi, *Personal Knowledge: Towards a Post-Critical Philosophy*, Routledge and Kegan Paul: London, 1958.
13. In e.e. cummings, *A Miscellany*, Peter Owen: London, 1965.
14. 在多萝西 · L. 赛耶斯的《贵族神探彼得 · 温西勋爵探案系列：非常死亡》中，一位曾在莱昂斯角屋工作过的“尼皮”对温西的观察能力表示祝贺，他说：“你是一个善于观察的人，是吗？……你会成为一个好的服务员——我并不想冒犯你，先生，只有懂得赞美的人才能说出这样发自肺腑的赞美之词。”

15. 引自 Root-Bernstein and Root-Bernstein（1999）op. cit。我在这些段落中大量引用了他们这本绝妙的书中的内容。
16. Barbara Rogoff, *The Cultural Nature of Human Development*, Oxford University Press: New York, 2003.
17. Richard Sennett, *The Craftsman*, Allen Lane: London, 2008.
18. Buster Olney, 'Speedy feet, but an even quicker thinker', *New York Times*, 1 February 2002.
19. Philippa Lally, Cornelia van Jaarsfeld, Henry Potts and Jane Wardle, 'How are habits formed? Modelling habit formation in the real world', *European Journal of Social Psychology*, 2010, 40 (6), 998–1009.
20. 参见 Harald Jorgensen and Susan Hallam, 'Practising', in S. Hallam, I. Cross and M. Thaut（eds）, *Oxford Handbook of the Psychology of Music*, Oxford University Press: Oxford, 2008。
21. Sennett（2008）, op. cit.
22. Seymour Papert and Idit Harel, *Constructionism*, Ablex Publishing, Norwood, 1991.
23. Rose（2004）, op. cit., p. xxxii.

第十章　如何与自己的身体对话

1. William James, *Principles of Psychology*, *Vol. 1*, Dover: New York, 1890, p. 696.
2. Stephen Porges, Body Awareness Questionnaire, 1993, 请访问 www.stephenporges.com。

3. Wolf Mehlings, Cynthia Price, Jennifer Daubenmier, Mike Acree and Elizabeth Bartmess, 'The multidimensional assessment of interoceptive awareness', *PLOS ONE*, 2012, 7 (11), e48230.
4. Daniella Furman, Christian Waugh, Kalpa Bhattacharjee and Renee Thompson, 'Interoceptive awareness, positive affect and decision making in Major Depressive Disorders', *Journal of Affective Disorders*, 2013, dx.doi.org/10.1016/j.jad.2013.06.044.
5. Sahib Khalsa, David Rudrauf, Antonio Damasio, Richard Davidson, Antoine Lutz and Daniel Tranel, 'Interoceptive awareness in experienced meditators', *Psychophysiology*, 2008, 45 (4), 671–678 ; Kieran Fox, Pierre Zakarauskas, Matt Dixon, Melissa Ellamil and Evan Thompson, 'Meditation experience predicts introspective accuracy', *PLOS ONE*, 2012, 7 (9), e45370.
6. Bryan Lask, Isky Gordon, Deborah Christie and Ian Frampton, Uttom Chowdhury and Beth Watkins, 'Functional neuroimaging in early-onset anorexia nervosa', *International Journal of Eating Disorders*, 2005, 37, 49–51.
7. 关于这些研究的详细讨论，参见我的书籍：*Hare Brain, Tortoise Mind: Why Intelligence Increases When You Think Less*, Fourth Estate: London, 1997。同时参见 Ap Dijksterhuis, 'Think different: the merits of uncon scious thoughts in preference development and decision-making', *Journal of Personality and Social Psychology*, 2004, 87 (5), 586–598。
8. Carolyn Yucha and Doil Montgomery, 'Evidence-Based Practice in Biofeedback and Neurofeedback', *Applied Psychophysiology and*

Biofeedback, 2008. 除非另有参考，本部分引用了此研究的内容。

9. Maman Paul, Kanupriya Garg and Jaspal Singh Sandhu, 'Role of biofeedback in optimising psychomotor performance in sports', *Asian Journal of Sports Medicine*, 2012, 3 (1), 1–7.
10. Kieran Cox et al., 'Meditation experience predicts introspective accuracy', *PLOS ONE*, 2012, 7 (9), e45370 ; Wendy Hasenkamp and Lawrence Barsalou, 'Effect of meditation experience on functional connectivity of distributed brain networks', *Frontiers in Human Neuroscience*, 2012, 6, 1–14. But for a more complex view see Khalsa et al., op. cit.
11. Norman Farb, Zindel Segal, Helen Mayberg, Jim Bean, Deborah McKeon, Zainab Fatima and Adam Anderson, 'Attending to the present: mindfulness meditation reveals distinct neural modes of self-reference', *Social Cognitive and Affective Neuroscience*, 2007, 2 (4), 313–322.
12. Richard Davidson et al., 'Alteration in brain and immune function produced by mindfulness meditation', *Psychosomatic Medicine*, 2003, 65 (4), 564–570.
13. Amishi Jha, Jason Krompinger and Michael Baime, 'Mindfulness training modifies subsystems of attention', *Social Cognitive and Affective Neuroscience*, 2007, 7, 101–119.
14. Heleen Slagter, Antoine Lutz, Lawrence Greischar, Andrew Francis, Sander Nieuwenhuis, James Davis and Richard Davidson, 'Mental training affects distribution of limited brain resource's, *PLOS Biology*, 2007, e138.

15. Ulrich Kirk, Jonathan Downar and Read Montague, 'Interoception drives increasingly rational decision-making in meditators playing the ultimate game', *Frontiers in Neuroscience*, 2011, doi: 10.3389/fnins.2011. ooo49.

16. Quoted in Wolf Mehling et al., 'Body awareness: a phenomenological inquiry into the common ground of mind-body therapies', *Philosophy*, *Ethics and Humanities in Medicine*, 2011, 6（6）, http://www.pehmed. com/content/6/1/6。

17. Eugene Gendlin and Joseph Rychlak, 'Psychotherapeutic processes', *Annual Review of Psychology*, 2000, 21, 155–190. 有关这项研究的出色评述，同时参见 Jean Knox, *Self-Agency in Psychotherapy: Attachment*, *Autonomy and Intimacy*, W. W. Norton: New York, 2011。

18. Eugene Gendlin, Focusing: *How to Gain Direct Access to your Body's Knowledge*, Rider: London, 2003.

19. Eugene Gendlin, *Sitting with Gene at his Leading Edge*, telephone course, March/April 2011, Focusing Resources: Berkeley, CA.

20. Louis Cozolino, *The Neuroscience of Psychotherapy*, W. W. Norton: New York, 2010. 请参见一篇推测性但见闻广博的论文，Peter Afford, 'Focusing in an age of neuroscience', *The Folio*, 2012, 23（1）, 66–83。还有大量关于其他种类疗法的信息，这些疗法认为身体起着核心作用，请参见 Courtenay Young（ed.）, *About the Science of Body Psychotherapy*, Body Psychotherapy Publications: Galashiels, Scotland, 2012。

21. See Klaus Meyerson, 'Thinking at the edge in industry', Mary Larrabee,

'Eighth graders think at the edge', and Greg Walkenden, 'Thinking at the edge in environmental management', all in *The Folio*, 2004, 19 (1), 94–111.

22. E.g. Rod Dishman and Patrick O'Connor, 'Lessons in exercise neurobiology: the case of endorphins', *Mental Health and Physical Activity*, 2009, 2, 4–9.
23. Henriette van Praag, 'Neurogenesis and exercise: past and future directions', *Neuromolecular Medicine*, 2008, 10, 128–140; Bernard Winter et al., 'High impact running improves learning', *Neurobiology of Learning and Memory*, 2007, 87, 597–609; Michelle Voss et al., 'Functional connectivity: a source of variance in the association between cardiorespiratory fitness and cognition ?', *Neuropsychologia*, 2010, 48, 1394–1406.
24. Joseph Donnelly et al., 'Physical activity across the curriculum (PAAC): a randomised control trial to promote physical activity and diminish overweight and obesity in elementary school children', *Preventative Medicine*, 2009, 49, 336–341; Yu-Kai Chang, Yu-Jung Tsai, Tai-Ting Chen and Tsung-Min Hung, 'The impact of coordinative exercise on executive function in kindergarten children: an ERP study', *Experimental Brain Research*, 2013, 225, 187–196.
25. Thomas Fuchs and Sabine Koch, 'Embodied affectivity: on moving and being moved', *Frontiers in Psychology*, 2014, 5, article 508.
26. Peter Wayne et al., 'Effects of tai chi on cognitive performance in older adults: systematic review and meta-analysis', *Journal of the American Geriatric Society*, 2014, 62 (1), 25–39.

27. Neha Gothe et al.,‘The effect of acute yoga on executive function’, *Journal of Physical Activity and Health*, 2013, 10（4）, 488–495.

28. Peter Lovatt,‘Dance psychology’, *Psychology Review*, September 2013, 18-21；Carine Lewis and Peter Lovatt,‘Breaking away from set patterns of thinking: improvisation and divergent thinking’, *Thinking Skills and Creativity*, 2013, 9, 46–58.

第十一章　具身生活：自我、精神和社会

1. Clark（1997）, op. cit., pp. 220–221.

2. 我发现了一篇详细探讨这种人际共鸣的好论文：Tom Froese and Thomas Fuchs,‘The extended body: a case study in the neurophenomenology of social interaction’, *Phenomenology and the Cognitive Sciences*, 2012, 11, 205–235。

3. 我故意用“弄懂”而不是“理解”这个词。“弄懂一个笑话”是一个源自本能的事件。“理解”涉及我所说的词景，但通常没有其他意思。仅仅理解具身的话，似乎有点“大词小用”。

4. 克里斯托弗·弗雷林爵士 2004 年 6 月 29 日接受《卫报》的采访。

5. 我和我在温彻斯特大学现实世界学习中心的同事写了很多有关这方面的文章。例如，参见 Guy Claxton and Bill Lucas,‘Is vocational education for the less able?’, in Philip Adey and Justin Dillon（eds）, *Bad Education: Debunking Myths in Education*, McGraw-Hill: London, 2012。

6. Nick Duffell, *The Making of Them: The British Attitude to Children and the Boarding School System*, Lone Arrow Press: London, 2000；Nick Duffell, *Wounded Leaders: British Elitism and the Entitlement*

Illusion, Lone Arrow Press: London, 2014 ; Nick Duffell, 'Why boarding schools produce bad leaders', *The Guardian*, 9 June 2014.

7. http://www.theguardian.com/theobserver/2014/may/10/the-big-issue-boarding-schools-abuse.
8. Matthew Crawford, *The Case for Working with Your Hands*, Allen Lane: London, 2009, p. 3.
9. Martin Duerden, Tony Avery and Rupert Payne, *Polypharmacy and Medicines Optimisation*, The King' s Fund: London, 2013.
10. A. Prentice and T. Lind, 'Fetal heart rate monitoring during labour–too frequent intervention, too little benefit', *The Lancet*, 1987, 330 (8572), 1375–1377. 关于鼓励助产士忽视自己直觉的代价的评论,参见 Robbie Davis-Floyd and Elizabeth Davis, 'Intuition as authoritative knowledge in midwifery and homebirth', in Robbie Davis-Floyd and Sven Arvidson (eds), *Intuition: Interdisciplinary Perspectives*, Routledge: London, 1997。
11. See John Kirkland, *Crying and Babies*, Croom Helm: London, 1985.
12. Sara Konrath, Edward O' Brien and Courtney Hsing, 'Changes in dispositional empathy in American college students over time: a meta-analysis', *Personality and Social Psychology Review*, 2014, 40, 1079–1091.
13. Quoted in Nicholas Carr, *The Shallows: How the Internet is Changing the Way We Think, Read and Remember*, W. W. Norton: New York, 2010.
14. Mark Bauerlein, 'Why Johnny Gen-X can' t read nonverbal cues', *Wall Street Journal*, 4 September 2009.

15. Carr, op. cit.

16. Pascal Zachary, 'Digital designers rediscover their hands', *New York Times*, 14 September 2008.

17. 我从下面这个文献中学到了很多支撑这一讨论的内容：Matthew Crawford, *Shop Class as Soul Craft: An Inquiry into the Value of Work*, Allen Lane: New York, 2009。

18. Richard Sennett, *The Corrosion of Character: The Personal Consequences of Work in the New Capitalism*, W. W. Norton: New York, 1998.

19. Matthew Crawford, 'The case for working with your hands', *New York Times*, 24 May 2009.

20. 来自阿特·科斯塔的私人信函。关于他最新的想法，参见 Art Costa and Bena Kallick, *Dispositions: Reframing Teaching and Learning*, Corwin: San Francisco, 2014。

21. Tom de Castella, 'Is working with your hands better than just with your head？', *BBC News Magazine*, 4 January, 2011.

22. Rolf Pfeifer, 转引自《波士顿环球报》, 2008 年 1 月 13 日。

23. Stephen Ceci, *On Intelligence*, Harvard University Press: Cambridge, MA, 1996；Michael Howe, *IQ in Question*, Sage: London, 1997；David Perkins, *Outsmarting IQ*, Free Press: New York, 1995；Ken Richardson, *The Making of Intelligence*, Weidenfeld and Nicolson: London, 1999.

24. Stephen Ceci and Jeffrey Liker, 'A day at the races: a study of IQ, expertise and cognitive complexity', *Journal of Experimental Psychology: General*, 1986, 115, 255–266；Sylvia Scribner,

'Studying working intelligence', in B. Rogoff and J. Lave (eds), *Everyday Cognition: Its Development in Social Context*, Harvard University Press: Cambridge, MA, 1984, quote p. 26.

25. G. Mugny and F. Carugati (eds), *Social Representation of Intelligence*, Pergamon: Oxford, 1989.

26. Laszlo Bock, 转引自 *The Guardian*, 24 February 2104 and the *New York Times*, 22 February 2014 ; Keith Stanovich and Richard West, 'What intelligence tests miss', *The Psychologist*, 2014, 27 (2), 80–83 ; 还有 Keith Stanovich, *What Intelligence Tests Miss: The Psychology of Rational Thought*, Yale University Press: New Haven, CT, 2009。斯坦诺维奇觉得有必要发明一种新的心理障碍，他称之为“理性障碍”，即尽管在智商测试中表现得相当出色，但仍无法理性地（比如，为了自己的最大利益）进行思考和行动！

27. 心理学作为一门学科仍然受到两种障碍的困扰，我们可以称之为两极分化综合征和“实验室症”。它喜欢将事情归结为两种相互竞争的理论，而这两种理论都不可能是正确的，然后设计高度人为的测试内容，看看哪一种理论会胜出。但这种方法通常涉及将许多不同的因素混在一起，这些因素可能彼此之间并不都起作用，而且这种方法不允许两种理论都包含真理的元素。系统一和系统二是许多不同进程的集合，它们通常以相互支持的方式共同作用。

28. Gerald Matthews, Moshe Zeidner and Richard Roberts, *Emotional Intelligence: Science and Myth*, Bradford/MIT Press: Boston, MA, 2002 ; Robert Sternberg, *Practical Intelligence*, Cambridge University Press: Cambridge, 2000. Howard Gardner, op. cit.

致谢

首先，我非常真诚地感谢那些在我撰写本书过程中给予我很多帮助的人！非常感谢迈尔斯·巴克、伊恩·巴恩斯、斯蒂芬·巴契勒、莎拉-杰恩·布莱克摩尔、瓦莱丽·邦纳德尔、菲杰弗·卡帕、马尔科姆·卡尔、玛格丽特·卡尔、阿特·科斯塔、马修·克劳福德、让·戴西迪、托马斯·福克斯、霍华德·加德纳、加布里埃尔·戈麦斯、斯蒂芬·哈丁、保罗·霍华德–琼斯、吉恩·诺克斯、迈克尔·莱尼格（很遗憾柯利先生的观点最后没能被采纳）、特里·洛克、詹姆斯·彭尼贝克、戴维·珀金斯、大卫·佩里、罗尔夫·普法伊费尔、格雷厄姆·普莱斯、格雷塔·拉恩、理查德·塞尼特、路易丝·斯威茨和盖伊·斯威茨、塔马尔·托尔卡西耶、哈拉尔德·特劳贝、玛丽亚·亚历桑德拉·乌米尔特和迈克尔·韦斯特。有时可能只是一段他们甚至不记得的短暂的谈话，就已在我内心中播下了一颗种子，随着时间的推移，种子发芽、成长，成为本书的一个细节或一个部分的灵感来源。我很荣幸认识了具身认知和系统思维领域的两位伟人（令人悲伤的是他们已经不在人世了）：生物学家布赖恩·古德温（他是我在德文郡舒马赫学院的同事）和弗朗西斯科·瓦雷拉（他是我所见过的唯一可以同时流利地讨论欧洲现象学、神经免疫学和藏传佛教的人)。我还要感谢劳伦斯·巴萨罗、安迪·克拉克、雨果·克里奇利、克里斯·弗里斯、亚瑟·格伦伯格、马克·约翰逊、乔治·莱考夫、安尼尔·赛思和蒂莫西·威尔逊等研究人员，他们的开创性工作深深地影响了我。

我与温彻斯特现实世界学习中心的同事（现在是前同事）的讨论，激发了许多我对现实世界智能的思考。非常感谢珍妮特·汉森、艾伦·斯宾塞、珍妮·埃尔默、罗伯托·韦伯斯特，尤其是比尔·卢卡斯。非常感谢我的朋友们：塞巴斯蒂安·贝利、史蒂夫·布里克尔、乔治·查米尔、朱迪思·内斯比特和乔纳森·罗森，尽管他们自己积压待办的工作繁多，生活忙碌，但他们都伸出了援助之手，主动提出阅读早期的草稿，并提供了有时令人痛苦，但总是很有用、很有见地的反馈和建议。非常感谢耶鲁大学出版社的希瑟·麦卡勒姆和她的同事，他们的辛勤工作使得本书得以出版，他们提出了许多好的建议，为我指点迷津，帮助我进一步完善本书内容，在此再次表示感谢！还要感谢一位匿名的评论者，他温和而精辟的评论真的令我受益匪浅。我还要特别感谢朱迪思·内斯比特，她允许我长时间地坐在餐桌前与她交流，没有（太多）抱怨，并且在写作过程中给予我极大的理解和支持。再次感谢为本书的出版做出辛勤工作的所有人！

*****

A. Knopf, an imprint of the Knopf Doubleday Publishing Group, a division of Penguin Random House LLC and by permission of the Wallace Literary Agency. All rights reserved; from 'A Poet's Advice to Students'. Copyright © 1955, 1964 by the Trustees for the E. E. Cummings Trust. Copyright © 1958, 1965 by George J. Firmage, from A Miscellany Revised by E. E. Cummings, edited by George J. Firmage. Used by permission of Liveright Publishing Corporation.